2016—2020 年

濮阳市生态环境质量报告

河南省濮阳生态环境监测中心　编

中国环境出版集团·北京

图书在版编目（CIP）数据

2016—2020 年濮阳市生态环境质量报告/河南省濮阳生态
环境监测中心编. —北京：中国环境出版集团，2022.12
ISBN 978-7-5111-5255-8

Ⅰ. ①2… Ⅱ. ①河… Ⅲ. ①区域生态环境—环境
质量评价—研究报告—濮阳—2016-2020 Ⅳ. ①X821.261.3

中国版本图书馆 CIP 数据核字（2022）第 149915 号

出 版 人	武德凯
责任编辑	孟亚莉
封面设计	岳 帅

出版发行	中国环境出版集团
	（100062 北京市东城区广渠门内大街 16 号）
	网　　址：http://www.cesp.com.cn
	电子邮箱：bjgl@cesp.com.cn
	联系电话：010-67112765（编辑管理部）
	010-67112735（第一分社）
	发行热线：010-67125803，010-67113405（传真）
印　　刷	北京鑫益晖印刷有限公司
经　　销	各地新华书店
版　　次	2022 年 12 月第 1 版
印　　次	2022 年 12 月第 1 次印刷
开　　本	880×1230　1/16
印　　张	13
字　　数	335 千字
定　　价	102.00 元

《2016—2020年濮阳市生态环境质量报告》

编 委 会

主　　编：马红磊　李光明

副 主 编：吴冬玲　徐建阁　王　冰

参编人员：王慎阳　程伟娜　古德宁　李　彬　李利娟　王文红

李源昊　霍瑞娜　王信增　卓全录　李小川　李亚甫

李　政　李　伟　王延丽　李通达　成福兴　李保莹

黄德国　刘红茹　金　阳　张兆海　陈中华　刘国强

刘　敏　代开磊　李　兵　王　梅　李勇欣

主 编 单 位：河南省濮阳生态环境监测中心

资料提供单位：濮阳市生态环境局

前　言

　　"十三五"期间，濮阳市生态环境系统在市委、市政府和省生态环境厅的坚强领导下，坚持以习近平新时代中国特色社会主义思想和习近平生态文明思想为指导，深入贯彻落实习近平总书记视察河南重要讲话精神，以打好打赢污染防治攻坚战为抓手，坚决扛起生态环境保护的政治责任，稳步推进各项工作任务落实落地，成效明显。

　　为全面反映濮阳市"十三五"期间生态环境质量状况和生态环境保护工作，多部门积极配合，编制了《2016—2020年濮阳市生态环境质量报告》。报告共计四篇二十三章，运用科学的评价方法，对空气、降尘、降水、地表水、饮用水水源、地下水、声环境、生态、农村、土壤、辐射等环境要素的现状及变化趋势进行了系统评述；对VOCs污染特征及臭氧生成潜势、重污染天气、环境空气预测预报、经济发展与环境质量的关联、工业源污染与行业结构的关联等进行了专题分析。研究结果真实反映了濮阳市"十三五"期间生态环境质量状况、变化趋势及存在的问题，对进一步加强生态环境保护工作具有重要的参考价值。

　　当前，环境形势压力依然巨大，改善生态环境质量的任务仍然十分艰巨，希望全市环保系统广大干部职工继续努力，深化污染分析，加强成果运用，为全面提升环境管理水平提供科学支撑，为建设天蓝、地绿、水清的美丽濮阳做出更大的贡献。

目　录

第四篇　结论与建议

附　录　监测概况

第一篇

概　况

第一章

自然环境概况

一、地理位置

濮阳市位于河南省东北部，黄河下游，冀、鲁、豫三省交界处。东部、南部与山东省济宁市、菏泽市隔河相望，东北部与山东省聊城市、泰安市毗邻，北部与河北省邯郸市相连，西部与河南省安阳市接壤，西南部与河南省新乡市相依。地处北纬 35°20′0″～36°12′23″，东经 114°52′0″～116°5′4″，东西长约为 125 km，南北宽约为 100 km。全市总面积约为 4 188 km²。

二、地质地貌

濮阳的大地构造属华北地台，其辖区位于东濮凹陷之上。东濮凹陷夹在鲁西隆起区、太行山隆起带、秦岭隆起带大构造体系之间。东濮凹陷是一个以结晶变质岩系及其上地台构造层为基底，在新生代地壳水平拉张应力作用下逐渐裂解断陷而成的双断式凹陷，走向北窄南宽，呈琵琶状。在该凹陷形成过程中，在古生界基岩上沉积了一套巨厚以下第三系为主的中、新生界陆相沙泥岩地层，是油气生成与储存的极有利地区。

地貌系中国第三级阶梯的中后部，属于黄河冲积平原的一部分。濮阳的地势较为平坦，自西南向东北略有倾斜，海拔一般在 48～58 m。濮阳县西南滩区局部高达 61.8 m，台前县东北部最低，仅 39.3 m。平地约占全市总面积的 70%，洼地约占 20%，沙丘约占 7%，水域约占 3%。

三、水文

濮阳境内有河流 97 条，多为中小河流，分属于黄河、海河两大水系。过境河主要有黄河干流、卫河和金堤河。另外，较大的河流还有天然文岩渠、马颊河、潴泷河、徒骇河等。

黄河干流自新乡市长垣市何寨村东入濮阳，流经濮阳县、范县、台前县的县南界，由台前县张庄村北出境，境内流长约为 168 km，流域面积约为 2 487 km²，约占全市总面积的 54%。此段黄河水量比较丰富，是濮阳的主要过境水资源。黄河年平均流量为 659 m³/s，年平均径流总量为 436.6 亿 m³。

卫河源于太行山南麓的山西省睦川县（一说源于辉县市百泉），自安阳市内黄县南善村北入濮阳市，流经清丰、南乐两县，于南乐县西崇町村东出境，入河北省再至山东省临清市入运河，境内流长约为 29.4 km，流域面积约为 380 km²。境内主要支流有硝河、加五支等。卫河年均径流总量约为 27.47 亿 m³，平水年约为 23.91 亿 m³，偏旱年约为 14.29 亿 m³。

金堤河系黄河的一条支流，源于新乡县司张排水沟，自安阳市滑县五爷庙村入濮阳境，流经濮阳、范县、台前 3 县，于台前县吴坝镇张庄村北汇入黄河。境内流长约为 125 km，流域面积约为 1 750 km²，约占全市总面积的 42%。境内的主要支流有回木沟、三里店沟、五星沟、房刘庄沟、胡状沟、濮城干沟、范水河等。金堤河年平均流量约为 5.26 m³/s，年平均径流量约为 1.66 亿 m³。

马颊河发源于濮阳县澶州坡，自西向东北流经濮阳县、华龙区、清丰县和南乐县，自南乐县西小楼村南出境，至山东临清穿大运河东北而去，注入渤海。境内流长约为 62.5 km，流域面积约为 1 150 km²，境内主要支流为潴泷河。年均流量约为 2.47 m³/s，年均径流量约为 0.7 亿 m³。

徒骇河源自濮阳市清丰县瓦屋头镇，流经南乐县福堪乡寨肖家村，进入山东聊城市莘县，在滨州市沾化县与秦口河汇流后，经东风港于暴风站入海。总流域面积达 13 902 km²。

四、气候

濮阳市位于中纬地带，常年受东南季风环流的控制和影响，属暖温带半湿润大陆性季风气候。特点是四季分明，春季干旱多风沙，夏季炎热雨量大，秋季晴和日照长，冬季干旱少雨雪。光辐射值高，能充分满足农作物一年两熟的需要。年平均降水量为 502.3～601.3 mm。年平均气温为 13.3℃，年极端最高气温达 43.1℃，年极端最低气温为−21℃。无霜期一般为 205 d。年平均日照时数为 2 454.5 h，平均日照百分率为 58%。年平均风速为 2.7 m/s，常年主导风向是南风、北风。夏季多南风，冬季多北风，春秋两季风向风速多变。

五、土地土壤

濮阳市土地面积约为 4 188 km²，其中耕地占 57.09%，人均 0.071 hm²。其基本特征是：地势平坦，土层深厚，便于开发利用；垦殖率较高，但人均占有量少，后备资源匮乏。濮阳市土地开发利用历史悠久。绝大部分已开辟为农田，土地垦殖率达 87.5%。除生产建设和生活用地外，宜农而尚未开垦的荒地已所剩无几，见表 1-1。

表 1-1　濮阳市土地状况

年份	2012	2013	2014	2015	2016	2017	2018
耕地面积/hm²	269.9	269.8	270.1	270.1	282.8	281.0	281.0

濮阳市的土壤类型有潮土、风砂土和碱土 3 个土类，9 个亚类，15 个土属，62 个土种。潮土为主要土壤，占全市土地总面积的 97.2%，分布在除西北部黄河故道区以外的大部分地区。潮土表层呈灰黄色，土层深厚，熟化程度较高，土体疏松，沙黏适中，耕性良好，保水保肥，酸碱适度，肥力较高，适合栽种多种作物，是农业生产的理想土壤。风砂土有半固定风砂土和固定风砂土两个亚类，主要分布在西北部黄河故道，华龙区、清丰县和南乐县的西部。风砂土养分含量少，理化性状差，漏水漏肥，不利耕作，但适宜植树造林，发展园艺业。碱土只有草甸碱土一个亚类，主要分布在黄河背河洼地。碱土因碱性太强，一般农作物难以生长，改良后可种植水稻。

六、自然资源

1. 动植物资源

常见的动物有 4 门 12 纲 39 目 85 科 200 多种。其中，脊椎动物（鱼类、爬行类、两栖类、鸟类、哺乳类等）有 5 纲 20 目 32 科；野生动物中，兽类主要有野兔、狐狸、獾、鼠、黄鼬、刺猬等。鸟类有 38 种，主要有鹊、雀、燕、猫头鹰、啄木鸟、布谷鸟、鸽子、画眉等；水生动物主要有蛙、蟾、鱼、虾；昆虫种类繁多，常见的有 11 目 45 科，害虫天敌有 9 目 44 科 70 种。

境内生存植物除农作物外，尚有 118 科 381 属 1 200 余种。其中，蕨类植物 3 科 3 属 6 种，裸子植物 3 科 13 属 75 种，被子植物 112 科 365 属 1 120 余种，引进驯化植物达 630 种。境内植被组成成分丰富，孑遗、稀有植物较多。濮阳天然林木甚少，基本为人造林，主要分布在黄河故道及背河洼地。

2. 水资源

濮阳市属河南省比较干旱的地区之一，水资源不多。地表径流靠天然降水补给，平均年径流量约为 1.86 亿 m^3，径流深约为 44.4 mm。境内浅层地下水资源量约为 6.73 亿 m^3，其中可开采资源量约为 6.24 亿 m^3。

过境水中，引用黄河水的潜力最大。偏旱年份，全市可供利用的过境水总量达 8.54 亿 m^3，平水年约为 6.56 亿 m^3，其中大部分是黄河水。

濮阳地下水分布广泛，富水区和中等水区约占全市总面积的 70%。但近些年，由于大量开采地下水，年开采量大于补给量，导致地下水位逐年下降。

3. 矿产资源

濮阳地质因湖相沉积发育广泛，下第三系沉积很厚，对油气生成及储存极为有利。已知的主要矿藏是石油、天然气、煤炭，还有盐、铁、铝等。石油、天然气储量较为丰富，且质量好，经济价值高。濮阳是中原油田所在地。地质资料表明，最大储油厚度为 1 900 m，平均厚度 1 100 m，生油岩体积为 3 892 km^3。据其生油岩成熟状况、排烃及储盖条件，经多种测算方法估算，石油远景总资源量达十几亿吨，天然气远景资源量为 2 000 亿～3 000 亿 m^3。本区石炭至二叠系煤系地层分布面积为 5 018.3 km^2，煤储量 800 多亿 t，盐矿资源储量初步探明 1 440 亿 t。铁、铝土矿因埋藏较深，其藏量尚未探明。

第二章

社会经济概况

一、历史沿革简介

濮阳古称帝丘，据传五帝之一的颛顼曾在此建都，故有帝都之誉。濮阳之名始于战国时期，因位于濮水之北而得名，是中国古代文明的重要发祥地之一，在濮阳西水坡发掘出三组蚌砌龙、虎图墓葬。据测定，其年代距今 6 400 年左右，蚌壳龙被考古界公认为"中华第一龙"。濮阳因此被中华炎黄文化研究会命名为"中华龙乡"。2012 年 2 月被中国古都学会命名为"中华帝都"。

二、行政区划

1983 年 9 月 1 日，经国务院批准，撤销安阳地区，建立濮阳市，并将原安阳地区所辖滑县、长垣、濮阳、内黄、清丰、南乐、范县、台前 8 个县划归濮阳市。1986 年 1 月 18 日，濮阳市所辖滑县、内黄县划归安阳市，长垣县划归新乡市。1985 年 12 月 30 日，经国务院批准，设立濮阳市市区。2002 年 12 月 25 日，更名为华龙区。截至 2020 年年底，濮阳市辖濮阳县、清丰县、南乐县、范县、台前县和华龙区 5 县 1 区，设有 1 个国家级经济技术开发区、1 个工业园区和 1 个城乡一体化示范区。

三、人口

濮阳市总人口、常住人口、人口自然增长率和城镇化率均呈上升趋势（表 2-1），2020 年，濮阳市常住人口为 377.20 万人，平均人口密度约为 957 人/km^2。濮阳市人口基数大，平均密度高，过密的人口对环境的压力尤为突出。

表 2-1 濮阳市人口状况

年份	2012	2013	2014	2015	2016	2017	2018	2019	2020
常住人口/万人	360	358	360	361	363	364	361	361	377
城镇常住人口/万人	127	132	139	146	152	159	163	169	188

注：数据来源于河南统计年鉴和濮阳市第七次全国人口普查公报。

四、经济发展

2020 年，濮阳市脱贫攻坚取得决定性胜利，全面建成小康社会取得历史性成就，经济持续向好，社会和谐稳定。全市生产总值 1 649.99 亿元，同比增长 3%；一般公共预算收入实现 103.4 亿元，同比增长 2.9%；居民人均可支配收入达到 22 584 元，同比增长 4.6%。主要经济指标增速均高于全省平均水平。表 2-2 所示为濮阳市 2015—2020 年生产总值及结构。

表 2-2 濮阳市生产总值及结构

年份	生产总值/亿元	其中			人均生产总值/元
		第一产业/亿元	第二产业/亿元	第三产业/亿元	
2015	1 328.34	157.48	751.19	419.68	36 842
2016	1 449.56	161.87	793.85	493.84	40 059
2017	1 585.47	151.83	845.05	588.59	43 638
2018	1 654.47	163.93	837.53	653.01	45 644
2019	1 581.49	193.12	570.89	817.48	43 810
2020	1 649.99	240.02	583.25	826.72	43 742

注：数据来源于河南统计年鉴和濮阳统计月报。

五、城市建设

濮阳先后荣获国家森林城市、中华龙乡、国家卫生城市、全国造林绿化十佳城市、全国无烟草广告城市、国家园林城市、全国创建文明城市工作先进城市、中国优秀旅游城市、首届中国人居环境范例奖、迪拜国际改善居住环境良好范例奖、国际花园城市金奖、全国文明城市等称号。濮阳还是中国著名的杂技之乡，目前拥有各类杂技团队 50 余个、从业人员 2 万余人，足迹遍布 50 多个国家和地区，杂技已成为濮阳乃至河南走向世界的亮丽文化名片。

六、名胜古迹和历史文物

濮阳市历史悠久，为"颛顼遗都""澶渊旧郡"。全市共有各类不可移动文物 1 279 处，国家级文物保护单位 5 处（唐兀公碑、戚城遗址、颜村铺革命旧址、单拐革命根据地旧址、京杭大运河台前段），省级文物保护单位 25 处，市、县级重点文物保护单位 135 处。

七、交通

濮阳是河南的东北门户，是中原经济区重要的出海通道，是豫、鲁、冀省际交会区域性中心城市。京九铁路、晋豫鲁铁路通道和郑濮济高铁濮阳段在此交会，大广高速、濮鹤高速、南林高速、濮范高速、德上高速等多条高速贯穿境内，形成铁路、高速、国道、省道纵横交织，城乡公路四通八达的现代交通体系。2020 年实施"交通建设十大工程"，完成投资 61.2 亿元。郑济高铁濮阳段线下工程完工，京雄商高铁台前东站获得批复。台辉高速全线通车连通山东，濮卫和阳新高速濮阳段、国道 240 杨集段和省道 304 白堽黄河大桥加快建设。

第三章

生态环境保护概况

第一节　生态环境管理工作概况

"十三五"期间，濮阳市生态环境系统在市委、市政府的坚强领导下，坚持以习近平新时代中国特色社会主义思想和习近平生态文明思想为指导，深入贯彻落实习近平总书记视察河南重要讲话精神，以打好打赢污染防治攻坚战为抓手，坚决扛起生态环境保护的政治责任，稳步推进各项工作任务落实落地，成效明显。

一、攻坚机制日臻完善

通过近年来的艰苦努力，全市环境污染防治工作在责任落实、工作机制等方面明显改善。成立了市环境污染防治攻坚战领导小组，市委书记任第一组长、市长任组长，统筹部署污染防治工作。建立完善环境污染防治攻坚"1+5"工作机制，出台《濮阳市党委政府有关部门大气污染防治工作职责》《濮阳市大气、水、土壤污染防治攻坚战实施方案》，制定高污染机动车、建筑施工扬尘、餐饮油烟等10个专项管控办法，细化工作举措，理清工作职责，夯实工作责任，不断推动全市污染防治攻坚有效开展。

二、大气攻坚深入开展

"十三五"期间，全市空气质量持续改善。2020年，$PM_{2.5}$平均浓度为58 $\mu g/m^3$，PM_{10}平均浓度为87 $\mu g/m^3$，较2015年降幅明显，优良天数224 d，较2015年增幅明显。2020年全市二氧化硫、氮氧化物排放量较2015年分别减少了47.7%、31%。

1. 狠抓重点工作落实

2016年以来，累计整治取缔"散乱污"企业5 784家；查封黑加油站1 219家、查处流动加油车153辆；实施全域禁煤，烟花爆竹全链条禁燃禁放禁产禁售；督促各类工地严格落实"6个100%"要求；检查处罚重型运输车156 262辆，排查非道路移动机械13 852辆；淘汰黄标车、老旧车112 678辆；在全省率先启动化工企业挥发性有机物治理，累计完成379家涉挥发性有机物治理任务。

2. 不断调整优化产业结构

推动重污染工业企业搬迁改造，关闭濮阳市中油石化有限公司、濮阳市盛和石油化工有限公司、濮阳市振发纸业化工有限公司，完成濮阳市万泉化工有限公司搬迁；完成 11 家城镇人口密集区危险化学品生产企业搬迁改造目标任务；实施工业绿色化改造，惠成电子、龙丰纸业、濮阳耐材、天能集团濮阳公司 4 家企业被评为"国家绿色工厂"。

3．不断调整优化能源结构

新增风电装机突破 100 万 kW、光伏装机 46 万 kW、生物质装机 10.2 万 kW，新能源装机占总装机比重的 49%，高于全省 15 个百分点，2019 年万元生产总值能耗较 2015 年累计下降 23.8%，单位生产总值二氧化碳排放累计降低 20%，提前完成"十三五"省定目标；完成 110 万户"双替代"改造，发放设备 50.2 万户，提前一年完成国家目标任务。

4．不断调整优化运输结构

积极推进既有铁路专用线改造提升，提高瓦日铁路运力，谋划新建铁路专用线和铁路物流园项目，进一步提升跨运输方式资源整合能力，2020 年全年完成铁路货运量 681 万 t，超额完成濮阳市推进运输结构调整工作行动方案确定的目标任务。

5．实施重污染天气应急管控

重新修订重污染天气应急预案，对企业进行差异化管控，编制应急减排清单，重污染天气比例由 2016 年的 7.9% 下降至 5.2%，管控效果明显。

三、水污染防治任务深入推进

"十三五"期间，金堤河张秋、马颊河南乐水文站、黄河刘庄和濮阳西水坡 4 个国考断面水质全部达到或优于考核要求。濮阳市中原油田基地地下水井群、李子园地下水井群、西水坡和中原油田彭楼集中式饮用水水源地，取水水质稳定达标率为 100%。2020 年，全市化学需氧量、氨氮排放量较 2015 年分别减少了 18.78%、18.42%。完成濮水河及新、老马颊河 38.9 km 综合治理任务，市县建成区基本完成黑臭水体整治任务。推进饮用水水源地规范化整治，划定"千吨万人"饮用水水源保护区，饮用水水源保护达标率 100%。全市产业集聚区均配套建成工业废水集中处理设施。颁布实施《濮阳市马颊河保护条例》，从立法的高度明确马颊河保护工作，为水污染防治工作的开展奠定了扎实基础。

四、治理能力显著提升

强化科学引领，以科学方法、科技平台为依托，提高环境治理措施的系统性、针对性和有效性，全力推进生态环境治理能力现代化。

1．依法治污取得新突破

相继颁布实施《濮阳市大气污染防治条例》《濮阳市马颊河保护条例》《濮阳市农村生活垃圾治理条例》《濮阳市散煤污染防治条例》，持续强化法治保障。

2．科学管控重点污染源

制订挥发性有机物治理攻坚方案，深化工业源、移动源、面源治理，推进臭氧和 $PM_{2.5}$ 协同控制。严格对照重点排污单位名录，安装在线监测设施，目前已安装企业 275 家。推进"分表计电"工作，全市 1 591 家重点企业安装智能电表，实现用电量实时监控。

3.智慧环保全天候无缝隙监管

在全省率先建成濮阳市智慧环保综合监管平台，接入 16 个系统 8 000 万条环境信息数据，包括 42 个河流断面、98 个空气站点、687 路视频、1 618 家在线监控企业，配备线下网格员 911 人，线上巡检员 15 名，形成"线上千里眼监控、线下网格员联动"新型环保监管模式。

五、治污氛围日渐浓厚

坚持全民宣传，利用世界环境日、全国低碳日等开展形式多样的线上、线下宣传活动，综合运用传统媒体和新兴媒体，做好宣传引导、政策解读、信息公开，全面提高领导干部、执法人员和企业管理者的污染防治意识，进一步规范部门执法行为，增强企业守法意识，让环保意识深深根植于每一位群众的心中、体现在每一位群众的具体行动中。累计发放宣传彩页、宣传手册 125 000 余份，印发环保法律法规单行本 110 000 余本。开设"濮阳环保"微信、微博、抖音、快手公众号，关注度不断提升，累计受到 35 000 余人关注。在省、市级媒体平台刊发环境污染防治攻坚类新闻稿件 2 300 余篇。发挥人大依法监督、政协民主监督、新闻舆论监督、社会举报监督作用，凝聚起强大合力，全社会参与环境治理的主动性、自觉性明显提升，形成了全社会重视、关心、支持和参与环境保护的浓厚氛围。

第二节　生态环境监测工作概况

"十三五"期间，濮阳市环境监测系统以习近平新时代中国特色社会主义思想和习近平生态文明思想为指导，深入贯彻生态环境监测改革任务，以改善环境质量为核心，坚持"监测为民、监测利民、监测亲民"的理念，不断提高服务水平，做好生态环境管理的"顶梁柱"，各项工作取得长足进展。

一、监测中心概况

濮阳市环境保护监测站始建于 1984 年，经濮阳市编委会研究同意于 2005 年 8 月 8 日起更名为濮阳市环境监测站。2019 年 12 月 4 日，河南省濮阳生态环境监测中心挂牌成立，原濮阳市环境监测站上划至河南省生态环境厅。河南省濮阳生态环境监测中心属于国家环境监测网络中二级环境监测站。

二、监测能力建设情况

1.水环境质量自动监测站建设

项目投资 607.96 万元，以强化环境监测能力建设为目标，结合监测工作的实际需要，对市控水质自动监测站进行升级改造。一是新建市控水质自动监测综合管理系统。二是对 4 个原有省建市控县级水站进行升级改造，新采购水质五参数、COD 和氨氮在线监测仪，并增加了总磷总氮设备，全面提升了监测能力。三是完成 3 个水质自动监测站的建设，监测因子为水质五参数、COD、氨氮和总磷总氮，第 4 个水质自动监测站——第三濮清南水质自动监测站完成建设，有力地保障了全市水质情况的监测。

2．空气环境质量自动监测站建设

项目投资 196 万元，完成示范区和经开区环境空气质量自动监测站点的加密建设工作，为全面掌握环境质量和区域考核提供有力的基础保障。

3．现代化监测水平建设

项目投资 827 万元，建成"濮阳市大气污染防治网格化精准监控与决策支持系统"，切实满足政府"科学治霾，精确治污"的发展需求，有效地对减排进行科学决策和快速应对。项目投资 186.2 万元，建成"城市环境空气质量预报预警系统"，提高了环境空气质量精细化预测预报技术水平，为政府和管理部门的科学决策提供有效的技术保障。

4．实验楼提升改造建设

根据工作需要，对实验楼进行装修改造，新增实验室面积 500 m²，为保护实验人员的健康，增设新风循环系统，实验环境和办公条件得到了明显改善。

5．实验室筹建及仪器设备建设

一是围绕有机污染物环境监测与管理中迫切需要解决的问题，开展了大量研究工作，多措并举围绕有机物重点实验室建设，建立大气有机污染物监测分析平台；二是围绕黄河流域生态保护和高质量发展要求，提升全市黄河流域环境监测能力，积极谋划黄河流域重点实验室建设项目，集中技术骨干开展科学研究与技术攻关，精准服务黄河流域生态保护；三是为加快完善全市空气监测站点的布局，监测重点区域空气质量状况，率先在全省启动并建成了环境空气 VOCs 自动采样系统，为日常环境管理和决策提供了有力支撑，目前为全省唯一一家在该项目具有自主监测能力的二级站；四是项目投资 2 000 多万元，补充完善大型实验仪器监测，使监测能力大幅度提升。除购置紫外测油自动分析仪、电感耦合等离子体质谱仪（ICP-MS）、酸逆流清洗机等先进仪器设备外，还完成了水生态监测实验室项目建设工作，并购置 2 辆大气、水应急监测车，配备空气监测无人机 1 架。

6．科技支撑作用大大增强

"十三五"期间，围绕地方环境难题开展诸多科研攻关。一是先后完成了《濮阳市 2018 年冬季大气攻关细颗粒物源解析服务项目》《濮阳市大气污染源清单调查与改善空气质量研究对策》《濮阳环境治理攻坚问题研究》《大数据背景下濮阳市大气污染精准靶向治理模式研究》等，为打赢蓝天保卫战、提升大气污染防治工作的科学化、精细化水平和政府科学决策提供了技术支持。二是先后完成了《濮阳市水环境承载力评估》《如何控制金堤河达标——针对金堤河总磷超标专题调查研究》《自动监测技术在黄河流域生态保护和高质量发展实践中的应用研究》等，为水环境管理工作提供服务，对提升全市水环境承载力、破解黄河流域的金堤河水环境污染攻坚难题具有重要参考价值。三是先后完成了《农村土壤重金属含量分布与健康风险评估》《濮阳市李子园地下饮用水井群水质现状调查》等，为土壤、地下水环境管理工作提供服务，建议环境管理部门关注农村土壤健康风险和地下水状况，优化濮阳生态环境研究。四是针对挥发性有机物开展科研攻关，《濮阳市大气挥发性有机物污染特征及源解析》被列入 2020 年濮阳市重大科技专项课题。

三、党建责任落实情况

1．紧跟形势，力求党建工作站位新高度

一是抓机制，切实履行管党责任。增强以制度管人管事的执行力、统筹力，构筑一个上下配套、团结协作的党支部组织建设网络。2020年接受预备党员1名，2名业务骨干积极向党组织靠拢，并递交了入党申请书。二是抓学习，提高党员综合素质。为检验全体党员对党建党规党纪知识的学习效果，中心党支部共组织党建党规党纪知识测试两次。三是抓组织，提升党组织规范化管理。召开支委会12次，党员大会4次，党小组会议12次。中心负责人、党支部书记带头领学促学督学，为全体党员讲授专题党课1次。四是以"五星"党支部创建为载体，做好党建文章。比照规范化创建工作要求进行逐一检查，并对标梳理出问题清单，提出限时整改，重点抓工作、抓学习、抓创新、抓服务，努力改进工作作风，推动各项党建、业务工作的落实。

2．突出重点，力争党建活动呈现新特色

一是开展多种形式党风廉政教育活动。2020年组织党员干部职工集中观看《代价》《廉政微电影》《蜕变的人生》廉政警示教育专题片；利用手机微信在"河南省濮阳生态环境监测中心党员群"中发廉政提醒短信20余条，并组织开展党员与党员之间的廉政谈话活动1次。二是积极开展"党员主题日"活动。参加市生态环境局组织的"迎七一、颂党恩"摄影比赛活动，并取得了较好成绩；开展交通文明岗志愿服务、室内空气监测等各类志愿服务活动40余次，在六五环境日组织全体干部职工开展"团结就是力量"大合唱活动，进一步增强了党支部的凝聚力。三是学习先进典型，增强敬业奉献、清廉作为的意识。集中观看了《雄关》《濮阳力量》以及《周恩来总理的信仰与初心》。

第三节　生态环境监测质量保证工作概况

数据质量是环境监测的生命线，"十三五"期间，濮阳市环境监测质量管理狠抓管理体系运行，不断规范监测行为，促进质量管理工作进一步深化和完善，全员质量意识明显提升，体系管理执行情况渐趋良好，体系运行更加规范，有力地保障了全市生态环境监测数据的质量。

一、管理体系规范运行与持续改进

"十三五"期间，根据评审要求和实际工作要求，对管理体系规则进行了两次全面换版修订，并将修订内容进行宣贯；将评审要求条款内容细分、解读，并依据评审要求进行了管理体系运行科室职责分工，并下发督促执行；制订了详细的质量监督工作计划，为管理体系持续有效运行打下了良好基础。

"十三五"期间，完成对所有在用标准不间断的跟踪，定期进行查新，以确保在用标准的现行有效，为监测人员规范选择分析方法，确保最终出具数据的准确性提供了有力保障；根据标准物质购买计划，完成了标准物质的购买、样品信息登记录入及发放工作；依据年度仪器设备和标准物质期间核查计划，编写了核查期间报告；组织开展了"内部评审""管理评审"工作，根据评审中发现的不符合项及时进行了整改。

二、生态环境监测质量保证和质量控制

为了保证监测数据的"五性"，在每年年初制订详细的质量保证计划，对生态环境监测布点、样品采集、运输、保存、交接、制备和分析测试等过程实施全程序质量控制。每项监测任务均下达

了具体的有针对性的质控措施，"十三五"期间，累计完成密码平行样品分析 7 514 个，加标回收样品 1 704 个，发放质控样品 1 144 个，结果全部合格。

三、加强人员培训和持证上岗

"十三五"期间，参加国家和省级等单位举办的培训班 55 期，培训 106 人次，着力提高监测人员业务素养，加强培训力度，组织业务培训班 80 期，培训人员 1 585 人次。通过学习培训提高了各类生态环境监测技术水平及监测技术人员的业务素质，为服务生态环境监测奠定了坚实基础。

"十三五"期间，根据《河南省环境监测人员合格证考核管理办法》的有关规定，濮阳市及所辖三级站结合实际工作需要，申请参加了持证上岗理论、操作和样品考核。参加考核人员 65 人，考核项目 954 项次。受省中心委托，对辖区内申请持证上岗的 6 个监测站进行考核。参加考核人员 277 人，考核项目 1 290 项次。

四、能力验证

"十三五"期间，参加中国环境监测总站、省质监局和省中心组织开展的能力考核共计 24 次（53 个项目），考核结果均为满意。每年组织开展了各县区监测站实验室能力考核工作，考核结果均为满意。

第二篇

生态环境质量状况及其变化趋势

第四章

环境空气质量

第一节　评价标准与方法

一、评价标准

PM$_{10}$、PM$_{2.5}$、二氧化硫、二氧化氮、一氧化碳、臭氧评价标准采用《环境空气质量标准》（GB 3095—2012）。

二、评价方法

1. 单项因子评价

按照《环境空气质量标准》（GB 3095—2012）、《环境空气质量评价技术规范（试行）》（HJ 663—2013）对参与评价的因子进行类别评价。采用实况数据评价。

2. 定性评价

采用环境空气质量指数法和二级标准达标情况评价法。

3. 级别评价

采用最大单因子级别法。

4. 趋势评价

采用 Spearman 秩相关系数法进行趋势变化分析。

三、评价因子

包括：单项因子，综合评价选取 PM$_{10}$、PM$_{2.5}$、二氧化硫、二氧化氮、一氧化碳、臭氧。

第二节　现状评价

濮阳市环境空气自动站点位分布见图 4-1。

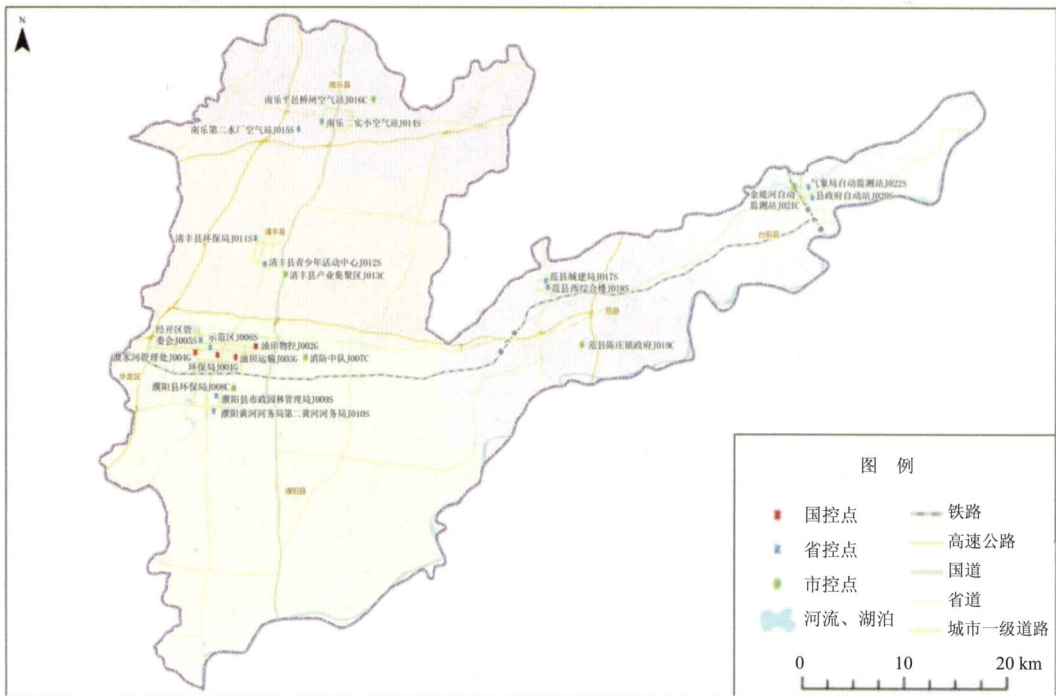

图 4-1　濮阳市环境空气自动站点位分布示意图

一、单项因子评价

（一）城市

1．PM₁₀

2020 年，濮阳市城市环境空气中 PM_{10} 浓度日均值为 16～288 μg/m³，浓度日均值二级标准达标率为 88.8%。市环保局、濮水河管理处、油田运输公司、油田物探公司 4 个点位浓度日均值二级标准达标率为 87.1%～90.1%。

PM_{10} 浓度年均值为 92 μg/m³，超过二级标准。市环保局、濮水河管理处、油田运输公司、油田物探公司 4 个点位年均值均超过二级标准，见表 4-1。

表 4-1　2020 年 PM₁₀ 监测浓度及评价结果

测点名称	日均值评价				年均值评价		第 95 百分位数评价	
	最小值/（μg/m³）	最大值/（μg/m³）	有效监测天数/d	达标率/%	浓度/（μg/m³）	类别	浓度/（μg/m³）	类别
市环保局	15	298	360	89.4	90	超二级	177	超二级
濮水河管理处	15	286	355	90.1	87	超二级	171	超二级
油田运输公司	16	284	349	87.1	92	超二级	176	超二级
油田物探公司	16	282	345	87.8	94	超二级	178	超二级
濮阳市	16	288	366	88.8	92	超二级	174	超二级

2. PM₂.₅

2020 年，濮阳市城市环境空气中 PM₂.₅ 浓度日均值为 8～286 µg/m³，浓度日均值二级标准达标率为 76.0%。市环保局、濮水河管理处、油田运输公司、油田物探公司 4 个点位浓度日均值二级标准达标率为 75.2%～78.5%。

PM₂.₅ 浓度年均值为 59 µg/m³，超过二级标准。市环保局、濮水河管理处、油田运输公司、油田物探公司 4 个点位年均值均超过二级标准，见表 4-2。

表 4-2　2020 年 PM₂.₅ 监测浓度及评价结果

测点名称	日均值评价				年均值评价		第 95 百分位数评价	
	最小值/ （µg/m³）	最大值/ （µg/m³）	有效监测 天数/d	达标率/ %	浓度/ （µg/m³）	类别	浓度/ （µg/m³）	类别
市环保局	7	267	353	77.3	58	超二级	152	超二级
濮水河管理处	9	294	344	78.5	56	超二级	154	超二级
油田运输公司	6	289	343	75.2	61	超二级	164	超二级
油田物探公司	9	303	353	78.2	56	超二级	148	超二级
濮阳市	8	286	366	76.0	59	超二级	154	超二级

3. 二氧化硫

2020 年，濮阳市城市环境空气中二氧化硫浓度日均值为 2～33 µg/m³，浓度日均值二级标准达标率为 100%。市环保局、濮水河管理处、油田运输公司、油田物探公司 4 个点位浓度日均值二级标准达标率均为 100%。

二氧化硫浓度年均值为 10 µg/m³，达到一级标准。市环保局、濮水河管理处、油田运输公司、油田物探公司 4 个点位年均值均达到一级标准，见表 4-3。

表 4-3　2020 年二氧化硫监测浓度及评价结果

测点名称	日均值评价				年均值评价		第 98 百分位数评价	
	最小值/ （µg/m³）	最大值/ （µg/m³）	有效监测 天数/d	达标率/%	浓度/ （µg/m³）	类别	浓度/ （µg/m³）	类别
市环保局	2	36	359	100	10	一级	24	二级
濮水河管理处	1	23	362	100	9	一级	19	一级
油田运输公司	1	37	355	100	10	一级	25	二级
油田物探公司	2	39	359	100	11	一级	26	二级
濮阳市	2	33	366	100	10	一级	22	二级

4. 二氧化氮

2020 年，濮阳市城市环境空气中二氧化氮浓度日均值为 7～95 µg/m³，浓度日均值二级标准达标率为 99.7%。市环保局、濮水河管理处、油田运输公司、油田物探公司 4 个点位浓度日均值二级标准达标率为 99.4%～100%。

二氧化氮浓度年均值为 30 µg/m³，达到二级标准。市环保局、濮水河管理处、油田运输公司、油田物探公司 4 个点位年均值均达到二级标准，见表 4-4。

表 4-4   2020 年二氧化氮监测浓度及评价结果

测点名称	日均值评价				年均值评价		第 98 百分位数评价	
	最小值/ （μg/m³）	最大值/ （μg/m³）	有效监测 天数/d	达标率/%	浓度/ （μg/m³）	类别	浓度/ （μg/m³）	类别
市环保局	6	99	360	99.4	29	二级	67	超二级
濮水河管理处	6	86	361	99.7	28	二级	60	超二级
油田运输公司	7	99	354	99.7	32	二级	72	超二级
油田物探公司	6	79	357	100	32	二级	69	超二级
濮阳市	7	95	366	99.7	30	二级	68	超二级

5．一氧化碳

2020 年，濮阳市城市环境空气中一氧化碳浓度日均值为 0.3～2.6 mg/m³，浓度日均值二级标准达标率为 100%。市环保局、濮水河管理处、油田运输公司、油田物探公司 4 个点位浓度日均值二级标准达标率均为 100%。

市环保局、濮水河管理处、油田运输公司、油田物探公司 4 个点位的第 95 百分位数浓度均达到二级标准，见表 4-5。

表 4-5   2020 年一氧化碳监测浓度及评价结果

测点名称	日均值评价				第 95 百分位数评价	
	最小值/ （mg/m³）	最大值/ （mg/m³）	有效监测 天数/d	达标率/%	浓度/ （mg/m³）	类别
市环保局	0.3	2.7	360	100	1.6	二级
濮水河管理处	0.3	2.7	358	100	1.6	二级
油田运输公司	0.3	2.6	354	100	1.6	二级
油田物探公司	0.2	2.6	356	100	1.5	二级
濮阳市	0.3	2.6	366	100	1.6	二级

6．臭氧

2020 年，濮阳市城市环境空气中臭氧日最大 8 h 均值浓度为 8～284 μg/m³，浓度二级标准达标率为 87.4%。市环保局、濮水河管理处、油田运输公司、油田物探公司 4 个点位最大 8 h 均值浓度二级标准达标率在 85.5%～87.7%。

市环保局、濮水河管理处、油田运输公司、油田物探公司 4 个点位的第 90 百分位数浓度均超过二级标准，见表 4-6。

表 4-6   2020 年臭氧最大 8 h 均值监测浓度及评价结果

测点名称	日均值评价				第 90 百分位数评价	
	最小值/ （μg/m³）	最大值/ （μg/m³）	有效监测 天数/d	达标率/%	浓度/ （μg/m³）	类别
市环保局	6	286	358	85.5	167	超二级
濮水河管理处	7	303	351	87.2	166	超二级

测点名称	日均值评价				第90百分位数评价	
	最小值/($\mu g/m^3$)	最大值/($\mu g/m^3$)	有效监测天数/d	达标率/%	浓度/($\mu g/m^3$)	类别
油田运输公司	6	281	350	86.3	168	超二级
油田物探公司	8	268	359	87.7	167	超二级
濮阳市	8	284	366	87.4	164	超二级

（二）县区

1．PM_{10}

2020年，濮阳市9个县区PM_{10}浓度日均值二级标准达标率在84.5%～90.1%，年浓度均值评价类别均超过二级标准，见表4-7和图4-2。

表4-7　2020年县区PM_{10}监测浓度及评价结果

点位名称	日均值评价				年均值评价		第95百分位数评价	
	最小值/($\mu g/m^3$)	最大值/($\mu g/m^3$)	有效监测天数/d	达标率/%	浓度/($\mu g/m^3$)	类别	浓度/($\mu g/m^3$)	类别
华龙区	16	284	366	87.7	93	超二级	177	超二级
经开区	15	286	355	90.1	87	超二级	171	超二级
工业园区	24	325	354	84.5	99	超二级	185	超二级
示范区	17	295	346	87.9	95	超二级	186	超二级
濮阳县	16	317	366	87.7	93	超二级	181	超二级
清丰县	20	325	365	84.7	97	超二级	195	超二级
南乐县	16	352	365	85.5	98	超二级	200	超二级
范县	19	334	365	87.9	95	超二级	197	超二级
台前县	18	301	357	89.1	89	超二级	177	超二级

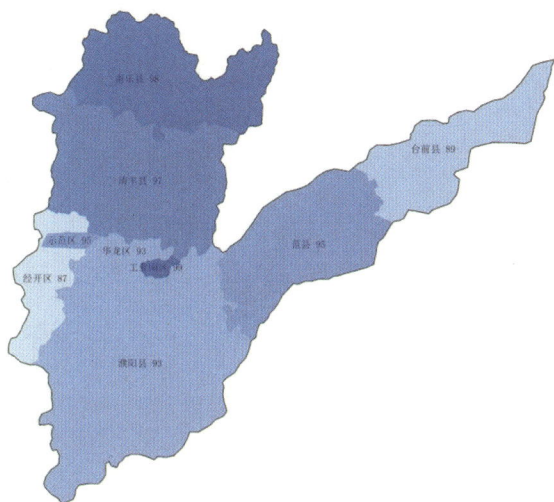

图4-2　县区PM_{10}年均浓度分布

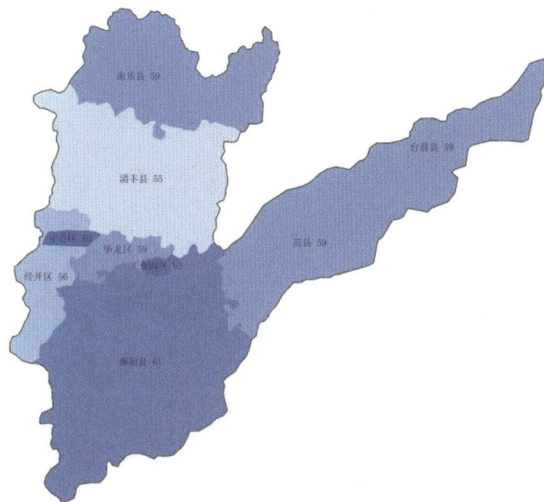

图4-3　县区$PM_{2.5}$年均浓度分布

2．PM$_{2.5}$

2020 年，濮阳市 9 个县区 PM$_{2.5}$ 浓度日均值二级标准达标率在 76.0%～79.2%，年浓度均值评价类别均超过二级标准，见表 4-8 和图 4-3。

表 4-8　2020 年县区 PM$_{2.5}$ 监测浓度及评价结果

点位名称	日均值评价				年均值评价		第 95 百分位数评价	
	最小值/（μg/m^3）	最大值/（μg/m^3）	有效监测天数/d	达标率/%	浓度/（μg/m^3）	类别	浓度/（μg/m^3）	类别
华龙区	8	286	366	76.0	59	超二级	153	超二级
经开区	9	294	344	78.5	56	超二级	154	超二级
工业园区	15	262	354	76.3	62	超二级	132	超二级
示范区	8	314	344	76.2	62	超二级	164	超二级
濮阳县	6	272	365	76.7	61	超二级	147	超二级
清丰县	11	234	365	79.2	55	超二级	140	超二级
南乐县	8	300	365	77.3	59	超二级	146	超二级
范县	8	266	365	77.0	59	超二级	165	超二级
台前县	10	286	355	76.1	59	超二级	159	超二级

3．二氧化硫

2020 年，濮阳市 9 个县区二氧化硫浓度日均值二级标准达标率均为 100%，年浓度均值评价类别均达到一级标准，见表 4-9 和图 4-4。

表 4-9　2020 年县区二氧化硫监测浓度及评价结果

点位名称	日均值评价				年均值评价		第 98 百分位数评价	
	最小值/（μg/m^3）	最大值/（μg/m^3）	有效监测天数/d	达标率/%	浓度/（μg/m^3）	类别	浓度/（μg/m^3）	类别
华龙区	2	36	366	100	10	一级	24	二级
经开区	1	23	362	100	9	一级	19	一级
工业园区	1	49	357	100	11	一级	36	二级
示范区	3	27	355	100	10	一级	21	二级
濮阳县	4	36	366	100	12	一级	28	二级
清丰县	1	27	364	100	12	一级	23	二级
南乐县	4	36	365	100	15	一级	33	二级
范县	2	33	365	100	12	一级	26	二级
台前县	2	48	357	100	14	一级	30	二级

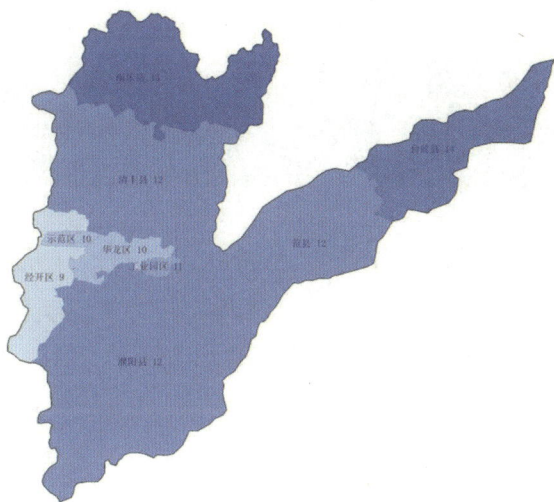

图 4-4　县区二氧化硫年均浓度分布

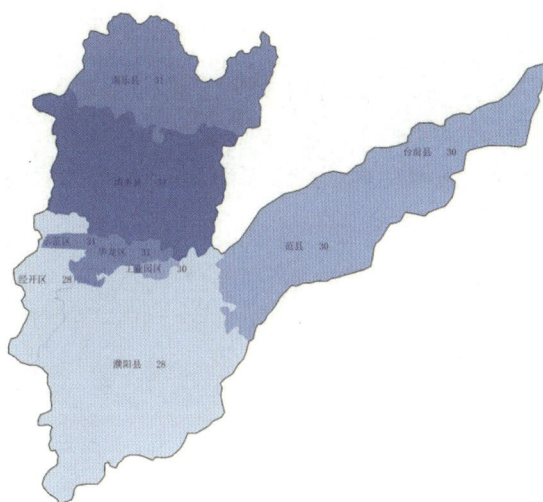

图 4-5　县区二氧化氮年均浓度分布

4．二氧化氮

2020 年，濮阳市 9 个县区二氧化氮浓度日均值二级标准达标率在 99.4%～99.7%，年浓度均值评价类别均达到二级标准，见表 4-10 和图 4-5。

表 4-10　2020 年县区二氧化氮监测浓度及评价结果

点位名称	日均值评价				年均值评价		第 98 百分位数评价	
	最小值/ （μg/m³）	最大值/ （μg/m³）	有效监测 天数/d	达标率/%	浓度/ （μg/m³）	类别	浓度/ （μg/m³）	类别
华龙区	7	99	366	99.7	31	二级	72	超二级
经开区	6	86	361	99.7	28	二级	60	超二级
工业园区	5	91	358	99.4	30	二级	72	超二级
示范区	6	83	344	99.7	31	二级	62	超二级
濮阳县	6	83	366	99.7	28	二级	61	超二级
清丰县	4	86	365	99.7	34	二级	66	超二级
南乐县	8	86	365	99.7	31	二级	68	超二级
范县	4	90	365	99.5	30	二级	68	超二级
台前县	2	83	357	99.7	30	二级	68	超二级

5．一氧化碳

2020 年，濮阳市 9 个县区一氧化碳浓度日均值二级标准达标率均达到 100%，第 95 百分位数浓度均达到二级标准，见表 4-11 和图 4-6。

表 4-11 2020 年一氧化碳监测浓度及评价结果

点位名称	日均值评价				第 95 百分位数评价	
	最小值/ (mg/m³)	最大值/ (mg/m³)	有效监测 天数/d	达标率/%	浓度/ (mg/m³)	类别
华龙区	0.3	2.6	366	100	1.6	二级
经开区	0.3	2.7	359	100	1.6	二级
工业园区	0.2	2.2	356	100	1.4	二级
示范区	0.2	2.8	352	100	1.7	二级
濮阳县	0.2	2.4	366	100	1.5	二级
清丰县	0.2	3.1	364	100	1.7	二级
南乐县	0.2	3.5	365	100	1.9	二级
范县	0.3	2.9	365	100	1.9	二级
台前县	0.3	2.7	357	100	1.7	二级

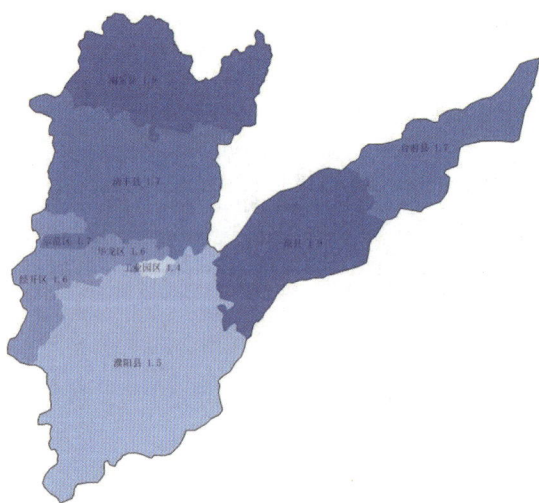

图 4-6 县区一氧化碳百分位浓度分布

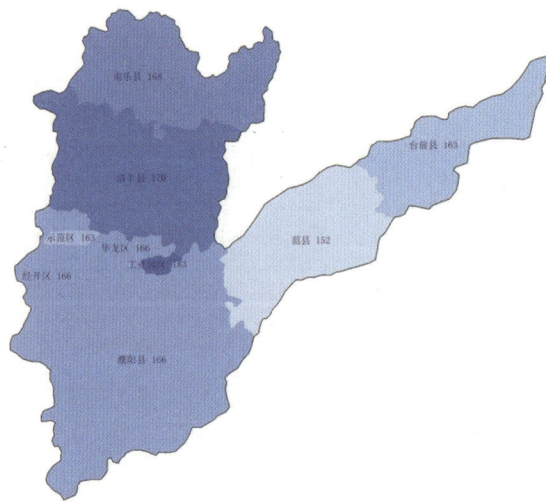

图 4-7 县区臭氧百分位浓度分布

6. 臭氧

2020 年，濮阳市 9 个县区臭氧日最大 8 h 均值浓度二级标准达标率在 81.4%～93.7%，第 90 百分位数浓度仅范县达到二级标准，其他县区均超过二级标准，见表 4-12 和图 4-7。

表4-12 2020年臭氧最大8h均值监测浓度及评价结果

点位名称	最大8h均值评价				第90百分位数评价	
	最小值/（μg/m³）	最大值/（μg/m³）	有效监测天数/d	达标率/%	浓度/（μg/m³）	类别
华龙区	7	278	366	86.6	166	超二级
经开区	7	303	348	87.1	166	超二级
工业园区	8	287	350	81.4	183	超二级
示范区	6	344	338	88.5	163	超二级
濮阳县	2	275	365	87.4	166	超二级
清丰县	6	310	365	86.3	170	超二级
南乐县	3	285	365	87.9	168	超二级
范县	4	258	365	93.7	152	二级
台前县	8	259	356	88.2	163	超二级

二、综合评价

（一）城市

1．定性评价

2020年，濮阳市城市环境空气质量级别为轻度污染，4个城市点位均为轻度污染，各点位空气质量定性评价指数见图4-8和表4-13。

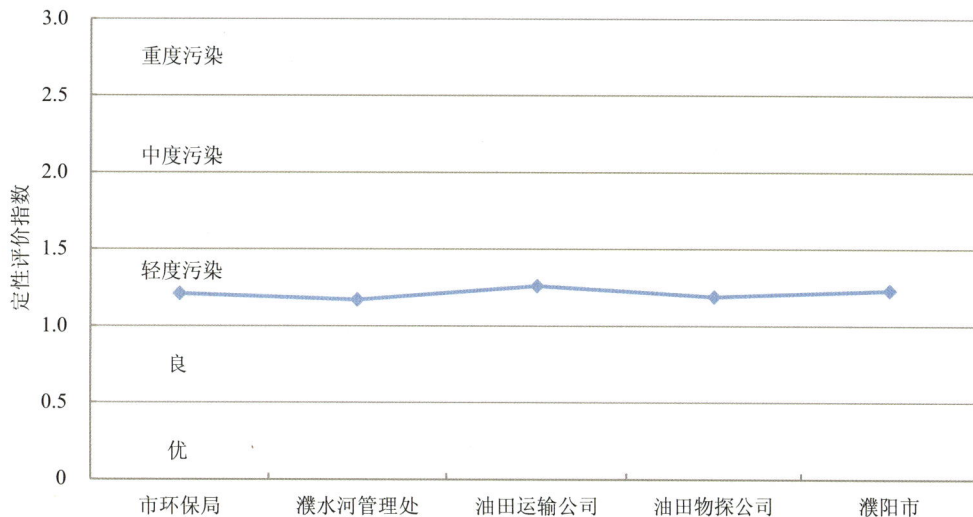

图4-8 2020年城市监测点位环境空气定性评价指数

表 4-13　2020 年城市各点位环境空气质量定性评价

测点名称	I_{SO_2}	I_{NO_2}	$I_{PM_{10}}$	$I_{PM_{2.5}}$	I_{CO-95}	I_{O_3H8-90}	I 综合质量指数	P 平均综合污染指数	定性评价指数	
									f 值	级别
市环保局	0.17	0.73	1.29	1.66	0.40	1.04	5.28	0.88	1.21	轻度污染
濮水河管理处	0.15	0.70	1.24	1.60	0.40	1.04	5.13	0.86	1.17	轻度污染
油田运输公司	0.17	0.80	1.31	1.74	0.40	1.05	5.47	0.91	1.26	轻度污染
油田物探公司	0.18	0.80	1.34	1.60	0.38	1.04	5.34	0.89	1.19	轻度污染
濮阳市	0.17	0.75	1.31	1.69	0.40	1.03	5.34	0.89	1.23	轻度污染

2．级别评价

2020 年，濮阳市城市 4 个监测点位环境空气质量类别均超过二级标准，见表 4-14。

表 4-14　2020 年城市各点位环境空气质量级别评价

测点名称	PM_{10}	$PM_{2.5}$	二氧化硫	二氧化氮	CO-95	O_3H8-90	类别
市环保局	超二级	超二级	一级	二级	二级	超二级	超二级
濮水河管理处	超二级	超二级	一级	二级	二级	超二级	超二级
油田运输公司	超二级	超二级	一级	二级	二级	超二级	超二级
油田物探公司	超二级	超二级	一级	二级	二级	超二级	超二级

3．日达标情况

2020 年，濮阳市城市环境空气优、良天数为 224 d，优、良天数比例为 61.2%，重度污染及以上比例为 5.7%，见表 4-15。

表 4-15　2019—2020 年城市环境空气质量日达标情况比较

城市	2019 年		2020 年		变化情况/百分点	
	优、良比例	重度污染及以上比例	优、良比例	重度污染及以上比例	优、良比例	重度污染及以上比例
濮阳市	52.6%	9.3%	61.2%	5.7%	8.6	−3.6

4．污染特征

2020 年，濮阳市城市环境空气首要污染物是 $PM_{2.5}$，见表 4-16。

表 4-16　2020 年城市环境空气综合指数分析

项目	PM_{10}	$PM_{2.5}$	二氧化硫	二氧化氮	一氧化碳	臭氧	综合指数
综合指数（I_i）	1.31	1.69	0.17	0.75	0.40	1.03	5.34
污染负荷系数（f_i）	0.245	0.316	0.032	0.140	0.075	0.193	—
排序	2	1	6	4	5	3	—
首要污染物：$PM_{2.5}$							

（二）县区

1．定性评价

2020 年，华龙区、经开区、工业园区、示范区、濮阳县、清丰县、南乐县、范县、台前县 9 个县区环境空气质量级别均为轻污染。定性评价指数见表 4-17 和图 4-9。

表 4-17　2020 年县区环境空气质量定性评价

点位名称	I_{SO_2}	I_{NO_2}	$I_{PM_{10}}$	$I_{PM_{2.5}}$	I_{CO-95}	I_{O_3H8-90}	$I_{综合质量指数}$	定性评价指数	
								f 值	级别
华龙区	0.17	0.78	1.33	1.69	0.40	1.04	5.39	1.23	轻度污染
经开区	0.15	0.70	1.24	1.60	0.40	1.04	5.13	1.17	轻度污染
工业园区	0.18	0.75	1.41	1.77	0.35	1.14	5.61	1.29	轻度污染
示范区	0.17	0.78	1.36	1.77	0.43	1.02	5.51	1.28	轻度污染
濮阳县	0.20	0.70	1.33	1.74	0.38	1.04	5.38	1.25	轻度污染
清丰县	0.20	0.85	1.39	1.57	0.43	1.06	5.49	1.20	轻度污染
南乐县	0.25	0.78	1.40	1.69	0.48	1.05	5.64	1.26	轻度污染
范县	0.20	0.75	1.36	1.69	0.48	0.95	5.42	1.23	轻度污染
台前县	0.23	0.75	1.27	1.69	0.43	1.02	5.38	1.23	轻度污染
县区平均	0.19	0.76	1.34	1.69	0.42	1.04	5.44	1.24	轻度污染

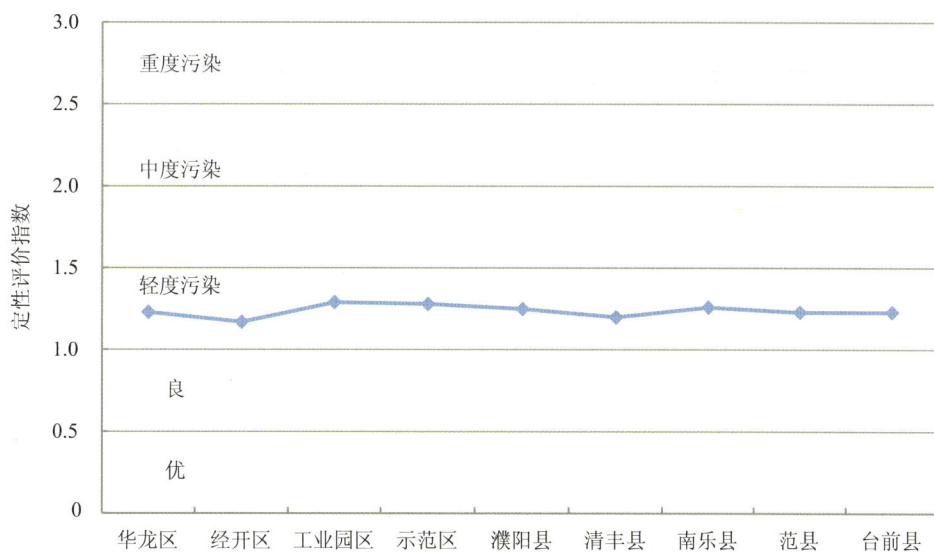

图 4-9　2020 年县区环境空气定性评价指数

2．级别评价

2020 年，9 个县区环境空气质量类别均为超二级，见表 4-18。

表 4-18　2020 年县区环境空气质量级别评价

点位名称	PM$_{10}$	PM$_{2.5}$	二氧化硫	二氧化氮	CO-95	O$_3$H8-90	类别
华龙区	超二级	超二级	一级	二级	二级	超二级	超二级
经开区	超二级	超二级	一级	二级	二级	超二级	超二级
工业园区	超二级	超二级	一级	二级	二级	超二级	超二级
示范区	超二级	超二级	一级	二级	二级	超二级	超二级
濮阳县	超二级	超二级	一级	二级	二级	超二级	超二级
清丰县	超二级	超二级	一级	二级	二级	超二级	超二级
南乐县	超二级	超二级	一级	二级	二级	超二级	超二级
范县	超二级	超二级	一级	二级	二级	二级	超二级
台前县	超二级	超二级	一级	二级	二级	超二级	超二级

3. 日达标情况

2020 年，濮阳市 9 个县区环境空气优、良天数见图 4-10。

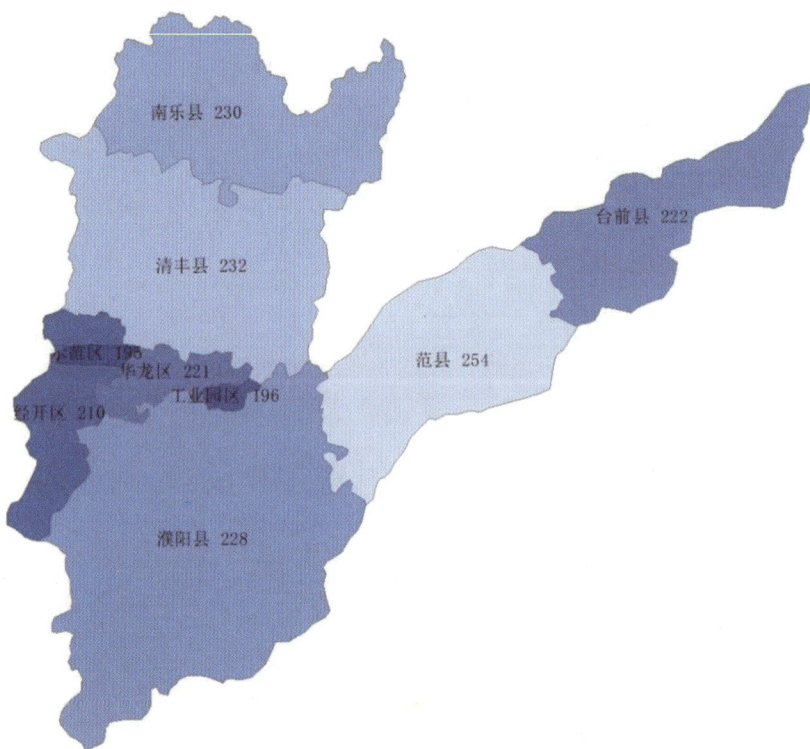

图 4-10　2020 年县区优良天数情况

4. 污染特征

2020 年，濮阳市县区环境空气首要污染物为 PM$_{2.5}$，见表 4-19。

表 4-19　2020 年县区环境空气综合指数分析

项目	PM$_{10}$	PM$_{2.5}$	二氧化硫	二氧化氮	一氧化碳	臭氧	综合指数
污染分指数（I_i）	1.34	1.69	0.19	0.76	0.42	1.04	5.44
污染负荷系数（f_i）	0.247	0.310	0.036	0.139	0.077	0.191	—
排序	2	1	6	4	5	3	—
首要污染物：PM$_{2.5}$							

第三节　变化趋势

一、单因子对比分析

（一）城市

1．PM$_{10}$

（1）年度对比

与上年相比，城市 PM$_{10}$ 污染程度基本不变；城市 4 个点位浓度年均值均超过二级标准，与上年保持一致；浓度年均值由 102 μg/m^3 下降到 92 μg/m^3，下降了 9.8%，见图 4-11。

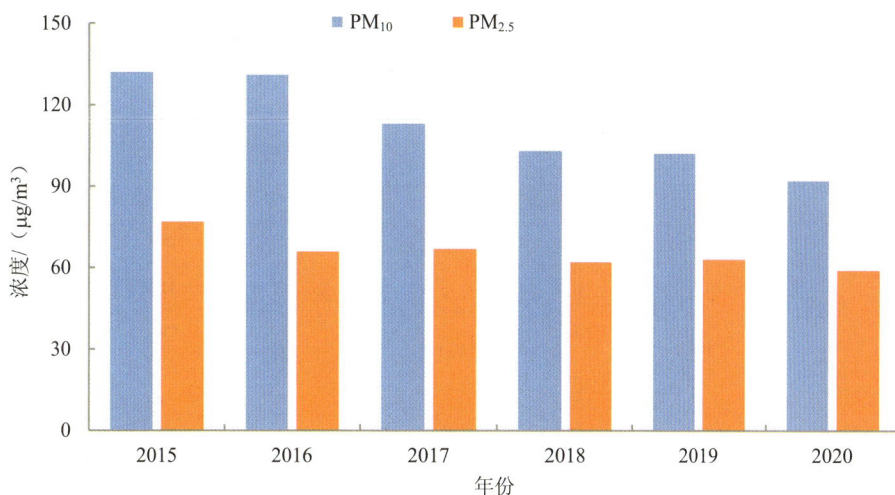

图 4-11　2015—2020 年 PM$_{10}$ 和 PM$_{2.5}$ 年均值变化

（2）"十三五"期间变化趋势分析

"十三五"期间，城市 PM$_{10}$ 浓度年均值秩相关系数 r_s 绝对值大于临界值，表明城市 PM$_{10}$ 浓度变化呈下降趋势。与 2016 年相比，减少了 39 μg/m^3，PM$_{10}$ 污染程度减轻。

（3）"十三五"与"十二五"对比分析

与"十二五"末期的 2015 年相比，减少 40 μg/m^3，PM$_{10}$ 污染程度减轻。

（4）季节变化

2020 年，城市 PM_{10} 浓度季均值、月均值变化见图 4-12 和图 4-13。冬季 PM_{10} 浓度最高，季均值变化规律为冬季＞秋季＞春季＞夏季。浓度月均值变化接近 U 形。

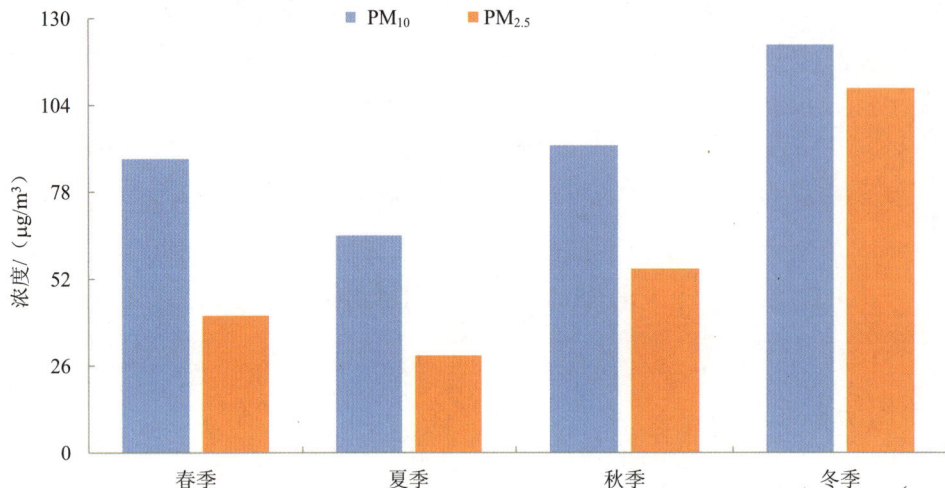

图 4-12　PM_{10} 和 $PM_{2.5}$ 季均值变化

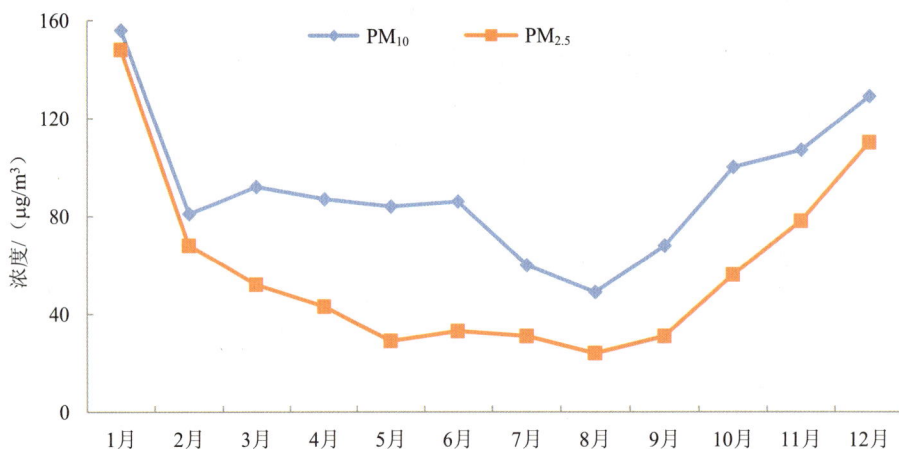

图 4-13　PM_{10} 和 $PM_{2.5}$ 月均值变化

2．$PM_{2.5}$

（1）年度对比

与上年相比，城市 $PM_{2.5}$ 污染程度基本不变；城市 4 个点位浓度年均值均超过二级标准，与上年保持一致；浓度年均值由 63 $\mu g/m^3$ 下降到 59 $\mu g/m^3$，下降了 6.3%，见图 4-11。

（2）"十三五"期间变化趋势分析

"十三五"期间，城市 $PM_{2.5}$ 浓度年均值秩相关系数 r_s 绝对值小于临界值，表明城市 $PM_{2.5}$ 浓度变化平稳。与 2016 年相比，减少了 7 $\mu g/m^3$，$PM_{2.5}$ 污染程度基本不变。

（3）"十三五"与"十二五"对比分析

与"十二五"末期的 2015 年相比，减少了 18 $\mu g/m^3$，$PM_{2.5}$ 污染程度基本不变。

（4）季节变化

2020 年，城市 PM$_{2.5}$ 浓度季均值、月均值变化见图 4-12 和图 4-13。冬季 PM$_{2.5}$ 浓度最高，季均值变化规律为冬季＞秋季＞春季＞夏季。浓度月均值变化接近 U 形。

3．二氧化硫

（1）年度对比

与上年相比，城市二氧化硫均达到一级标准；城市 4 个点位浓度年均值均达到一级标准，与上年一致；浓度年均值由 12 μg/m^3 下降到 10 μg/m^3，下降了 16.7%，见图 4-14。

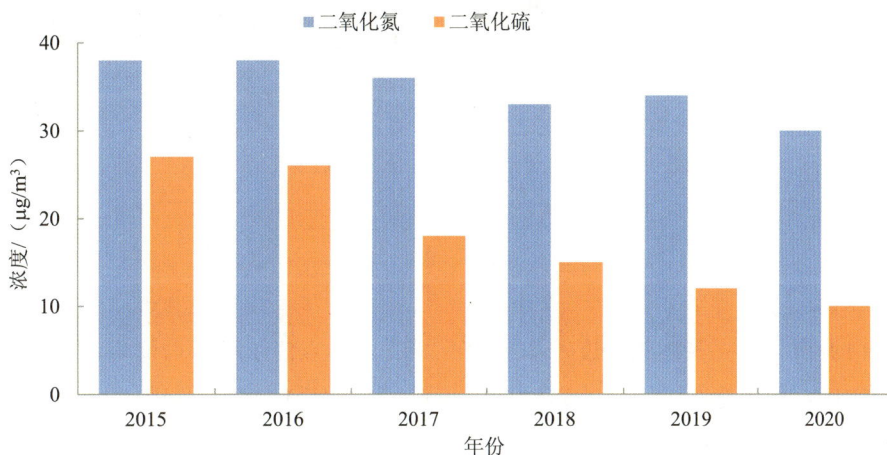

图 4-14　2015—2020 年二氧化硫和二氧化氮年均值变化

（2）"十三五"期间变化趋势分析

"十三五"期间，城市二氧化硫浓度年均值秩相关系数 r_s 绝对值大于临界值，表明城市二氧化硫浓度变化呈下降趋势。与 2016 年相比，减少了 16 μg/m^3，由二级变为一级，环境质量好转。

（3）"十三五"与"十二五"对比分析

与"十二五"末期的 2015 年相比，减少了 17 μg/m^3，由二级变为一级，环境质量好转。

（4）季节变化

2020 年，城市二氧化硫浓度季均值、月均值变化见图 4-15 和图 4-16。冬季二氧化硫浓度最高，季均值变化规律为秋季＞春季＞冬季＞夏季。浓度月均值变化接近 M 形波状变化。

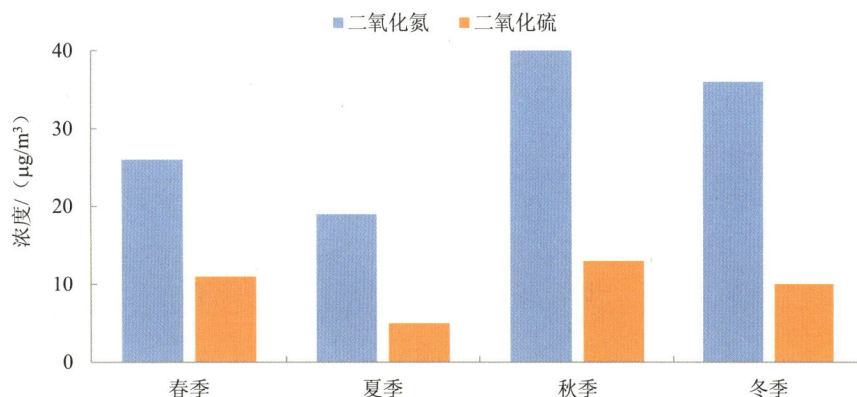

图 4-15　二氧化硫和二氧化氮季均值变化

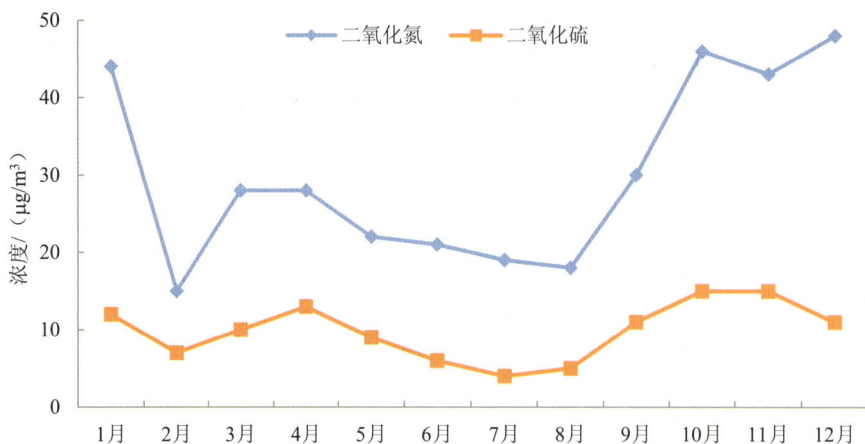

图 4-16 二氧化硫和二氧化氮月均值变化

4．二氧化氮

（1）年度对比

与上年相比，城市二氧化氮污染程度基本不变；城市 4 个点位浓度年均值均达到二级标准，与上年保持一致；浓度年均值由 34 $\mu g/m^3$ 下降到 30 $\mu g/m^3$，下降了 11.8%，见图 4-14。

（2）"十三五"期间变化趋势分析

"十三五"期间，城市二氧化氮浓度年均值秩相关系数 r_s 绝对值等于临界值，表明城市二氧化氮浓度变化平稳。与 2016 年相比，减少了 8 $\mu g/m^3$。

（3）"十三五"与"十二五"对比分析

与"十二五"末期的 2015 年相比，减少了 8 $\mu g/m^3$。

（4）季节变化

2020 年，城市二氧化氮浓度季均值、月均值变化见图 4-15 和图 4-16。冬季二氧化氮浓度最高，季均值变化规律为秋季＞冬季＞春季＞夏季。浓度月均值变化接近 U 形波状变化。

5．一氧化碳

（1）年度百分位浓度对比

与上年相比，城市一氧化碳污染程度基本不变；城市 4 个点位百分位浓度均达到二级标准，与上年保持一致；年百分位浓度由 1.8 mg/m^3 下降到 1.6 mg/m^3，下降了 11.1%。浓度年均值为 0.8 mg/m^3，同比下降了 20%，见图 4-17。

（2）"十三五"期间变化趋势分析

"十三五"期间，城市一氧化碳百分位浓度秩相关系数 r_s 绝对值等于临界值，表明城市一氧化碳百分位浓度变化平稳。与 2016 年相比，减少了 1.0 mg/m^3，一氧化碳污染程度减轻。

（3）"十三五"与"十二五"对比分析

与"十二五"末期的 2015 年相比，减少了 1.1 mg/m^3，一氧化碳污染程度减轻。

（4）季节变化

2020 年，城市一氧化碳季百分位浓度、月百分位浓度变化见图 4-18 和图 4-19。冬季一氧化碳百分位浓度最高，变化规律为冬季＞秋季＞春季=夏季。月百分位浓度变化接近 U 形波状变化。

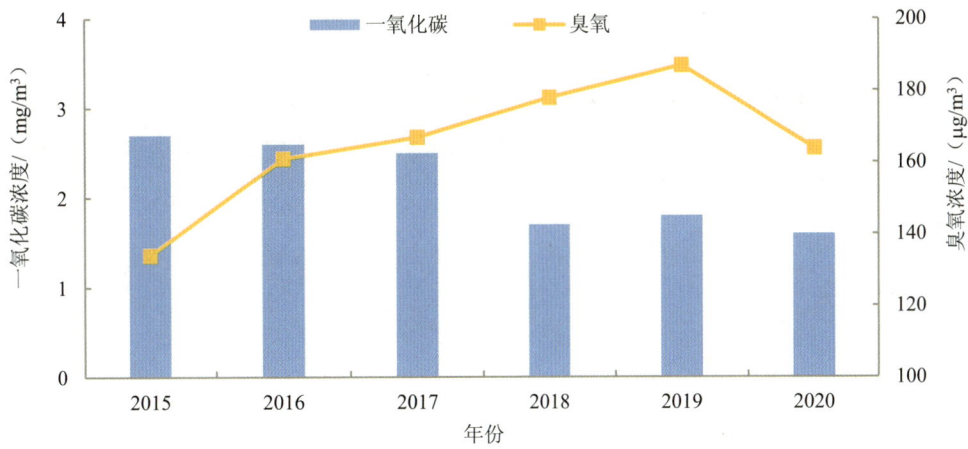

图 4-17　2015—2020 年一氧化碳和臭氧年百分位浓度变化

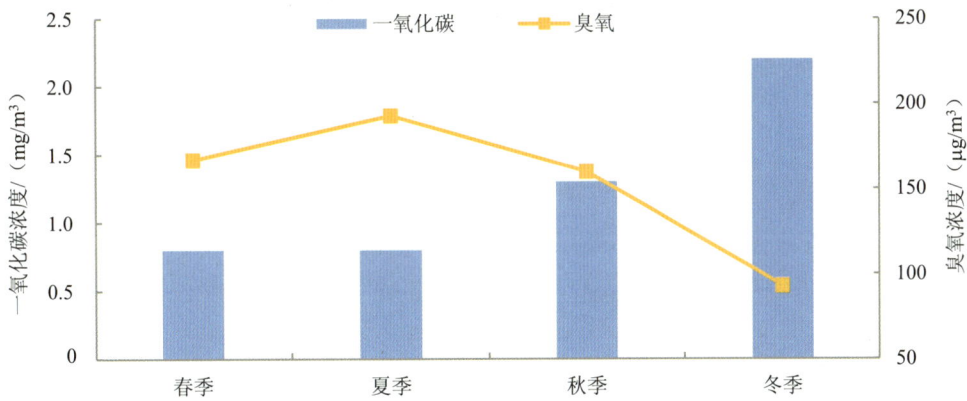

图 4-18　一氧化碳和臭氧季百分位浓度变化

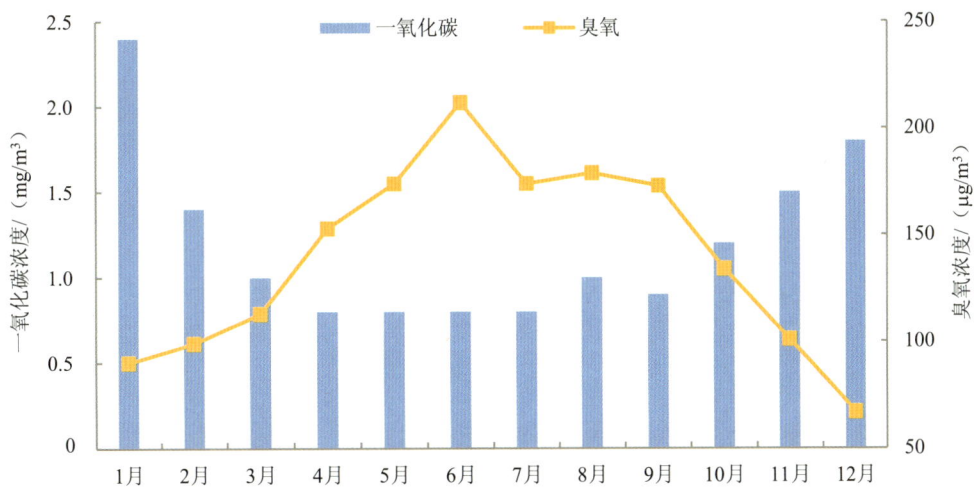

图 4-19　一氧化碳和臭氧月百分位浓度变化

6．臭氧

（1）年度百分位浓度对比

与上年相比，城市臭氧污染程度基本不变。城市 4 个点位年百分位浓度均超过二级标准，与上年保持一致。年百分位浓度由 187 $\mu g/m^3$ 下降到 164 $\mu g/m^3$，下降了 12.3%。年均值为 104 $\mu g/m^3$，同比下降了 4.6%，见图 4-17。

（2）"十三五"期间变化趋势分析

"十三五"期间，城市臭氧百分位浓度年均值秩相关系数 r_s 绝对值小于临界值，表明城市臭氧浓度变化平稳。与 2016 年相比，增加了 3 $\mu g/m^3$，臭氧污染程度基本不变。

（3）"十三五"与"十二五"对比分析

与"十二五"末期的 2015 年相比，增加了 30 $\mu g/m^3$，二级变为超二级，环境质量变差。

（4）季节变化

2020 年，城市臭氧季百分位浓度、月百分位浓度变化见图 4-18 和图 4-19。夏季臭氧百分位浓度最高，变化规律为夏季＞春季＞秋季＞冬季。月百分位浓度变化接近倒 U 形。

（二）县区

1．PM_{10}

（1）年度对比

与上年相比，濮阳市各县区 PM_{10} 污染程度基本不变；县区点位浓度年均值均超过二级标准，与上年保持一致；县区浓度年均值由 104 $\mu g/m^3$ 下降到 94 $\mu g/m^3$，下降了 9.6%。濮阳市各县区 PM_{10} 年均浓度比较见图 4-20。

图 4-20　2018—2020 年濮阳市各县区 PM_{10} 年均值比较

（2）"十三五"期间变化趋势分析

"十三五"期间，即与 2018 年相比，濮阳市各县区 PM_{10} 浓度年均值减少了 17 $\mu g/m^3$，污染程度基本不变。

（3）季节变化

2020 年，濮阳市各县区 PM_{10} 浓度季均值、月均值变化见图 4-21 和图 4-22。从整体上看，冬季 PM_{10} 浓度最高，季均值变化规律为冬季＞秋季＞春季＞夏季。浓度月均值变化接近 U 形。

（a）PM$_{10}$

（b）PM$_{2.5}$

（c）二氧化硫

（d）二氧化氮

（e）一氧化碳

（f）臭氧

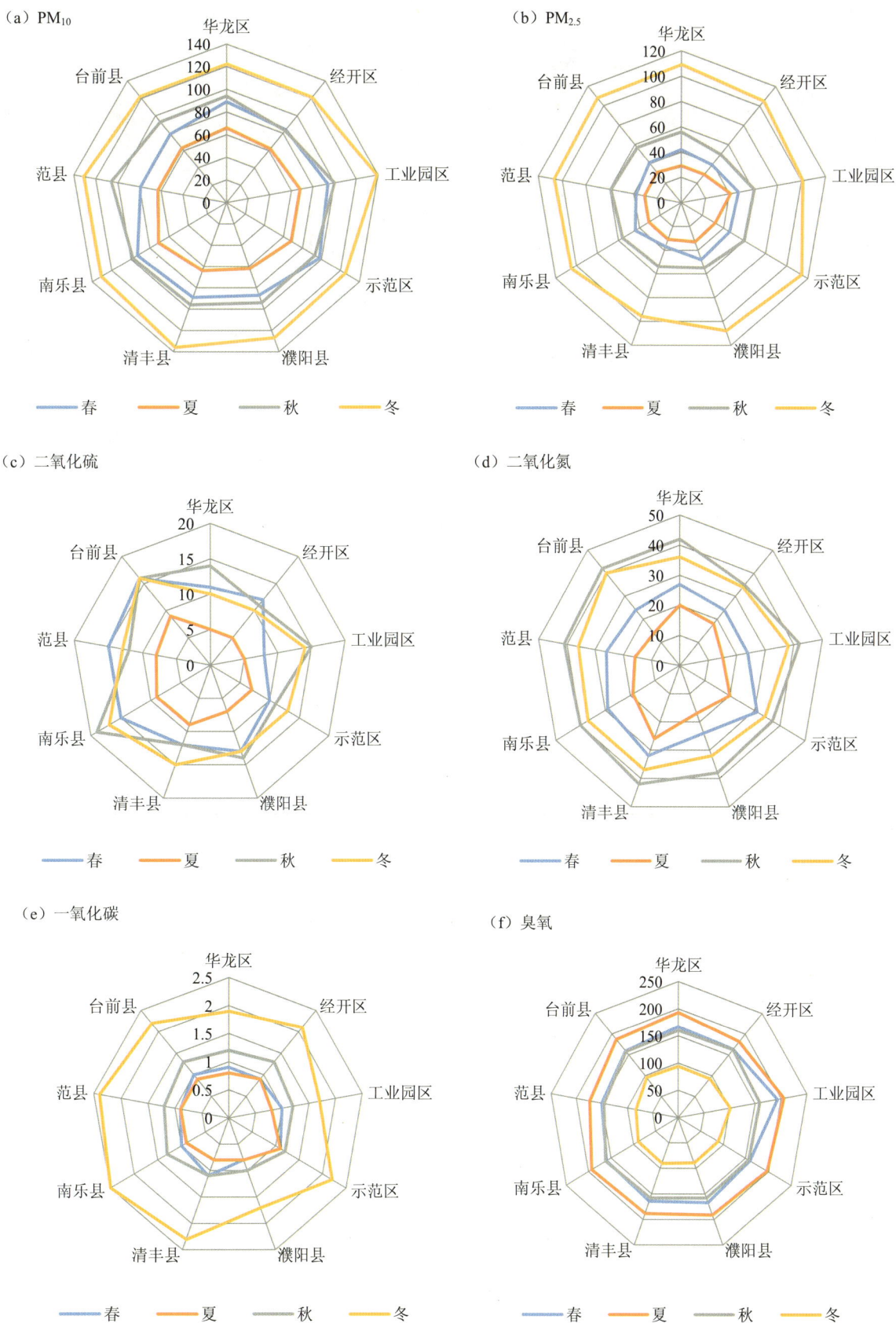

图 4-21　2020 年濮阳市各县区 PM$_{10}$、PM$_{2.5}$、二氧化硫、二氧化氮、一氧化碳、臭氧季节变化

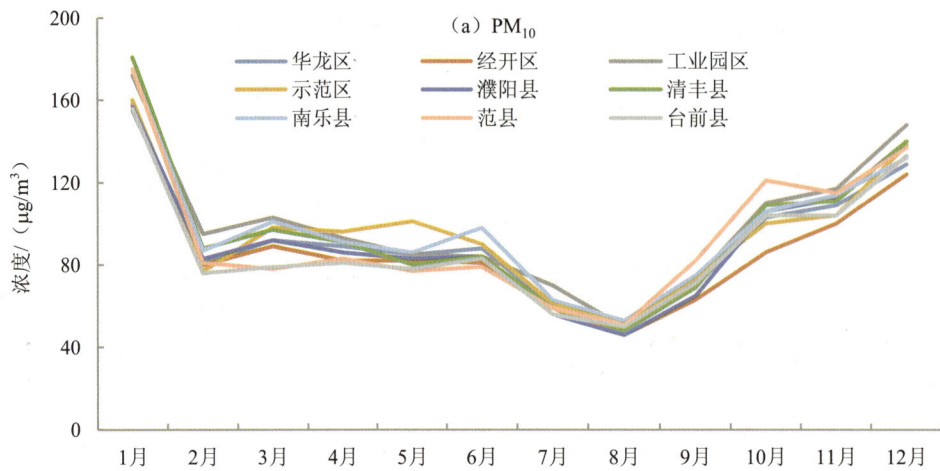

（a）PM₁₀

图例：华龙区　经开区　工业园区　示范区　濮阳县　清丰县　南乐县　范县　台前县

浓度/（μg/m³）

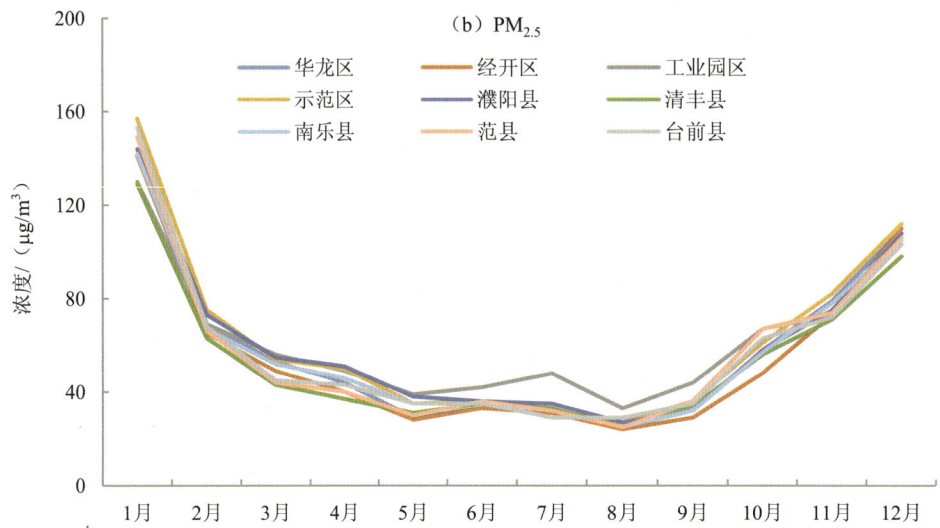

（b）PM₂.₅

图例：华龙区　经开区　工业园区　示范区　濮阳县　清丰县　南乐县　范县　台前县

浓度/（μg/m³）

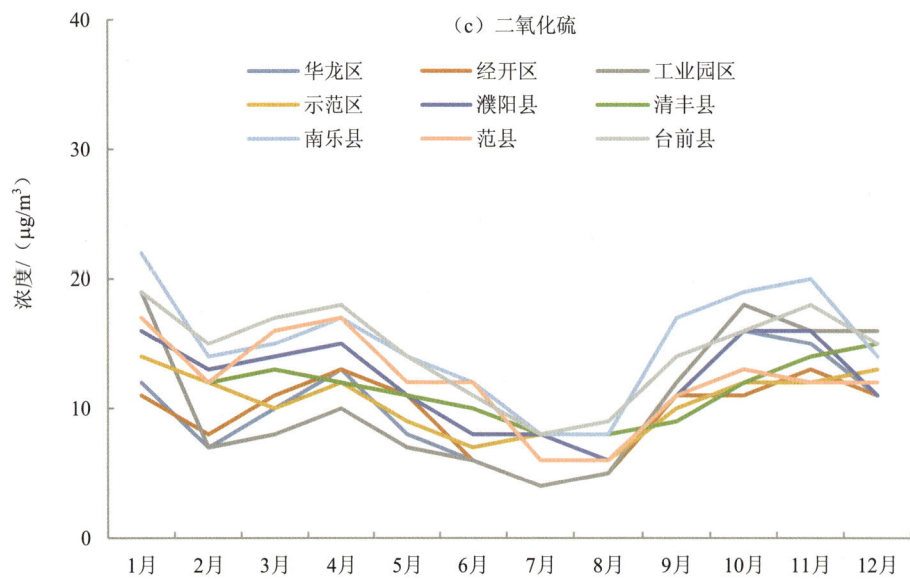

（c）二氧化硫

图例：华龙区　经开区　工业园区　示范区　濮阳县　清丰县　南乐县　范县　台前县

浓度/（μg/m³）

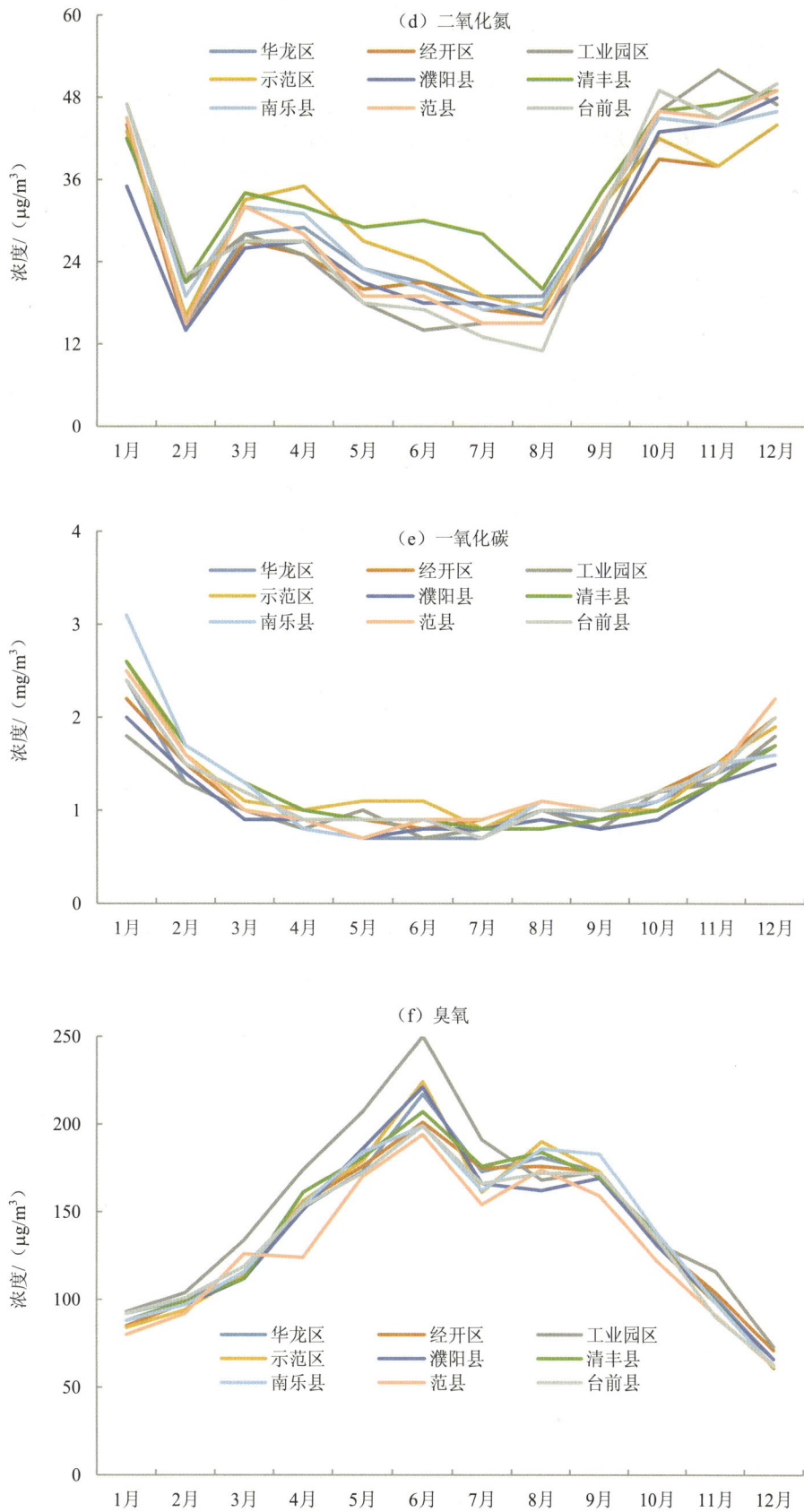

图 4-22　2020 年濮阳市各县区 PM$_{10}$、PM$_{2.5}$、二氧化硫、二氧化氮、一氧化碳、臭氧月度变化

2．PM2.5

（1）年度对比

与上年相比，濮阳市各县区 PM2.5 污染程度基本不变；县区点位浓度年均值均超过二级标准，与上年保持一致；县区浓度年均值由 62 μg/m³ 下降到 59 μg/m³，下降了 4.8%。濮阳市各县区 PM2.5 年均浓度比较见图 4-23。

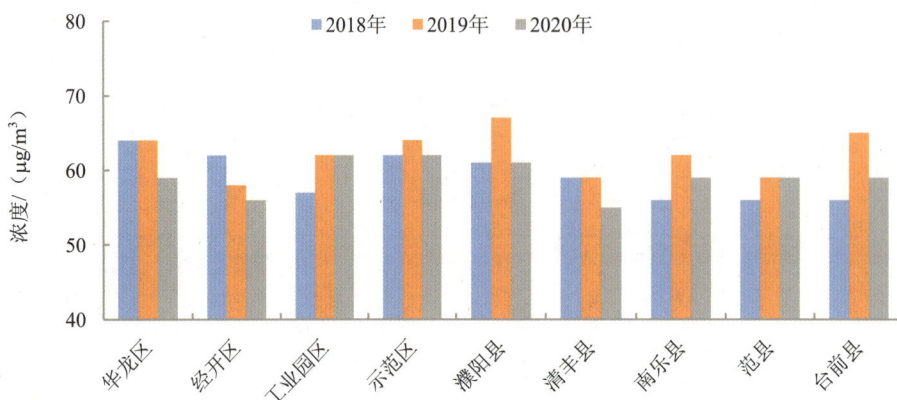

图 4-23　2018—2020 年濮阳市各县区 PM2.5 年均值比较

（2）"十三五"期间变化趋势分析

"十三五"期间，与 2018 年相比，濮阳市各县区 PM2.5 浓度年均值保持不变，污染程度基本不变。

（3）季节变化

2020 年，濮阳市各县区 PM2.5 浓度季均值、月均值变化见图 4-21 和图 4-22。冬季 PM2.5 浓度最高，季均值变化规律为冬季＞秋季＞春季＞夏季。浓度月均值变化接近 U 形。

3．二氧化硫

（1）年度对比

与上年相比，濮阳市各县区二氧化硫污染程度基本不变；县区点位浓度年均值由 8 个达到一级变为全部达到一级标准；浓度年均值由 15 μg/m³ 下降到 12 μg/m³，下降了 20%。濮阳市各县区二氧化硫年均浓度比较见图 4-24。

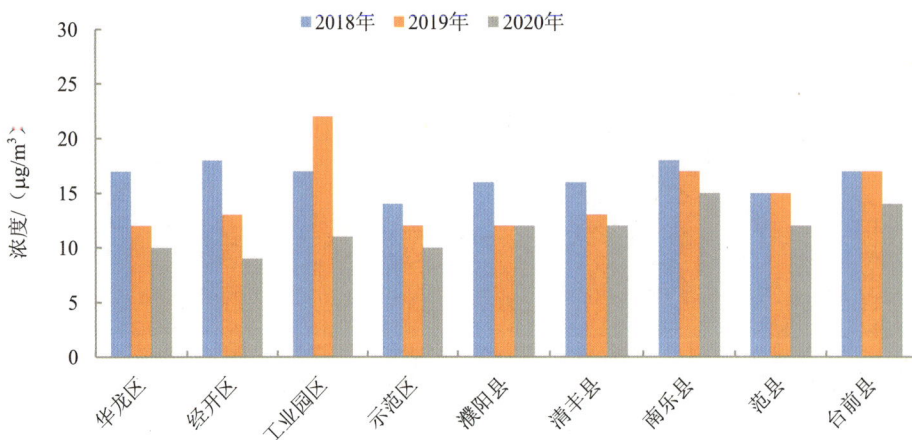

图 4-24　2018—2020 年濮阳市各县区二氧化硫年均值比较

（2）"十三五"期间变化趋势分析

"十三五"期间，即与 2018 年相比，濮阳市各县区二氧化硫浓度年均值减少了 5 μg/m³，污染程度基本不变。

（3）季节变化

2020 年，濮阳市各县区二氧化硫浓度季均值、月均值变化见图 4-21 和图 4-22。冬季二氧化硫浓度最高，季均值变化规律为秋季＞冬季=春季＞夏季。浓度月均值变化接近 W 形。

4．二氧化氮

（1）年度对比

与上年相比，濮阳市各县区二氧化氮污染程度基本不变；县区点位浓度年均值均达到二级标准，与上年保持一致；浓度年均值由 34 μg/m³ 下降到 30 μg/m³，下降了 11.8%。濮阳市各县区二氧化氮年均浓度比较见图 4-25。

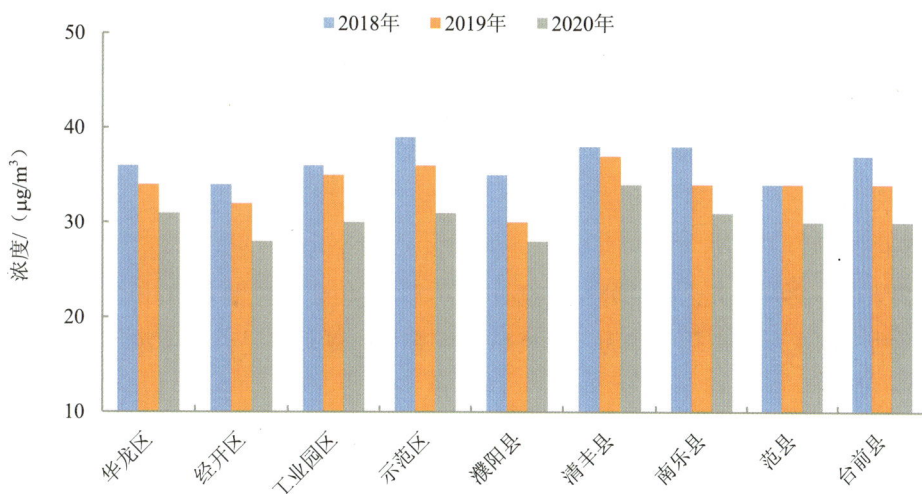

图 4-25　2018—2020 年濮阳市各县区二氧化氮年均值比较

（2）"十三五"期间变化趋势分析

"十三五"期间，即与 2018 年相比，濮阳市各县区二氧化氮浓度年均值减少了 6 μg/m³，污染程度基本不变。

（3）季节变化

2020 年，濮阳市各县区二氧化氮浓度季均值、月均值变化见图 4-21 和图 4-22。秋季二氧化氮浓度最高，季均值变化规律为秋季＞冬季＞春季＞夏季。浓度月均值变化接近 U 形。

5．一氧化碳

（1）年度对比

与上年相比，濮阳市各县区一氧化碳污染程度基本不变；县区点位年百分位浓度均达到二级标准，与上年保持一致；年百分位浓度由 1.8 mg/m³ 下降到 1.7 mg/m³，下降了 5.6%。濮阳市各县区一氧化碳年百分位浓度比较见图 4-26。

图 4-26　2018—2020 年濮阳市各县区一氧化碳年百分位浓度比较

（2）"十三五"期间变化趋势分析

"十三五"期间,即与 2018 年相比,濮阳市各县区一氧化碳年百分位浓度年均值减少了 0.4 mg/m³,污染程度基本不变。

（3）季节变化

2020 年,濮阳市各县区一氧化碳百分位浓度季均值、月均值变化见图 4-21 和图 4-22。冬季一氧化碳百分位浓度最高,季均值变化规律为冬季＞秋季＞春季＞夏季。月百分位浓度变化接近 U 形。

6. 臭氧

（1）年度对比

与上年相比,濮阳市各县区臭氧污染程度基本不变;8 个县区点位年百分位浓度均超二级标准,与上年相比多 1 个县达到二级标准;年百分位浓度由 188 μg/m³ 下降到 166 μg/m³,下降了 11.7%。濮阳市各县区臭氧年百分位浓度比较见图 4-27。

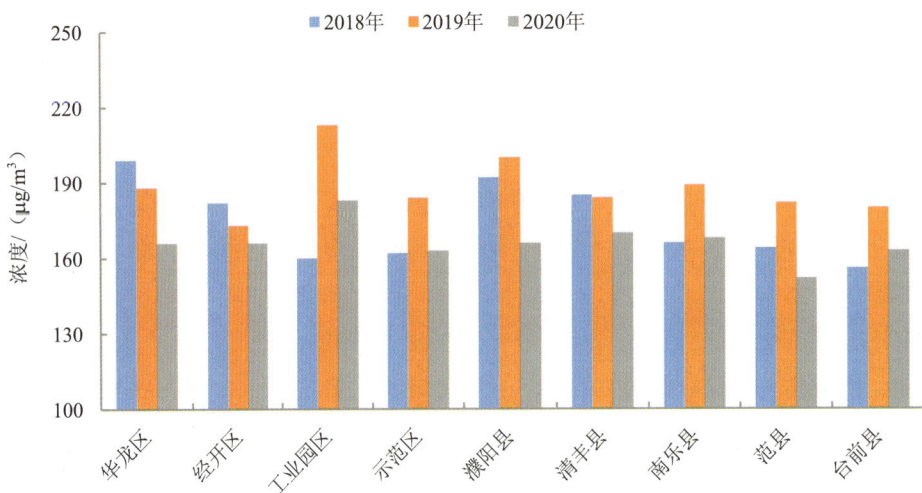

图 4-27　2018—2020 年濮阳市各县区臭氧年百分位浓度比较

（2）"十三五"期间变化趋势分析

"十三五"期间，即与 2018 年相比，濮阳市各县区臭氧浓度年百分位浓度减少了 8 μg/m³，污染程度基本不变。

（3）季节变化

2020 年，濮阳市各县区臭氧百分位浓度季均值、月均值变化见图 4-21 和图 4-22。夏季臭氧百分位浓度最高，季均值变化规律为夏季＞春季＞秋季＞冬季。月百分位浓度变化呈倒 U 形变化。

二、综合评价

（一）城市

1．年度对比

与上年相比，濮阳市城市环境空气质量级别不变，均为轻度污染，综合质量指数下降了 0.59，城市环境空气污染程度减轻。优良比例提高了 8.6 个百分点，重度污染及以上比例下降了 3.6 个百分点，见图 4-28。

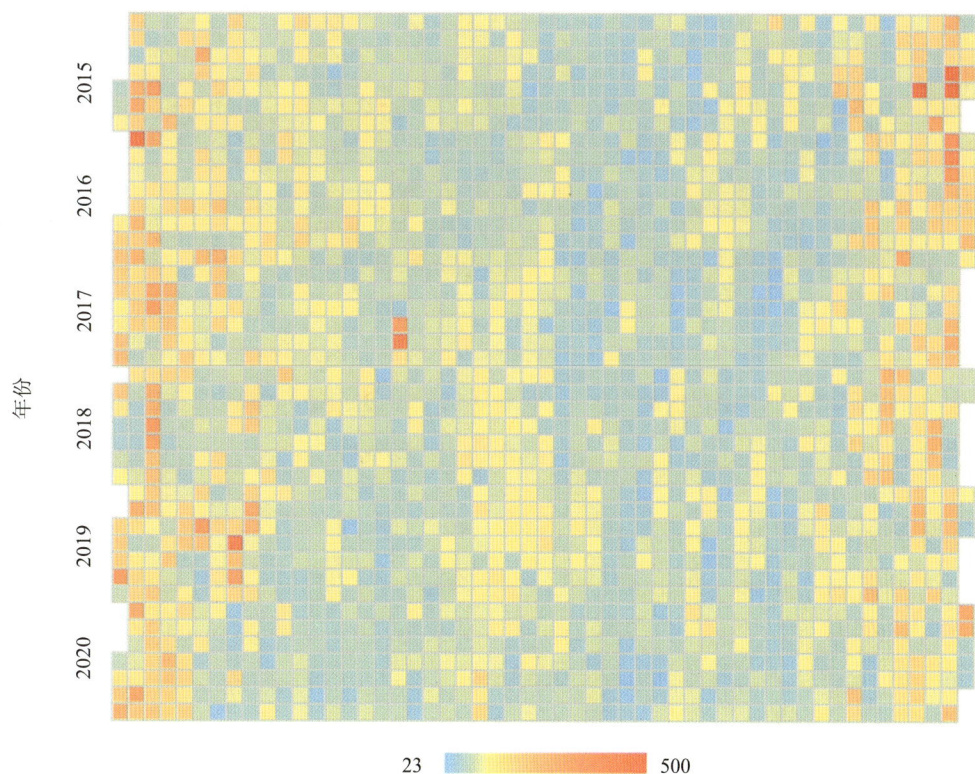

图 4-28　2015—2020 年城市环境空气质量 AQI 日变化

2．"十三五"期间变化趋势分析

"十三五"期间，环境空气质量级别均为轻度污染，城市环境空气综合质量指数秩相关系数 r_s 绝对值等于临界值，表明城市环境空气质量变化平稳。优良比例和重度污染及以上比例变化平稳。与"十三五"初期的 2016 年相比，综合质量指数下降了 1.46，城市环境空气污染程度减轻，优良比

例提高了 5.7 个百分点，重度污染及以上比例下降了 2.7 个百分点。

3."十三五"与"十二五"对比分析

与"十二五"末期的 2015 年相比，综合质量指数下降了 1.66，城市环境空气污染程度减轻，优良比例提高了 6.1 个百分点，重度污染及以上比例下降了 2.0 个百分点。

（二）县区

1. 年度对比

与上年相比，从整体上看，濮阳市各县区环境空气质量级别不变，均为轻污染，综合质量指数下降了 0.56，县区环境空气污染程度减轻。其中濮阳县、台前县、工业园区、华龙区、示范区、经开区、南乐县环境空气污染程度减轻，清丰县和范县环境空气污染程度基本不变。优良天数有所增加，重度污染及以上天数有所减少，见图 4-29 和图 4-30。

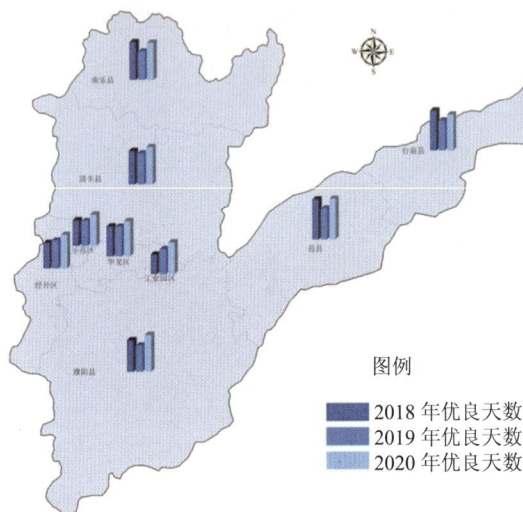

图 4-29　2018—2020 年濮阳市各县区优良
天数变化

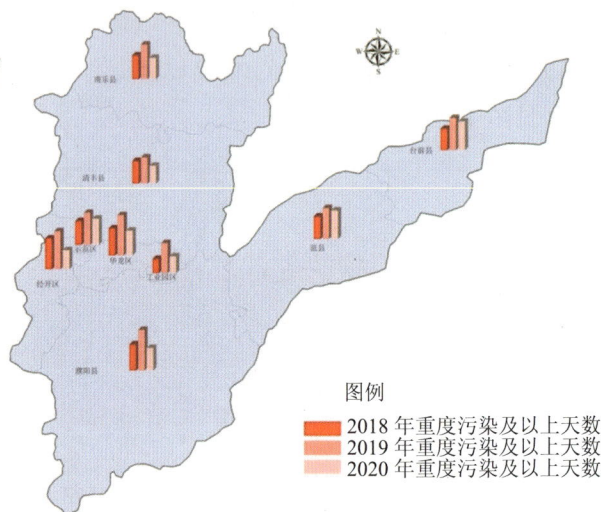

图 4-30　2018—2020 年濮阳市各县区重度污染及以上
天数变化

2."十三五"期间变化趋势分析

"十三五"期间，即与 2018 年相比，从整体上看，濮阳市各县区环境空气质量级别不变，均为轻度污染，综合质量指数下降了 0.63，县区环境空气污染程度减轻。其中经开区、华龙区、示范区、濮阳县、清丰县、南乐县、台前县环境空气污染程度减轻，范县和工业园区环境空气污染程度基本不变。优良天数有所增加，重度污染及以上天数有所减少。

三、污染特征

（一）城市

1. 污染因素特征分析

"十三五"期间，濮阳市城市环境空气首要污染物均为 $PM_{2.5}$。

（1）年度对比

与上年相比，$PM_{2.5}$ 污染负荷有所上升，PM_{10} 和一氧化碳基本维持不变，臭氧、二氧化氮、二氧化硫稍有降低，见图 4-31 和图 4-32。

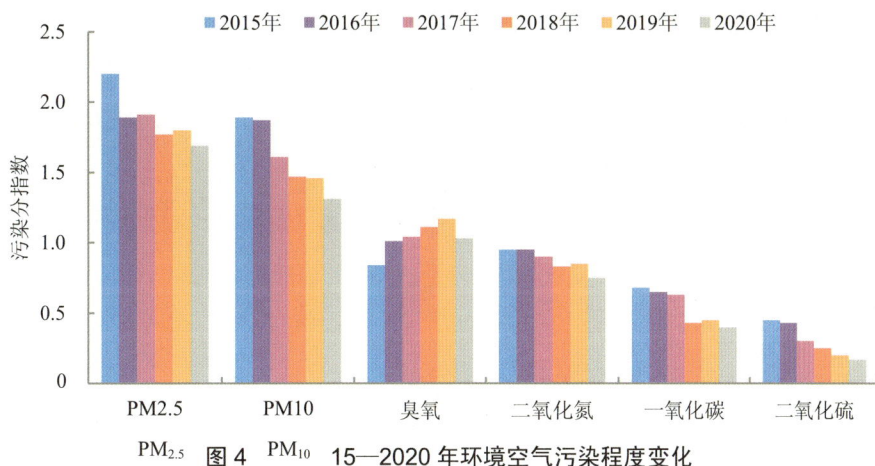

图 4 $PM_{2.5}$ PM_{10} 15—2020 年环境空气污染程度变化

图 4-32　2015—2020 年环境空气污染负荷变化

（2）"十三五"期间变化趋势分析

"十三五"期间，二氧化氮、一氧化碳和臭氧污染负荷变化平稳，$PM_{2.5}$ 污染负荷变化呈上升趋势，PM_{10}、二氧化硫污染负荷变化呈下降趋势。与"十三五"初期的 2016 年相比，$PM_{2.5}$、臭氧污染负荷有所上升，二氧化氮污染负荷基本不变，其他污染物污染负荷有所下降。

（3）"十三五"与"十二五"对比分析

与"十二五"末期的 2015 年相比，$PM_{2.5}$、臭氧、二氧化氮污染负荷有所上升，其他污染物污染负荷有所下降。

2. 污染季节性特征分析

濮阳市城市环境空气污染具有季节性变化特征。PM_{10} 和 $PM_{2.5}$ 污染程度均呈现为冬季最高，秋、春季次之，夏季最轻的变化特征；二氧化硫和二氧化氮污染程度呈现为秋季最高，冬、春季次之，夏季最轻的变化特征；一氧化碳污染程度呈现为冬季最高，秋季次之，春、夏季较轻的变化特征；臭氧污染程度呈现为夏季最高，春、秋季次之，冬季最轻的变化特征。

（二）县区

1. 污染因素特征分析

"十三五"期间，濮阳市各县区首要污染物均为 $PM_{2.5}$。

（1）年度对比

与上年相比，$PM_{2.5}$ 污染负荷有所上升，一氧化碳与上年持平，其他污染物均稍有下降趋势。

（2）"十三五"期间变化趋势分析

"十三五"期间，与 2018 年相比，$PM_{2.5}$、臭氧污染负荷有所上升，其他污染物污染负荷均有所下降，见图 4-33 和图 4-34。

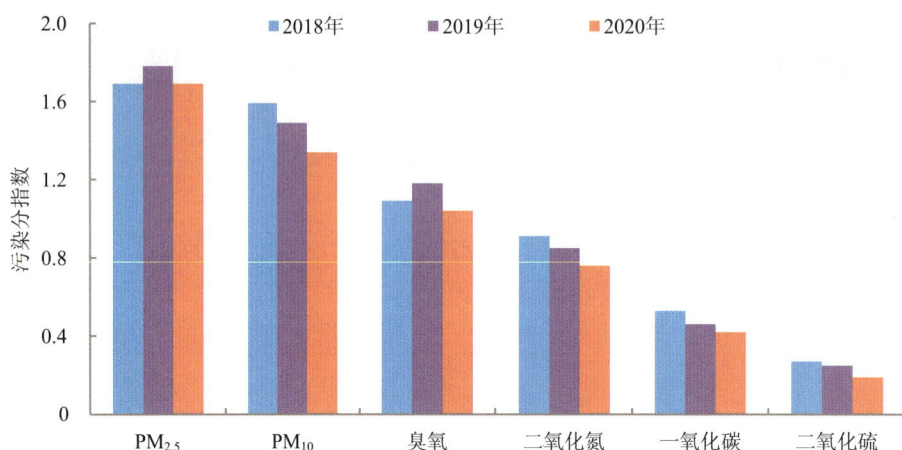

图 4-33　濮阳市各县区环境空气污染程度变化

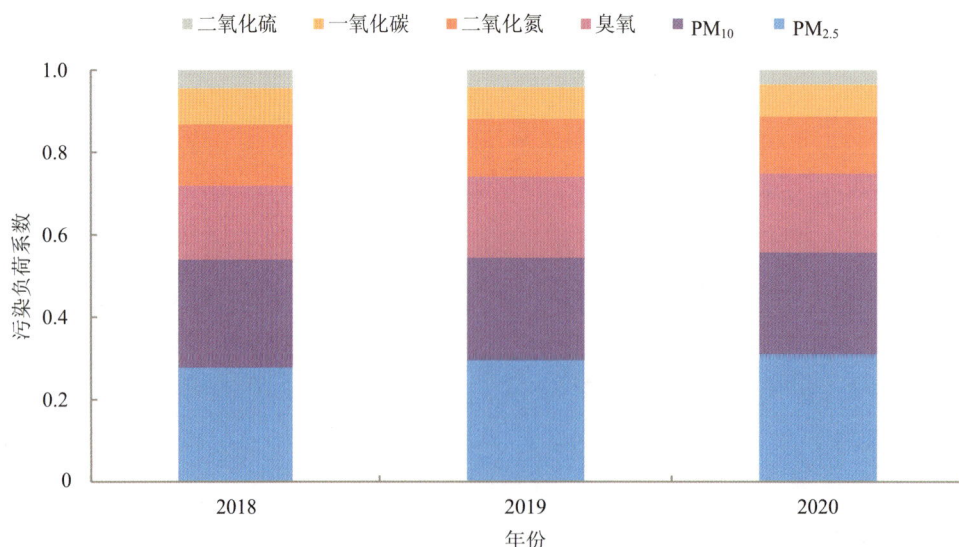

图 4-34　濮阳市各县区环境空气污染负荷变化

2. 污染季节性特征分析

濮阳市县区环境空气污染具有季节性变化特征。PM_{10} 和 $PM_{2.5}$ 污染程度呈现为冬季最高，秋、春季次之，夏季最轻的变化特征；二氧化硫污染程度呈现秋、春、冬季较高，夏季较轻的变化特征；二氧化氮的污染程度呈现为秋、冬季较高，春、夏季较轻的变化特征；一氧化碳污染程度呈现为冬季最高，秋、春、夏季较轻的变化特征；臭氧污染程度呈现为夏季最高，春、秋季次之，冬季最轻的变化特征。

第四节　原因分析和小结

一、原因分析

濮阳市总面积 4 188 km^2，占全省面积的 2.51%，人口约为 400.89 万人，占全省人口的 3.73%，人口密度约为 957 人/km^2，过高的人口密度、经济活动产生巨大的能源消耗，由此产生的废气是大气污染的主要来源；同时受风向、地形、气候因素的影响，周边外来输送污染物带来一定的影响。濮阳市的大气雾霾污染属于煤烟尘、机动车尾气、二次气溶胶、扬尘、氨、挥发性有机物为主的多源复合型污染。根据污染源解析分析原因有以下几方面。

（一）以本地污染为主

濮阳市产业结构转型升级步伐缓慢，发展模式依然粗放，污染物长期超环境容量排放，多年的经济发展使得大气污染物长期积累。经济总量、能源消耗、人口数量仍保持较快增长，生态资源、环境容量和经济的快速发展、现代生活方式的矛盾仍将加剧，并将长期存在。随着经济社会的发展，能源消耗大幅攀升，机动车保有量急剧增加，氮氧化物和挥发性有机物排放量显著增长，臭氧和 PM$_{2.5}$ 污染突出。臭氧和 PM$_{2.5}$ 污染在京津冀及周边区域（包括河南）表现均较突出。

随着城市的加快建设，引进外资、加快工业园区建设，将产生较多的污染物排入大气，在一定程度上影响了大气环境质量。气态污染物（挥发性有机物、氮氧化物、二氧化硫）由于性状不稳定，在空气中停留时间短，多以本地污染为主；而较稳定的颗粒物则不仅有本地污染源，也有外来输送，太行山山脉东侧存在大气污染物的"集聚带"，工业较集中，地理条件不利于污染物扩散。

（二）外来输送加剧污染

濮阳市地势较为平坦，自西南向东北略有倾斜，西面 90 km 有太行山脉，东南方向 35 km 为黄河，北面是河北省，东面为山东省，整体上地势较低，处于南北风的通道中，地形条件导致濮阳市大气污染物的输出不利，整体是输入状态。南北风污染物过境，东风污染物在太行山前累积，西风污染物通过西北通道输送。

（三）气象条件显著影响

濮阳市属于大陆性季风气候，冬季污染物浓度最高，春、秋季次之，夏季最轻，大气污染物浓度呈 U 形变化，与冬、春季取暖燃煤量大、静风天气有明显关系；受秸秆焚烧影响，每年 6 月、10 月会出现局部高值。冬季比较容易形成不利于污染物扩散的地面天气形势，地面和低空风速较小，常伴有较强的辐射逆温或低空逆温，导致污染物不断积累；城市建设增大了地面摩擦系数，近地面污染物（低矮锅炉排放口、工业无组织排放、生活面源、机动车尾气、道路及工地扬尘等）不具备好的横向稀释的条件，容易在城区内积累高浓度污染物；而高空有风，区域外的大型钢厂、大型电厂等企业的高烟囱则相对较易扩散，导致下风向的区域形成外来输送污染。

改善环境质量的关键是减少污染物的排放，大气污染问题既与燃料结构有关，也是人口、交通、工业高度集聚的结果，需要综合性治理，抓大气主要污染成因（能源结构、产业结构），关注工业、城市规划、城市餐饮、秸秆利用等方面，着手餐饮、工业、机动车、扬尘、秸秆方面的管理治理，推动区域联动减少污染。大气灰霾污染防治，不仅需要强化企业和政府的责任，更需要广大市民同努力、共奋斗，全社会形成合力持续推进，才能促进濮阳市大气环境质量持续改善。"十三五"期间，濮阳市大力调整产业结构，加强各方面的污染源控制，细颗粒呈现逐年下降趋势。

二、小结

（一）城市

2020 年，濮阳市城市环境空气质量级别为轻污染，首要污染物是 $PM_{2.5}$。优、良天数为 224 d，优、良天数比例为 61.2%，重度污染及以上比例为 5.7%。PM_{10} 浓度年均值为 92 $\mu g/m^3$，同比下降了 9.8%。$PM_{2.5}$ 浓度年均值为 59 $\mu g/m^3$，同比下降了 6.3%。二氧化硫浓度年均值为 10 $\mu g/m^3$，同比下降了 16.7%。二氧化氮浓度年均值为 30 $\mu g/m^3$，同比下降了 11.8%。一氧化碳浓度年均值为 0.8 mg/m^3，同比下降了 20%。臭氧浓度年均值为 104 $\mu g/m^3$，同比下降了 4.6%。

与上年相比，城市环境空气污染程度减轻，优、良天数比例提高了 8.6 个百分点，重度污染及以上比例下降了 3.6 个百分点。$PM_{2.5}$ 污染负荷有所上升，PM_{10} 和一氧化碳基本维持不变，臭氧、二氧化氮、二氧化硫稍有降低。

"十三五"期间，城市环境空气质量级别均为轻度污染，环境空气质量变化平稳。优良比例和重度污染及以上比例变化平稳。二氧化氮、一氧化碳和臭氧污染负荷变化平稳，$PM_{2.5}$ 污染负荷变化呈上升趋势，PM_{10}、二氧化硫污染负荷变化呈下降趋势。与"十三五"初期的 2016 年相比，城市环境空气污染程度减轻，优良比例提高了 5.7 个百分点，重度污染及以上比例下降了 2.7 个百分点。

与"十二五"末期的 2015 年相比，城市环境空气污染程度减轻，优良比例提高了 6.1 个百分点，重度污染及以上比例下降了 2.0 个百分点。

（二）县区

2020 年，濮阳市 9 个县区华龙区、经开区、工业园区、示范区、濮阳县、清丰县、南乐县、范县、台前县环境空气质量级别均为轻度污染，首要污染物是 $PM_{2.5}$。

与 2019 年相比，县区环境空气污染程度减轻。$PM_{2.5}$ 污染负荷有所上升，一氧化碳与 2019 年持平，其他污染物均稍有下降趋势。其中濮阳县、台前县、工业园区、华龙区、示范区、经开区、南乐县环境空气污染程度减轻，清丰县和范县环境空气污染程度基本不变。

"十三五"期间，与 2018 年相比，县区环境空气污染程度减轻。$PM_{2.5}$、臭氧污染负荷有所上升，其他污染物污染负荷有所下降。其中经开区、华龙区、示范区、濮阳县、清丰县、南乐县、台前县环境空气污染程度减轻，范县和工业园区环境空气污染程度基本不变。

第五章

降　尘

一、评价标准与方法

评价标准值为 9 t/（km²·30 d）。

二、现状评价

濮阳市降尘点位分布见图 5-1。

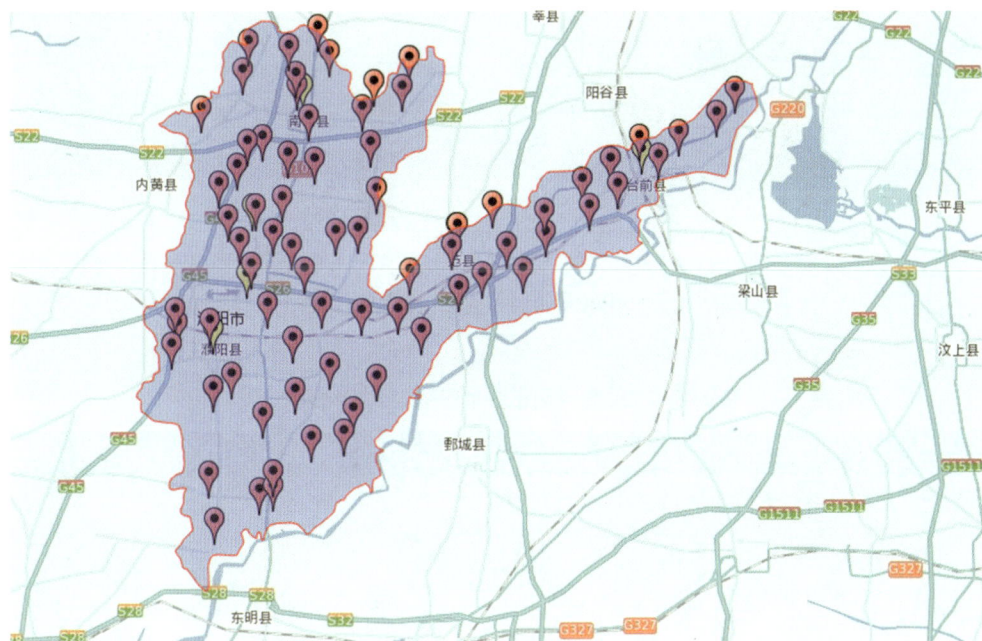

图 5-1　濮阳市降尘点位分布示意图

（一）城市降尘

1. 空间分布状况

2020 年，对濮阳市各县区 9 个点位进行了降尘监测。濮阳市城市降尘量为 1.0～24.8 t/（km²·30 d），年均值为 9.2 t/（km²·30 d），超过评价标准。5 个点位年均值超评价标准，点位超标率为 55.6%。县区降尘年均值分布见图 5-2。各县区降尘量监测结果统计见表 5-1。降尘量较高的点位是经开区、范县和华龙区，年均值分别为 11.5 t/（km²·30 d）、9.8 t/（km²·30 d）和 9.7 t/（km²·30 d），超过全市平均水平；降尘量较低的点位是清丰县、台前县和濮阳县，年均值分别为 8.1 t/（km²·30 d）、8.3 t/（km²·30 d）和 8.4 t/（km²·30 d）。

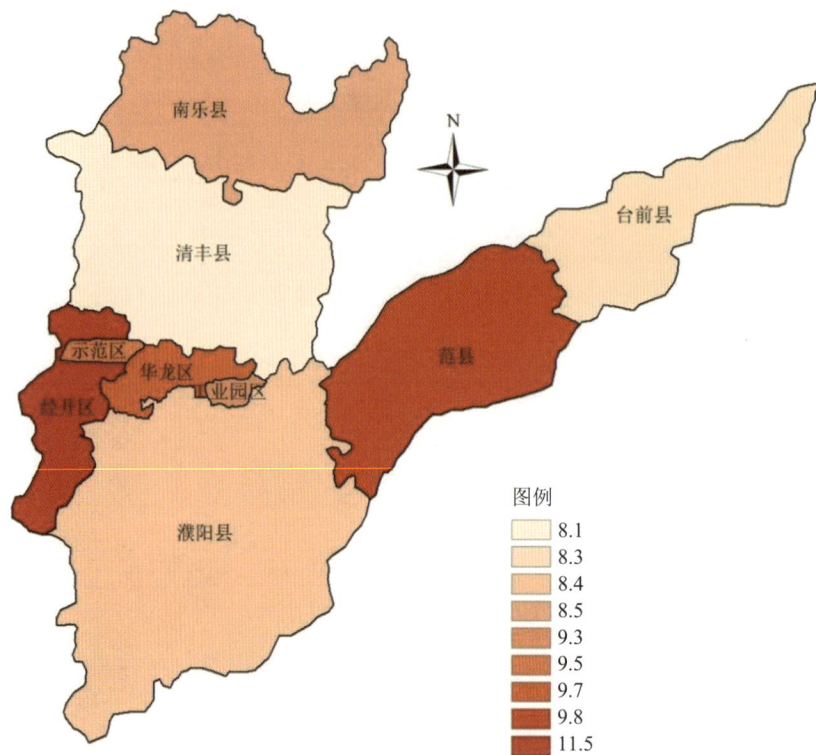

图例

	8.1
	8.3
	8.4
	8.5
	9.3
	9.5
	9.7
	9.8
	11.5

图 5-2　2020 年濮阳市各县区降尘量示意图

表 5-1　2020 年濮阳市各县区降尘监测结果统计

县区	点位名称	降尘量范围/[t/（km²·30 d）]	超标率/%	降尘量年均值/[t/（km²·30 d）]
华龙区	油田物探公司	1.0～14.2	62.5	9.7
清丰县	清丰县青少年活动中心	1.5～14.3	40.0	8.1
南乐县	南乐县环保局	1.3～15.3	50.0	8.5
范县	范县政府综合楼	1.3～19.9	70.0	9.8
台前县	台前县政府	2.5～16.3	40.0	8.3
濮阳县	濮阳县第二河务局	2.6～16.0	50.0	8.4
经开区	经开区管委会	3.0～24.8	66.7	11.5
示范区	示范区濮上广场	3.0～19.5	50.0	9.5
工业园区	工业园区管委会	1.2～20.2	41.7	9.3
	全市	1.0～24.8	55.6	9.2

2．时间分布状况

2020 年，濮阳市城市降尘量月均值以 5 月降尘量最高，其次为 3 月和 6 月；以 8 月降尘量最低，其次为 2 月和 1 月，见图 5-3。全年 1—12 月中，3 月、4 月、5 月、6 月、10 月共 5 个月的降尘量超过评价标准。全市降尘污染具有季节性变化特征。降尘污染程度呈现为春季最高，夏、秋季次之，冬季最轻的变化特征。

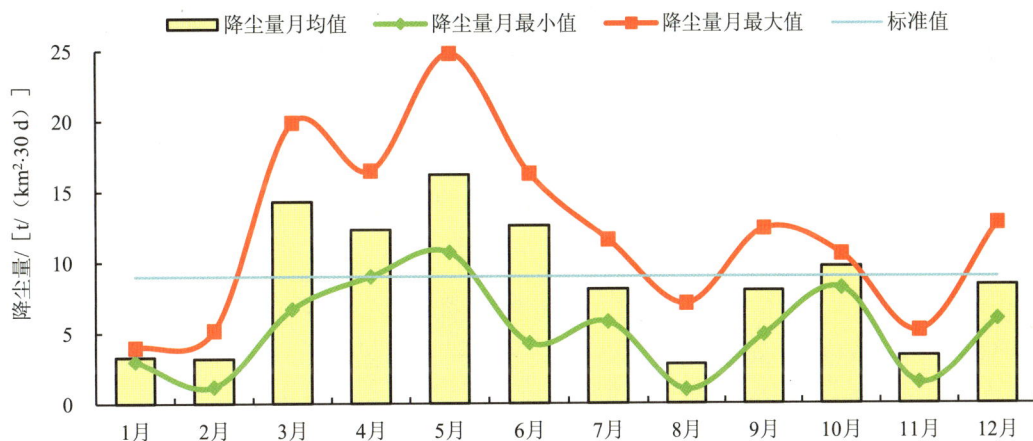

图 5-3　2020 年濮阳市降尘量月均值变化

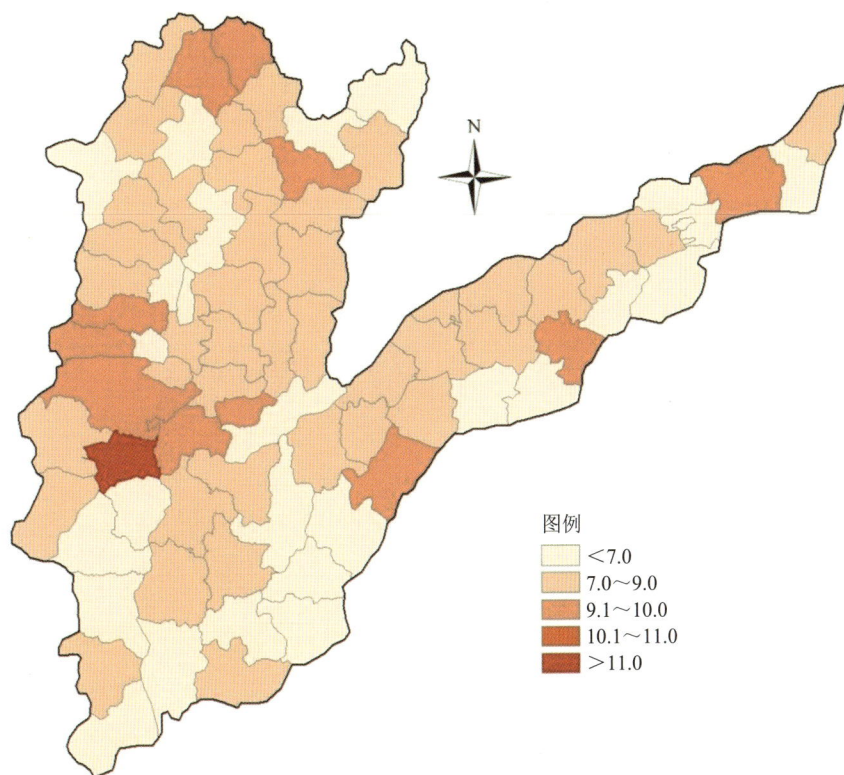

图 5-4　2020 年濮阳市乡镇降尘量年均值示意图

（二）乡镇降尘

1. 空间分布状况

2020 年，对濮阳市 75 个乡镇进行了降尘监测。乡镇降尘量月均值范围为 1.2～41.8 t/(km²·30 d)，年均值为 7.6 t/（km²·30 d），未超评价标准。86.7% 的乡镇降尘量年均值达到评价标准，13.3% 的乡镇降尘量年均值超过评价标准。各点位降尘量年均值分布见图 5-4。降尘量最高的乡镇是濮阳县城关镇，年均值为 12.0 t/（km²·30 d）；降尘量最低的乡镇是台前县城关镇，年均值为 4.7 t/（km²·30 d）。

2. 时间分布状况

2020 年，因新冠疫情等原因 2 月、4 月和 5 月无数据，以 3 月降尘量最高，其次为 6 月和 1 月；以 12 月降尘量最低，其次为 8 月和 10 月，见图 5-5。全年 9 个月中只有 3 月和 6 月的降尘量超过评价标准。乡镇降尘污染具有季节性变化特征，降尘污染程度呈现为春季最高，夏、秋次之，冬季最轻的变化特征，见图 5-6（序号代表各乡镇名称）。

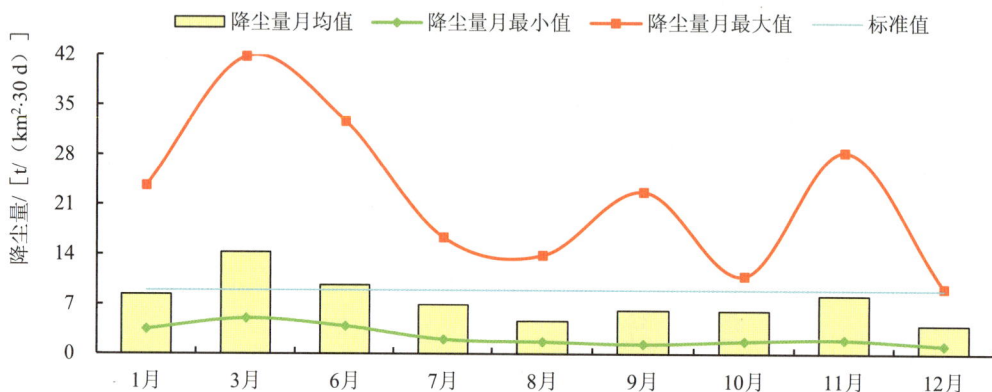

图 5-5　2020 年濮阳市乡镇降尘量月均值变化

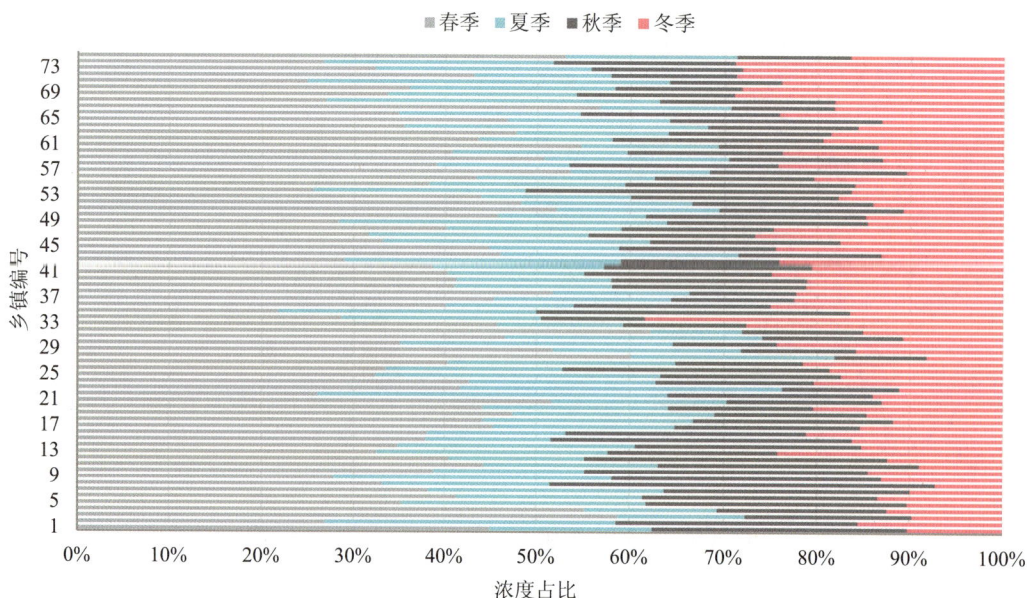

图 5-6　2020 年濮阳市乡镇降尘量季节百分比变化

三、变化趋势

（一）城市降尘

1. 年度对比

2020 年，全市降尘量年均值为 9.2 t/（km²·30 d），点位超标率为 55.6%，2019 年全市降尘量年均值为 7.4 t/（km²·30 d），点位超标率为 0，与上年相比，降尘量年均值上升了 24.3%，超标率提高了 55.6 个百分点，降尘污染程度上升。

2. "十三五"期间变化趋势分析

"十三五"期间，城市降尘监测于 2017 年开展，期间以 2018 年降尘量年均值最高为 11.3 t/（km²·30 d），点位超标率最高为 83.3%，以 2019 年降尘量年均值最低为 7.4 t/（km²·30 d），点位超标率最低为 0。与 2017 年相比，城市降尘量年均值下降了 4.2%，城市降尘污染程度在波动中呈现下降的趋势，见图 5-7。

图 5-7 "十三五"期间濮阳市城市降尘量变化趋势

（二）乡镇降尘

1. 年度对比

2020 年，全市乡镇降尘量年均值为 7.6 t/（km²·30 d），乡镇超标率为 13.3%。2019 年，全市乡镇降尘量年均值为 8.7 t/（km²·30 d），乡镇超标率为 36.0%。与上年相比，降尘量年均值下降 12.6%，超标率降低 22.7 个百分点，降尘污染程度下降，超标率下降。

2. "十三五"期间变化趋势分析

"十三五"期间，乡镇降尘于 2019 年开展，即近两年乡镇降尘呈现污染程度下降的趋势，见图 5-7。

四、原因分析和小结

1. 原因分析

降尘是城市大气污染物的重要来源，降尘污染不仅直接对人体造成危害，还可以通过水体、土壤等环境介质影响人类健康，破坏生态环境。目前，濮阳市的降尘污染来源分析主要为：北方沙尘暴影响、建筑工业施工、道路运输遗撒等，北方干燥气候、植被盖度低、裸露土壤面积较大等因素，会加剧降尘污染。

"十三五"时期以来，濮阳市降尘污染防治工作在责任落实、工作机制等方面明显改善。出台《濮阳市党委政府有关部门大气污染防治工作职责》《濮阳市大气、水、土壤污染防治攻坚战实施方案》，提升市控尘办规格，制定建筑施工扬尘等专项管控办法，细化工作举措，不断推动全市污染防治攻坚有效开展。针对降尘扬尘污染问题，2020 年濮阳市做了大量管控工作，深化施工工地扬尘污染防治，发现问题 1 835 个，责令停工 45 起，列入"黑名单" 2 家；开展清洁城市活动，根据空气湿度科学洒水，采取湿扫、吸扫作业。为加严扬尘污染治理、严格落实施工工地"6 个 100%"及应急预警期间管控要求，下一步要把落实情况纳入星级工地评比考核中，对道路交通扬尘污染开展全方位治理。

尽管通过采取严厉措施，2020 年城市降尘量仍同比上升了 24.3%，年均值超过评价标准，这与气候条件等客观原因和部分管控措施不到位等其他原因有一定关系，但"十三五"期间，降尘污染已呈现下降趋势，加之濮阳市的降尘量有较大下降管控空间，故需进一步细化降尘抑尘措施、持续加强扬尘综合治理。

2. 小结

2020 年，城市降尘量范围为 1.0～24.8 t/（km²·30 d），年均值为 9.2 t/（km²·30 d），点位超标率为 55.6%。与上年相比，降尘量上升了 24.3%，超标率提高了 55.6 个百分点，降尘污染程度上升。与"十三五"期间的 2017 年相比，城市降尘量年均值下降了 4.2%，城市降尘污染程度在波动中呈现下降的趋势。

2020 年，乡镇降尘量月均值范围为 1.2～41.8 t/（km²·30 d），年均值为 7.6 t/（km²·30 d），乡镇超标率为 13.3%。与上年相比，降尘量年均值下降了 12.6%，超标率降低了 22.7 个百分点，降尘污染程度下降，超标率下降。"十三五"期间乡镇降尘呈现污染程度下降的趋势。

第六章

降 水

一、评价标准与方法

降水酸度以 pH＜5.6 作为判断酸雨的依据。

二、现状评价

2020 年，对市城区环保局和背景点濮阳县大韩桥 2 个大气降水采集点位进行了降水监测，结果见表 6-1。

表 6-1　2020 年濮阳市降水 pH 监测结果

点位名称	最小值	最大值	年平均值	样品数	酸雨发生率/%
环保局	6.86	7.88	7.26	17	0
濮阳县大韩桥	6.20	7.81	7.15	19	0
全市	6.20	7.88	7.20	36	0

全年共采集 36 个大气降水样品，取得样品量 362 mm，全市降水 pH 在 6.20～7.88，平均 pH 为 7.20，酸雨发生率为 0。

降水离子组成中，阴离子含量（meq/L）由高到低依次为氯离子＞硫酸根＞硝酸根＞氟离子，其中氯离子含量高于其他阴离子，$Cl^-/\sum B^-$ 比值为 0.540，表明濮阳市降水中主要阴离子物质为氯化物。

阳离子含量（meq/L）由高到低依次为钙离子＞镁离子＞钠离子＞铵离子＞钾离子，其中钙离子所占比例最大，$Ca^{2+}/\sum B^+$ 比值为 0.848。

三、变化趋势

1. 年度对比

2020 年，濮阳市未出现酸雨。与上年相比，全市降水平均 pH 升高了 0.25 个单位，酸雨发生率仍然为 0，见表 6-2。

表 6-2　2019—2020 年降水 pH 年均值变化情况

点位名称	2019 年 pH 年均值	2020 年 pH 年均值	pH 差值	2019 年 酸雨发生率/%	2020 年 酸雨发生率/%	发生率变化/ 百分点
环保局	7.02	7.26	0.24	0	0	0
濮阳县大韩桥	6.90	7.15	0.25	0	0	0
全市	6.95	7.20	0.25	0	0	0

从类型来看，与上年相比，全市降水中氯离子比例呈上升趋势，氯离子浓度占降水阴离子当量比例为 54.0%，高于其他阴离子，氯离子浓度占降水阴离子当量比例由 2019 年的 48.7%上升到 2020 年的 54.0%，提高了 5.3 个百分点；硫酸根比例呈下降趋势，硫酸根浓度占降水阴离子当量比例由 2019 年的 33.1%下降到 2020 年的 30.1%，降低了 3.0 个百分点。钙离子比例呈上升趋势，钙离子浓度占降水阳离子当量比例为 84.8%，远高于其他阳离子，钙离子浓度占降水阳离子当量比例由 2019 年的 72.4%上升到 2020 年的 84.8%，提高了 12.4 个百分点。

2．"十三五"期间变化趋势分析

"十三五"期间全市未出现酸雨。与"十三五"初期的 2016 年相比，全市降水平均 pH 上升了 0.37 个单位，酸雨发生率均为 0，见图 6-1。

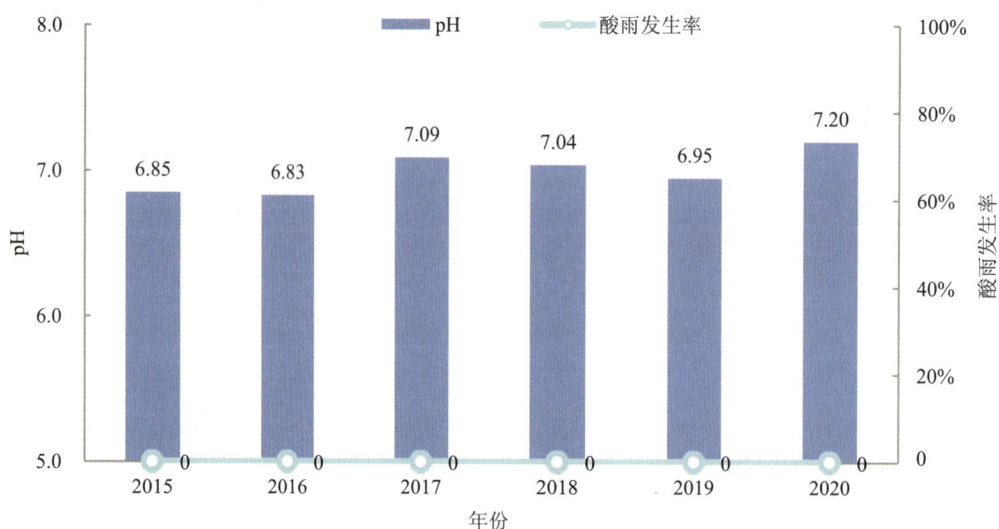

图 6-1　降水 pH、酸雨发生率变化

从类型来看，"十三五"期间，降水中主要组分由硫酸盐转化为了氯离子，降水类型有所变化。从 2016 年开始，全市降水中氯离子比例呈上升趋势，浓度呈上升趋势，氯离子浓度占降水阴离子当量比例由 2016 年的 9.8%上升到 2020 年的 54.0%，提高了 44.2 个百分点；硫酸根浓度占降水阴离子当量比例由 2016 年的 51.1%下降到 2020 年的 30.1%，下降了 21.0 个百分点；硝酸根浓度占降水阴离子当量比例由 2016 年的 33.6%下降到 2020 年的 12.9%，下降了 20.7 个百分点。降水中氯离子浓度占降水阴离子当量比例呈上升趋势，而硫酸根浓度、硝酸根浓度占降水阴离子当量比例则呈下降趋势。

从总体上来看,"十三五"期间,随着降水中氯离子浓度的明显增加,硫酸根和硝酸根在阴离子中的比重不断下降,氯离子从2018年开始取代硫酸根离子成为降水中贡献最大的阴离子,见图6-2。

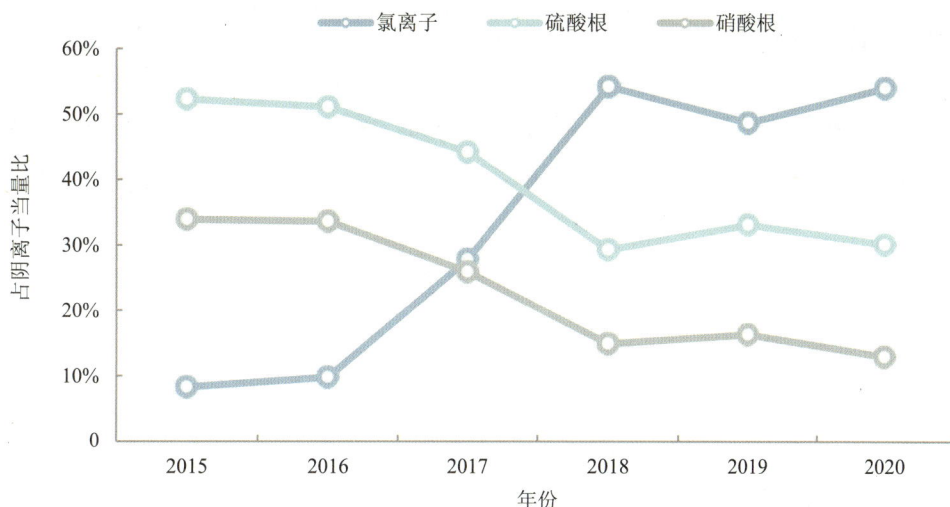

图6-2 Cl⁻、SO₄²⁻与NO₃⁻当量浓度占比变化

3."十三五"与"十二五"对比分析

与"十二五"末期的2015年相比,全市降水平均pH从6.85上升到7.20,上升了0.35个单位,酸雨发生率均为0,见图6-1。

从类型来看,与"十二五"末期的2015年相比,全市降水中氯离子浓度占降水阴离子当量比例由2015年的8.3%上升到2020年的54.0%,提高了45.7个百分点;硫酸根浓度占降水阴离子当量比例由2015年的52.3%下降到2020年的30.1%,下降了22.2个百分点;硝酸根浓度占降水阴离子当量比例由2015年的33.9%下降到2020年的12.9%,下降了21.0个百分点。钙离子浓度占降水阳离子当量比例由2015年的64.7%上升到2020年的84.8%,提高了20.1个百分点。氯离子与硫酸根的当量比值由2015年的0.159上升到2020年的1.79,与硝酸根的当量比值由2015年的0.246上升到2020年的4.19。降水中主要组分由"十二五"末期的硫酸根变为"十三五"末期的氯离子,氯离子的贡献率大幅增加,硝酸根的贡献率持续降低,降水类型发生了变化,见图6-2。

四、原因分析和小结

1.原因分析

氯离子或氯化物的贡献有部分来自人类活动,进一步说明濮阳市尤其在降水采样点附近工业生产排放的废气对氯离子的浓度贡献不容忽视,有研究表明氯离子主要来自湿式通风冷却塔,由于冷却塔遍布于需要工业冷却的场所,尤其是火电厂、煤化工型企业。冷却塔在排放水蒸气的同时不可避免地会产生雾滴携带,雾滴中有高浓度的氯离子。循环水,特别是使用中水、海水、苦咸水、高盐废水等含溶解固形物浓度高的补充水,氯离子浓度通常较高。濮阳市氯离子浓度高可能是受周边工业企业的影响。其次,有研究表明,有风暴活动时,氯离子含量会迅速增加,这种含量又同季节和风向有关。

与"十二五"期间相比，"十三五"期间全市降水硫酸盐和硝酸盐占比逐年下降，该趋势表明濮阳市降水中的主要阴离子不再是硫酸根和硝酸根；同时由于对氮氧化物排放的科学管控，使得硝酸盐得到了明显降低。随着大气污染防治攻坚战的持续进行，全市锅炉脱硫脱硝改造按时完成，濮阳市在重污染天气管控上坚持"提前一天、加严一级"的原则，不断加强对工业企业以及工业锅炉、采暖锅炉燃煤二氧化硫、氮氧化物的排放控制，持续开展散煤整治，各项整治措施的有效推进使得降水中硫酸盐、硝酸盐的比重逐年降低，得到了有效控制。因此，"十三五"期间濮阳市氯离子浓度占降水阴离子当量比例逐年升高，硫酸盐和硝酸盐占比逐年下降，可能与上述原因有关。

2．小结

2020年，降水pH在6.20～7.88，平均pH为7.20，酸雨发生率为0。与上年相比，降水平均pH上升了0.25个单位。

与"十三五"初期的2016年相比，降水平均pH上升了0.37个单位。

与"十二五"末期的2015年相比，降水平均pH上升了0.35个单位。"十三五"与"十二五"期间，酸雨发生率均为0，降水中氯离子的贡献率大幅增加，硫酸根、硝酸根的贡献率持续降低。

第七章

地表水环境质量

第一节 评价标准与方法

一、评价标准

《地表水环境质量标准》（GB 3838—2002），水质超标率、污染指标超标倍数计算以Ⅲ类水质标准为基准。

二、评价方法

1. 定性评价

单项因子评价法：按照《地表水环境质量标准》（GB 3838—2002）对参与评价的因子进行水质类别评价；按照《地表水环境质量评价办法（试行）》（环办〔2011〕22 号）中断面水质类别与水质定性评价分级对应关系评价断面水质状况。

断面水质类别比例法：定性评价河流水质状况（监测断面不少于 5 个）。

主要污染指标评价法：通过计算监测因子超标倍数和断面超标率确定断面和河流的主要污染指标。

2. 对比分析

用综合污染指数对比年际间、河流间的污染程度。

采用浓度变化限值法对比污染物的污染程度。

采用 Spearman 秩相关系数法进行趋势变化分析。

三、评价因子

选取《地表水环境质量标准》（GB 3838—2002）表 1 中除水温、总氮、粪大肠菌群以外的 21 项因子，即 pH、溶解氧、高锰酸盐指数、五日生化需氧量、氨氮、石油类、挥发酚、汞、铅、化学需氧量、总磷、铜、锌、氟化物、硒、砷、镉、铬（六价）、氰化物、阴离子表面活性剂、硫化物作为河流水质的评价因子。

第二节　现状评价

濮阳市地表水环境质量监测断面分布见图7-1。濮阳市地表水水质评价结果见表7-1。

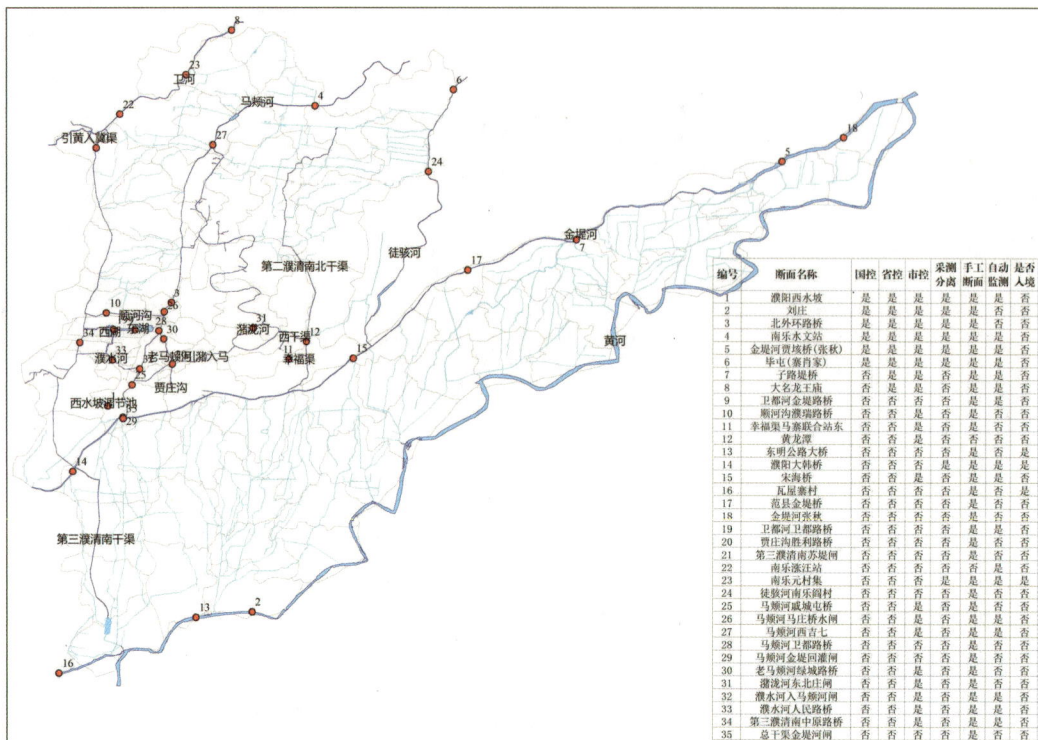

编号	断面名称	国控	省控	市控	采测分离	手工监测断面	自动监测	是否入境
1	濮阳西水坡	是	是	是	是	是	是	否
2	刘庄	是	是	是	是	是	否	否
3	北外环路桥	是	是	是	是	是	否	否
4	南乐水文站	是	是	是	是	是	否	否
5	金堤河贾垜桥(张秋)	是	是	是	是	是	否	否
6	毕屯(窦肖寨)	是	是	是	是	是	否	否
7	子路堤桥	否	是	是	否	是	是	否
8	大名龙王庙	否	否	否	否	是	否	否
9	卫都河金堤路桥	否	是	是	否	是	是	否
10	顺河沟魏瑞路桥	否	是	是	否	是	否	否
11	幸福渠马塞联合站东	否	是	是	否	是	是	否
12	黄龙潭	否	是	是	否	是	否	否
13	东明公路大桥	否	否	否	否	是	否	是
14	濮阳大桥	否	是	是	否	是	否	是
15	宋堤桥	否	是	是	否	是	否	否
16	瓦屋塞村	否	否	否	否	是	否	是
17	范县金堤桥	否	是	是	否	是	否	否
18	金堤河金秋	否	是	是	否	是	否	否
19	卫都沟卫都路桥	否	是	是	否	是	否	否
20	贾庄沟南胜利路桥	否	是	是	否	是	否	否
21	第三濮清南苏堤闸	否	是	是	否	是	否	否
22	南乐涨汪站	否	是	是	否	是	否	是
23	南乐元村集	否	是	是	否	是	否	否
24	徒骇河南乐阎村	否	是	是	否	是	否	否
25	马颊河戚城桥	否	是	是	否	是	否	否
26	马颊河马庄桥水闸	否	是	是	否	是	否	否
27	马颊河西吉七	否	是	是	否	是	否	否
28	马颊河卫都路桥	否	是	是	否	是	否	否
29	马颊河金堤回灌闸	否	是	是	否	是	否	否
30	老马颊河绿城桥	否	是	是	否	是	否	否
31	潴泷河东北庄闸	否	是	是	否	是	否	否
32	濮水河入马颊河闸	否	是	是	否	是	否	否
33	濮水河人民路桥	否	是	是	否	是	否	否
34	第三濮清南中原路桥	否	是	是	否	是	否	否
35	总干渠金堤河闸	否	否	否	否	是	否	否

图7-1　濮阳市地表水环境质量监测断面分布示意图

2020年，濮阳市地表水水质状况为轻度污染，黄河流域污染程度重于海河流域。濮阳市黄河、海河两大流域15条主要河流33个断面中，水质符合Ⅱ类标准的断面有5个，占15.1%，水质符合Ⅲ类标准的断面有11个，占33.3%，水质符合Ⅳ类标准的断面有13个，占39.4%，水质符合Ⅴ类标准的断面有2个，占6.1%，劣Ⅴ类水质的断面有2个，占6.1%，见图7-2、图7-3和表7-2。

图7-2　2020年濮阳市地表水河流水质状况示意图

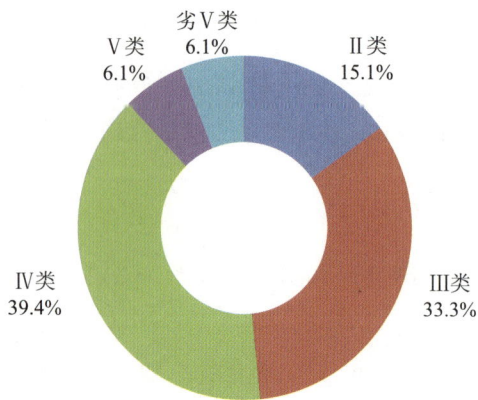

图7-3　2020年濮阳市地表水水质类别比例

表 7-1　2020 年濮阳市地表水水质评价结果

水系名称	河流名称	监测断面	断面水质类别	断面水质状况	河流水质状况	水系水质状况	全市水质状况	河流综合污染指数	水系综合污染指数
海河	卫河	南乐元村集	IV	轻度污染	轻度污染	轻度污染	轻度污染	0.314	0.341
		大名龙王庙	III	良好					
	马颊河	金堤回灌闸	III	良好	轻度污染			0.322	
		戚城屯桥	III	良好					
		卫都路桥	IV	轻度污染					
		马庄桥水闸	IV	轻度污染					
		北外环路桥	IV	轻度污染					
		西吉七	IV	轻度污染					
		南乐水文站	III	良好					
		西水坡	II	优	优			0.178	
	贾庄沟	胜利路桥	IV	轻度污染	轻度污染			0.324	
	老马颊河	绿城路桥	V	中度污染	中度污染			0.372	
	第三濮清南	中原路桥	III	良好	良好			0.263	
		苏堤闸	III	良好					
	徒骇河	阎村	IV	轻度污染	轻度污染			0.351	
		寨肖家	IV	轻度污染					
	濮水河	人民路桥	III	良好	良好			0.293	
		入马颊河闸	III	良好					
	潴泷河	东北庄闸	劣V	重度污染	重度污染			0.649	
	顺河沟	濮瑞路桥	IV	轻度污染	轻度污染			0.482	
	卫都河	卫都路桥	II	优	优			0.245	
		金堤路桥	II	优					
	幸福渠	马寨联合站东	劣V	重度污染	重度污染			0.663	
黄河	黄河干流	东明公路大桥	II	优	优	轻度污染		0.218	0.347
		刘庄	II	优					
	天然文岩渠	濮阳渠村桥	III	良好	良好			0.282	
	金堤河	濮阳大韩桥	III	良好	轻度污染			0.408	
		金堤宋海桥	V	中度污染					
		范县金堤桥	IV	轻度污染					
		子路堤桥	IV	轻度污染					
		贾垓桥	IV	轻度污染					
		张秋	IV	轻度污染					
	总干渠	金堤河闸	III	良好	良好			0.301	

表 7-2　2020 年濮阳市地表水水质类别按河流统计　　　　　　　　单位：个

水系名称	河流名称	Ⅰ～Ⅲ类	Ⅳ类	Ⅴ类	劣Ⅴ类	断流	数量
海河	卫河	1	1	0	0	0	2
	马颊河	4	4	0	0	0	8
	贾庄沟	0	1	0	0	0	1
	老马颊河	0	0	1	0	0	1
	第三濮清南	2	0	0	0	0	2
	徒骇河	0	2	0	0	0	2
	濮水河	2	0	0	0	0	2
	潴泷河	0	0	0	1	0	1
	顺河沟	0	1	0	0	0	1
	卫都河	2	0	0	0	0	2
	幸福渠	0	0	0	1	0	1
海河流域		11	9	1	2	0	23
黄河	黄河干流	2	0	0	0	0	2
	天然文岩渠	1	0	0	0	0	1
	金堤河	1	4	1	0	0	6
	总干渠	1	0	0	0	0	1
黄河流域		5	4	1	0	0	10
全市总计		16	13	2	2	0	33

2020 年，全市主要河流受污染由重到轻依次为：幸福渠、潴泷河、顺河沟、金堤河、老马颊河、徒骇河、贾庄沟、马颊河、卫河、总干渠、濮水河、天然文岩渠、第三濮清南、卫都河、黄河干流。市辖两大流域主要河流污染程度排序见图 7-4。

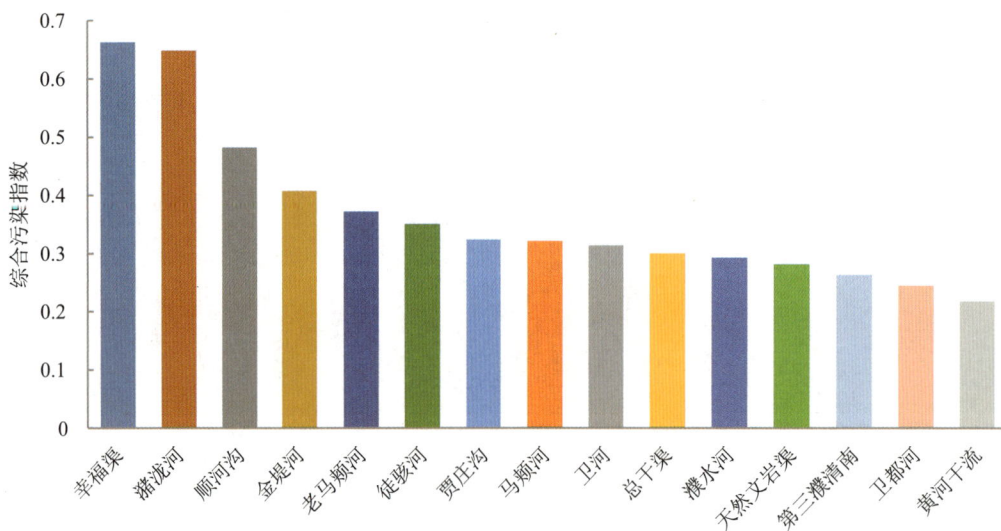

图 7-4　2020 年濮阳市主要河流污染程度排序

全市河流断面主要污染指标为化学需氧量、氨氮、总磷。21 项评价因子中有 7 项因子出现超标情况，分别是化学需氧量、氨氮、总磷、高锰酸盐指数、五日生化需氧量、挥发酚、氟化物。各断面主要污染指标见表 7-3，污染指标超标情况见表 7-4。

表 7-3　2020 年濮阳市河流断面主要污染指标统计

水系名称	河流名称	监测断面	断面主要污染指标（超标倍数）	河流主要污染指标	水系主要污染指标
海河	卫河	南乐元村集	化学需氧量（0.15）	化学需氧量	氨氮、化学需氧量、总磷
		大名龙王庙	—		
	马颊河	金堤回灌闸	—	氨氮、总磷	
		戚城屯桥	—		
		卫都路桥	氨氮（0.36）		
		马庄桥水闸	氨氮（0.33）、总磷（0.12）		
		北外环路桥	氨氮（0.35）		
		西吉七	总磷（0.06）		
		南乐水文站	—		
	西水坡		—	—	
	贾庄沟	胜利路桥	氨氮（0.05）	氨氮	
	老马颊河	绿城路桥	氨氮（0.60）	氨氮	
	第三濮清南	中原路桥	—	—	
		苏堤闸	—		
	徒骇河	阎村	化学需氧量（0.07）	化学需氧量、氨氮	
		寨肖家	氨氮（0.02）		
	濮水河	人民路桥	—	—	
		入马颊河闸	—		
	潴泷河	东北庄闸	氨氮（2.3）、总磷（1.0）、化学需氧量（0.7）	氨氮、总磷、化学需氧量	
	顺河沟	濮瑞路桥	化学需氧量（0.5）、氟化物（0.4）、总磷（0.2）	化学需氧量、氟化物、总磷	
	卫都河	卫都路桥	—	—	
		金堤路桥	—		
	幸福渠	马寨联合站东	氨氮（4.8）、总磷（0.4）、五日生化需氧量（0.1）	氨氮、总磷、五日生化需氧量	

水系名称	河流名称	监测断面	断面主要污染指标（超标倍数）	河流主要污染指标	水系主要污染指标
黄河	黄河干流	东明公路大桥	—	—	化学需氧量、高锰酸盐指数、五日生化需氧量、总磷
		刘庄	—		
	天然文岩渠	濮阳渠村桥	—		
	金堤河	濮阳大韩桥	—	化学需氧量、高锰酸盐指数、五日生化需氧量、总磷	
		金堤宋海桥	挥发酚（1.8）、化学需氧量（0.3）、高锰酸盐指数（0.1）		
		范县金堤桥	总磷（0.26）、氨氮（0.23）、化学需氧量（0.18）		
		子路堤桥	化学需氧量（0.17）、五日生化需氧量（0.15）、总磷（0.05）		
		贾垓桥	化学需氧量（0.33）、高锰酸盐指数（0.02）		
		张秋	化学需氧量（0.44）、高锰酸盐指数（0.44）、五日生化需氧量（0.19）		
	总干渠	金堤河闸	—	—	

表 7-4　2020 年地表水主要污染指标超标情况统计

指标	超标断面数量/个	断面超标率/%	年均值最高断面及超标倍数		
			断面名称	断面浓度/（mg/L）	超标倍数
化学需氧量	10	30.3	潴泷河东北庄闸	34	0.7
氨氮	10	30.3	幸福渠马寨联合站东	5.81	4.8
总磷	8	24.2	潴泷河东北庄闸	0.40	1.0
高锰酸盐指数	6	18.2	金堤河张秋	8.6	0.4
五日生化需氧量	5	15.2	潴泷河东北庄闸	6.4	0.6
挥发酚	1	3.0	金堤河宋海桥	0.0139	1.8
氟化物	1	3.0	顺河沟濮瑞路桥	1.44	0.4

一、海河流域

1. 定性评价

2020 年，海河流域共监测 11 条主要河流（卫河、马颊河、贾庄沟、老马颊河、第三濮清南、徒骇河、濮水河、潴泷河、顺河沟、卫都河、幸福渠）的 23 个断面，水质状况为轻度污染，主要污染指标为氨氮、化学需氧量、总磷。23 个断面中，水质符合Ⅱ类的断面 3 个，占 13.1%；水质符合Ⅲ类的断面 8 个，占 34.8%；水质符合Ⅳ类的断面 9 个，占 39.1%；水质符合Ⅴ类的断面 1 个，占 4.3%；水质劣Ⅴ类的有 2 个，占 8.7%，见图 7-5。

海河流域 11 条主要河流中卫都河水质状况为优，第三濮清南、濮水河水质状况为良好，卫河、马颊河、贾庄沟、徒骇河、顺河沟水质状况为轻度污染，老马颊河为中度污染，潴泷河、幸福渠为重度污染。平均综合污染指数为 0.341，海河流域河流污染程度排序见图 7-6。

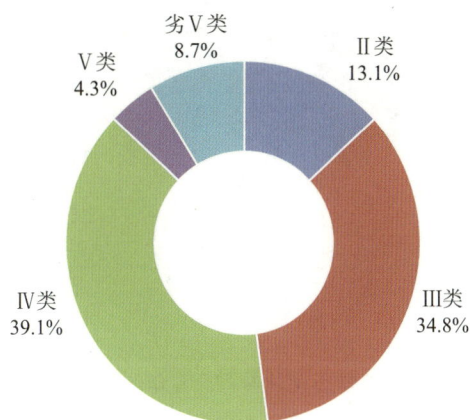

图 7-5 2020 年海河流域水质类别比例图

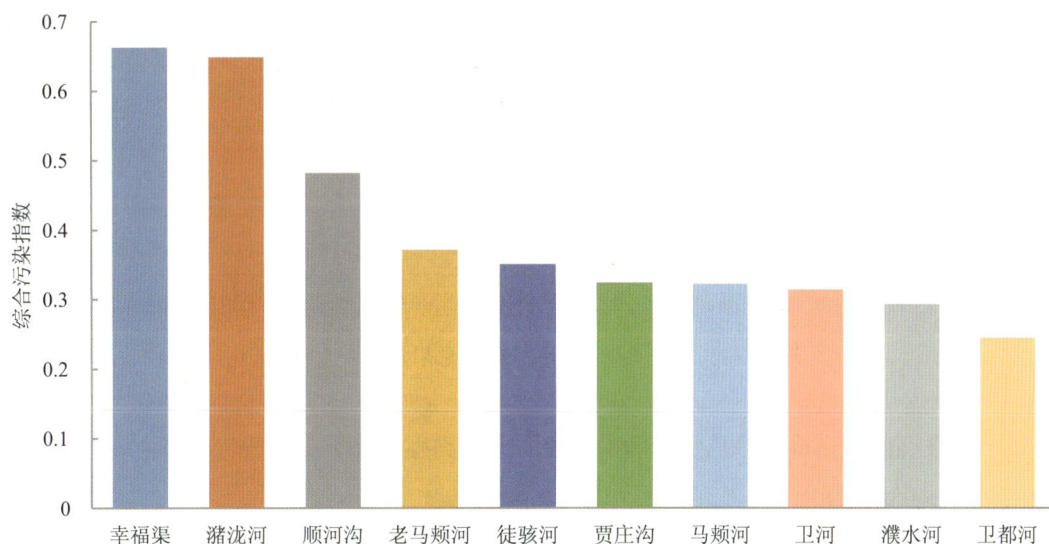

图 7-6 2020 年海河流域河流污染程度排序

2. 主要河流及沿程变化

西水坡：水质符合Ⅱ类水质标准，水质状况为优。

卫河：共设置 2 个监测断面，分别为南乐元村集断面和大名龙王庙断面，南乐元村集水质类别为Ⅳ类，大名龙王庙水质类别为Ⅲ类，卫河水质状况为轻度污染。卫河入境南乐元村集断面化学需氧量年均浓度值超标，超标倍数为 0.15 倍，卫河主要污染指标为化学需氧量，沿程变化见图 7-7。

马颊河：市辖流域共设置 7 个监测断面，上游金堤回灌闸断面水质类别为Ⅲ类，经戚城屯桥、卫都路桥、马庄桥水闸、北外环路桥、西吉七，至出境断面南乐水文站，戚城屯桥、南乐水文站断面水质类别为Ⅲ类，其余水质类别均为Ⅳ类。马颊河水质状况为轻度污染，主要污染指标为氨氮、总磷，沿程变化见图 7-8。

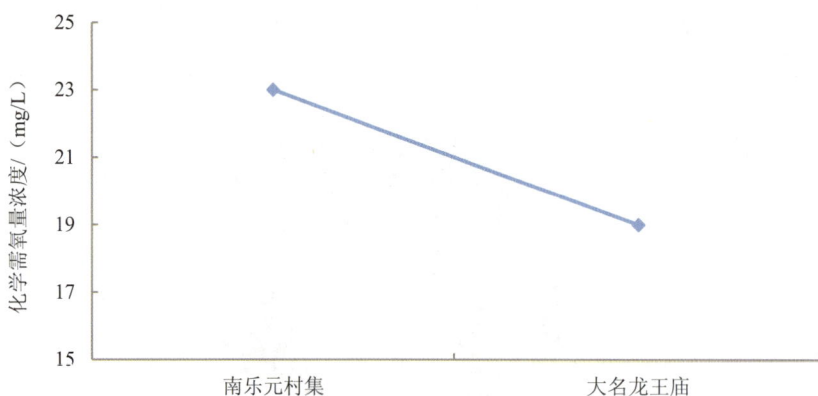

图 7-7　2020 年卫河化学需氧量年均浓度沿程变化

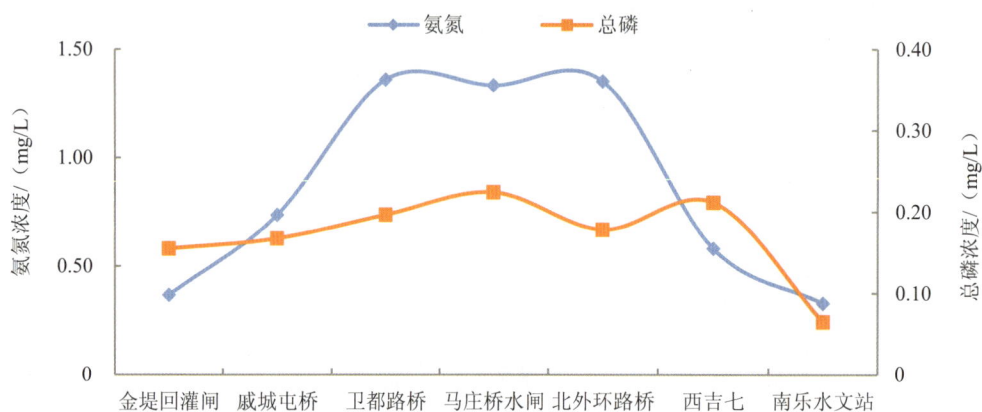

图 7-8　2020 年马颊河化学需氧量、总磷年均浓度沿程变化

贾庄沟：设置胜利路桥 1 个监测断面，该断面水质类别为Ⅳ类，水质状况为轻度污染，主要污染指标氨氮超标 0.05 倍。

老马颊河：设置绿城路桥 1 个监测断面，该断面水质类别为Ⅴ类，水质状况为中度污染，主要污染指标氨氮超标 0.6 倍。

第三濮清南：共设置 2 个监测断面，中原路桥和苏堤闸水质类别均为Ⅲ类，第三濮清南水质状况为良好。

濮水河：共设置人民路桥和入马颊河闸 2 个监测断面，水质类别均为Ⅲ类。濮水河水质状况为良好。

潴泷河：设置东北庄闸 1 个监测断面，该断面水质类别为劣Ⅴ类，水质状况为重度污染，主要污染指标氨氮、总磷和化学需氧量分别超标 2.3 倍、1.0 倍和 0.7 倍。

顺河沟：设置濮瑞路桥 1 个监测断面，该断面水质类别为Ⅳ类，水质状况为轻度污染，主要污染指标化学需氧量、氟化物和总磷分别超标 0.5 倍、0.4 倍、0.2 倍。

卫都河：共设置 2 个监测断面，卫都路桥和金堤路桥断面水质类别均为Ⅱ类，卫都河水质状况为优。

幸福渠：设置马寨联合站东 1 个监测断面，该断面水质类别为劣Ⅴ类，水质状况为重度污染，主要污染指标氨氮、总磷和五日生化需氧量分别超标 4.8 倍、0.4 倍和 0.1 倍。

徒骇河：共设置监测断面 2 个。阎村、寨肖家断面均为Ⅳ类轻度污染。徒骇河水质状况为轻度污染，主要污染指标为化学需氧量、氨氮，沿程变化见图 7-9。

2020 年，海河流域主要河流污染指标见图 7-10。

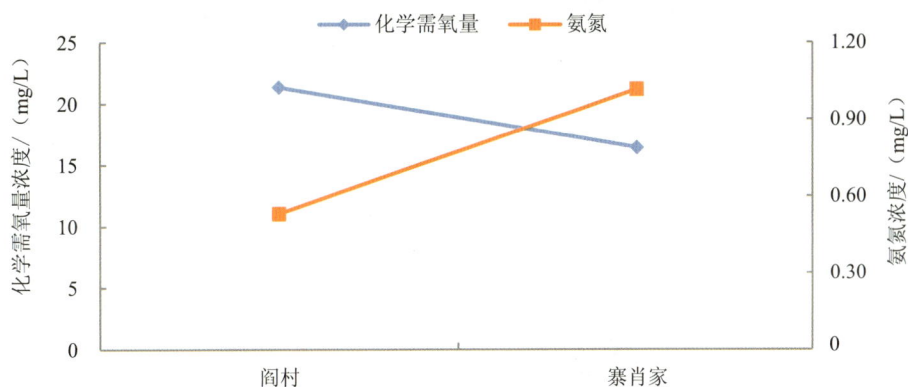

图 7-9　2020 年徒骇河化学需氧量、氨氮年均浓度沿程变化

图 7-10　2020 年海河流域主要河流污染指标示意图

二、黄河流域

1. 定性评价

2020 年，黄河流域共监测黄河干流、天然文岩渠、金堤河、总干渠 4 条主要河流，10 个断面，水质状况为轻度污染，主要污染指标为化学需氧量、高锰酸盐指数、五日生化需氧量和总磷。10 个断面中，水质符合 Ⅱ 类水质断面 2 个，占 20%，Ⅲ 类水质断面 3 个，占 30%，Ⅳ 类水质断面 4 个，占 40%，Ⅴ 类水质断面 1 个，占 10%，见图 7-11。

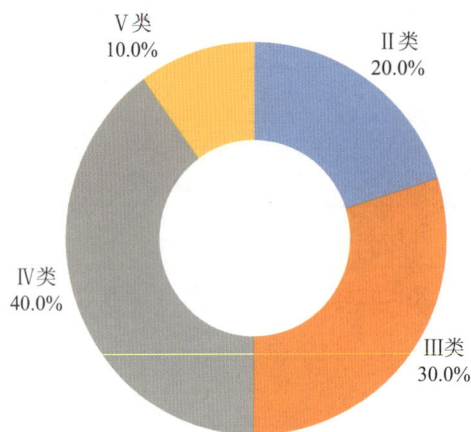

图 7-11   2020 年黄河流域水质类别比例图

黄河流域 4 条主要河流中，黄河干流水质状况为优，天然文岩渠为良好，金堤河为轻度污染、总干渠为良好。平均综合污染指数为 0.347，黄河流域河流污染程度排序见图 7-12。

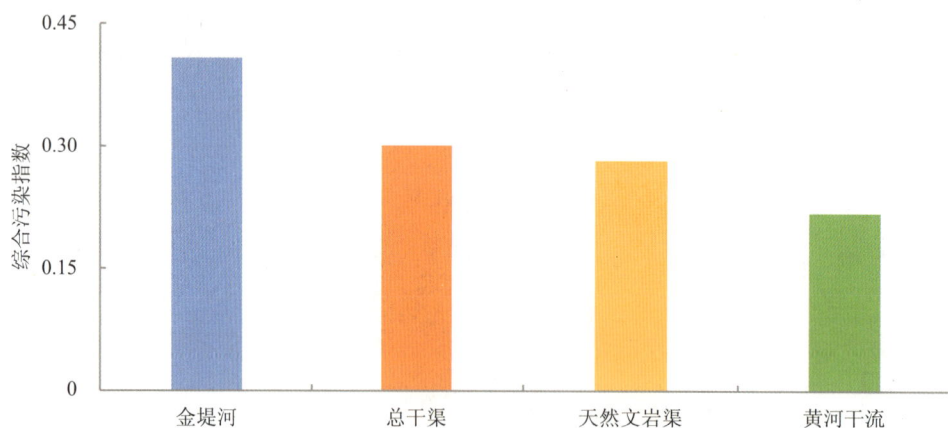

图 7-12   2020 年黄河流域河流污染程度排序

2. 主要河流及沿程变化

黄河干流：设置东明公路大桥、刘庄 2 个监测断面，水质类别均为 Ⅱ 类，黄河干流水质状况为优。

天然文岩渠：设置濮阳渠村桥 1 个监测断面，断面水质类别为 Ⅲ 类，水质状况为良好。

总干渠：设置金堤河闸 1 个监测断面，断面水质类别为Ⅲ类，水质状况为良好。

金堤河：设置 6 个监测断面，入境濮阳大韩桥断面水质类别为Ⅲ类，流经断面金堤宋海桥水质类别为Ⅴ类，范县金堤桥、子路堤桥、贾垓桥为Ⅳ类，出境断面张秋为Ⅳ类。金堤河水质状况为轻度污染，主要污染指标为化学需氧量、高锰酸盐指数、五日生化需氧量和总磷，沿程变化见图 7-13。

2020 年黄河流域主要河流污染指标见图 7-14。

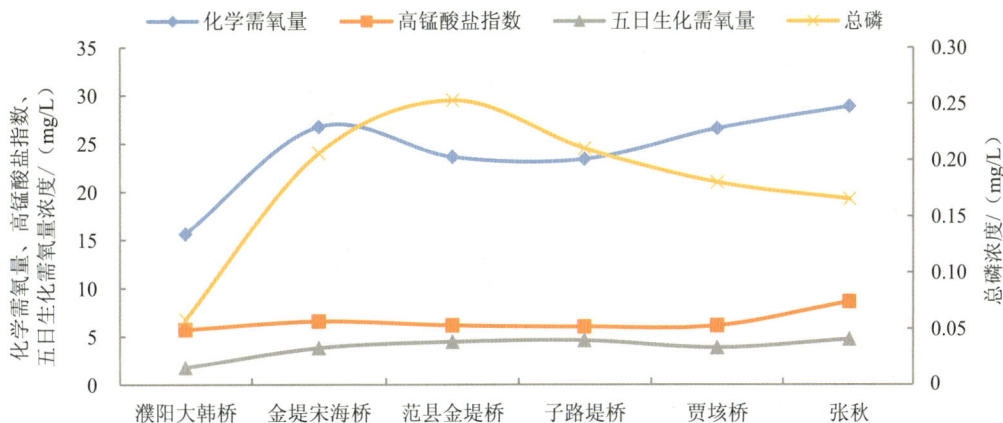

图 7-13　2020 年金堤河化学需氧量、高锰酸盐指数、五日生化需氧量、总磷年均浓度沿程变化

图 7-14　2020 年黄河流域主要河流污染指标示意图

第三节　变化趋势

一、年度对比

1. 全市总体评价

与上年相比，濮阳市地表水水质状况无明显变化，仍为轻度污染，海河流域和黄河流域水质状况无明显变化，均仍为轻度污染，全市平均综合污染指数下降了 19.1%，见表 7-5。

表 7-5　2015—2020 年地表水水质级别及综合污染指数变化情况比较

年份	海河流域		黄河流域		全市	
	水质级别	污染指数	水质级别	污染指数	水质级别	污染指数
2015	重度污染	1.064	重度污染	0.849	重度污染	0.976
2016	重度污染	0.986	重度污染	0.783	重度污染	0.900
2017	中度污染	0.704	中度污染	0.638	中度污染	0.676
2018	中度污染	0.612	中度污染	0.501	中度污染	0.576
2019	轻度污染	0.432	轻度污染	0.405	轻度污染	0.424
2020	轻度污染	0.341	轻度污染	0.347	轻度污染	0.343
与上年比较/%	—	−21.1	—	−14.3	—	−19.1
与2016年比较/%	—	−65.4	—	−55.7	—	−61.9
与2015年比较/%	—	−68.0	—	−59.1	—	−64.9

与上年相比，Ⅰ～Ⅲ类水质断面比例提高了 15.2 个百分点，Ⅳ类水质断面比例提高了 12.7 个百分点，Ⅴ类水质断面比例下降了 20.6 个百分点，劣Ⅴ类水质断面比例下降了 7.2 个百分点，水质类别比例明显好转，见图 7-15、表 7-6。

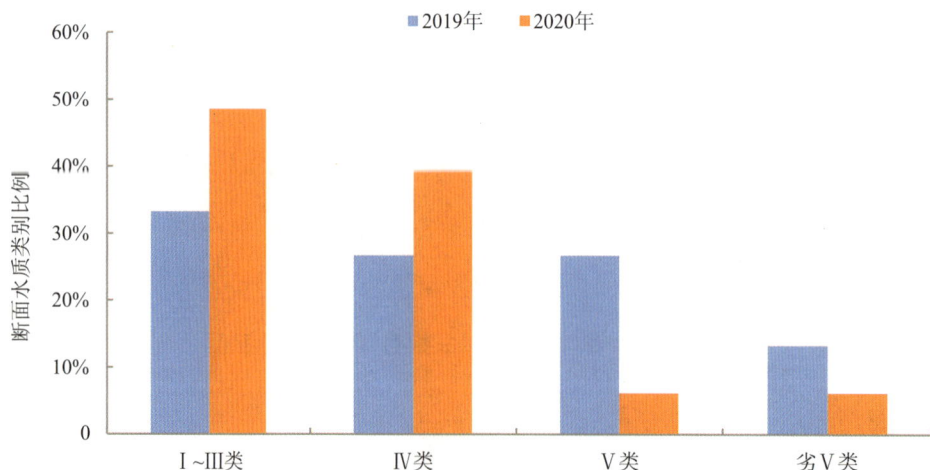

图 7-15　全市地表水水质类别比较

表 7-6 2015—2020 年水质断面比例变化情况比较

流域	类别	河流数量/条	断面数量/个	Ⅰ～Ⅲ类断面/%	Ⅳ类断面/%	Ⅴ类断面/%	劣Ⅴ类断面/%
海河流域	2015 年	4	10	0	0	20	80
	2016 年	4	11	9.1	9.1	18.2	63.6
	2017 年	5	13	8.3	25.0	41.7	25.0
	2018 年	9	20	5.3	57.9	15.8	21.0
	2019 年	10	21	28.6	28.6	28.6	14.3
	2020 年	11	23	47.8	39.1	4.3	8.7
	与上年比较	+1	+2	+19.2	+10.5	−24.3	−5.6
	与 2016 年比较	+7	+12	+38.7	+30.0	−13.9	−54.9
	与 2015 年比较	+7	+13	+47.8	+39.1	−15.7	−71.3
黄河流域	2015 年	3	8	14.3	14.3	14.3	57.2
	2016 年	3	9	25.0	25.0	0	50.0
	2017 年	3	10	11.1	33.3	11.1	33.3
	2018 年	3	9	33.3	22.2	11.1	33.3
	2019 年	4	10	44.4	22.2	22.2	11.1
	2020 年	4	10	50.0	40.0	10.0	0
	与上年比较	0	0	+5.6	+17.8	−12.2	−11.1
	与 2016 年比较	+1	+1	+25.0	+15.0	+10.0	−50.0
	与 2015 年比较	+1	+2	+35.7	+25.7	−4.3	−57.2
全市	2015 年	7	18	5.9	5.9	17.6	70.6
	2016 年	7	20	15.8	15.8	10.5	57.9
	2017 年	8	23	14.3	28.6	28.6	28.6
	2018 年	12	29	14.3	46.4	14.3	25.0
	2019 年	14	31	33.3	26.7	26.7	13.3
	2020 年	15	33	48.5	39.4	6.1	6.1
	与上年比较	+1	+2	+15.2	+12.7	−20.6	−7.2
	与 2016 年比较	+8	+13	+32.7	+23.6	−4.4	−51.8
	与 2015 年比较	+8	+15	+42.6	+33.5	−11.5	−64.5

与上年相比，全市河流主要污染物化学需氧量、氨氮、总磷年均浓度值均呈下降趋势，污染程度有所降低，见图 7-16。

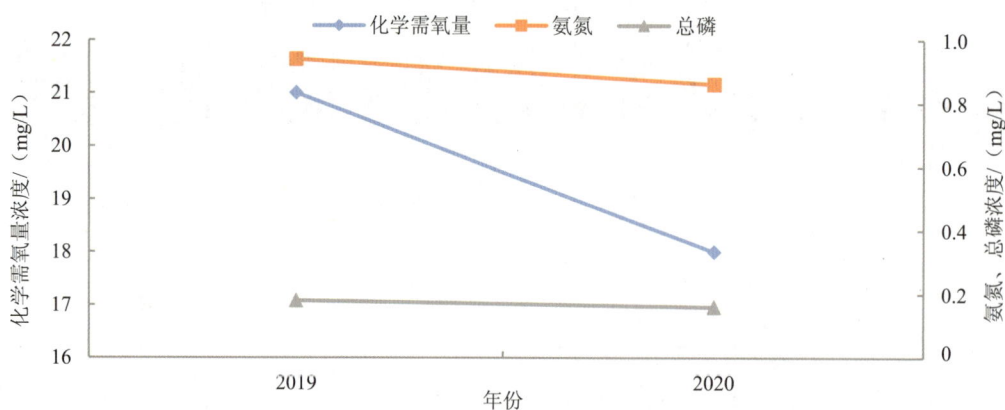

图 7-16 全市河流化学需氧量、氨氮、总磷浓度年均值比较

2．海河流域

与上年相比，海河流域水质状况无明显变化，仍为轻度污染，平均综合污染指数下降了 21.1%。
Ⅰ～Ⅲ类水质断面比例提高了 19.2 个百分点，Ⅳ类水质断面比例提高了 10.5 个百分点，Ⅴ类水质断
面比例下降了 24.3 个百分点，劣Ⅴ类水质断面比例下降了 5.6 个百分点，水质断面比例明显好转，
见表 7-6 和图 7-17。

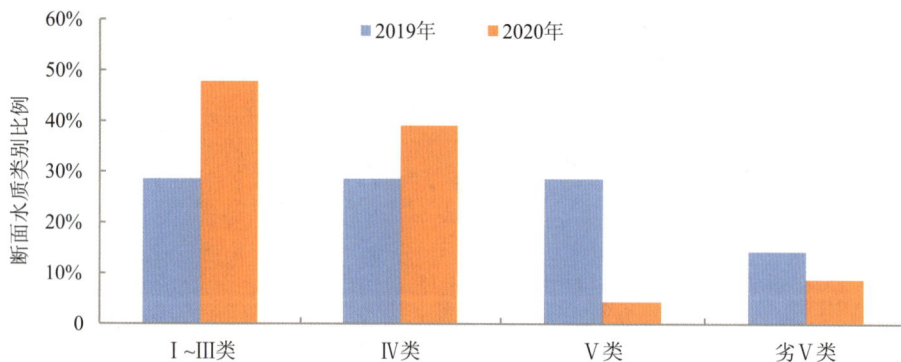

图 7-17 海河流域水质状况比较

与上年相比，海河流域主要污染指标氨氮、化学需氧量、总磷年均浓度值均呈下降趋势，污染
程度有所降低，见图 7-18。

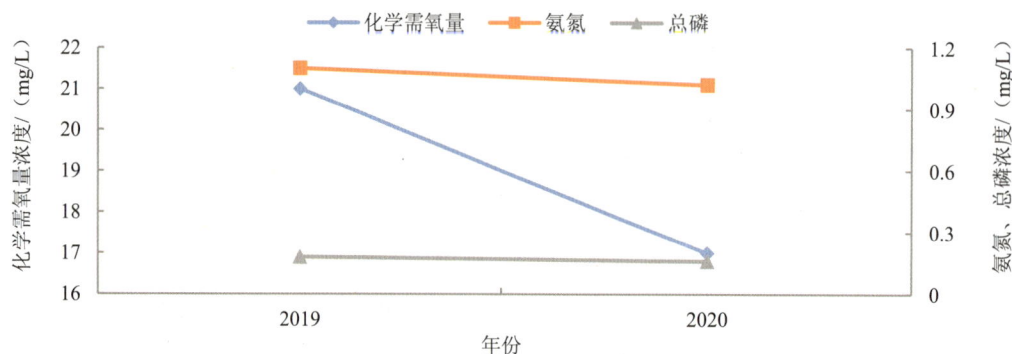

图 7-18 海河流域化学需氧量、氨氮、总磷浓度年均值比较

3. 黄河流域

与上年相比，黄河流域水质状况无明显变化，仍为轻度污染，平均污染综合指数下降 14.3%。Ⅰ～Ⅲ类断面比例提高了 5.6 个百分点，Ⅳ类断面比例提高了 17.8 个百分点，Ⅴ类断面比例下降了 12.2 个百分点，劣Ⅴ类断面比例下降了 11.1 个百分点，水质断面比例有所好转，见表 7-6 和图 7-19。

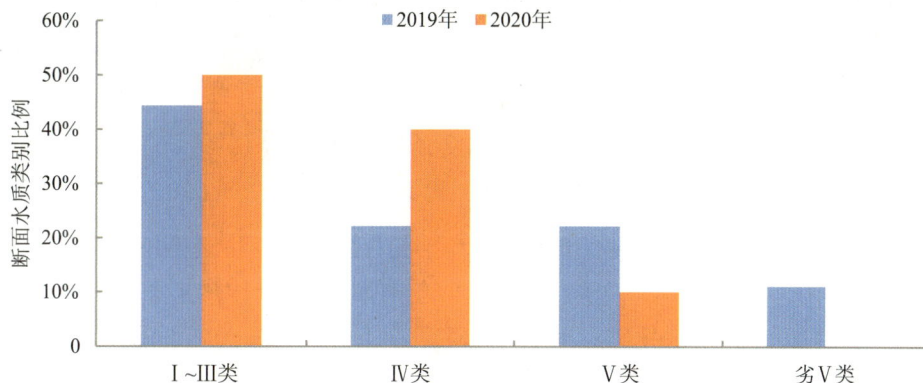

图 7-19　黄河流域水质状况比较

与上年相比，黄河流域主要污染指标化学需氧量、高锰酸盐指数、氨氮、总磷年均浓度值均呈下降趋势，污染程度有所降低，见图 7-20。

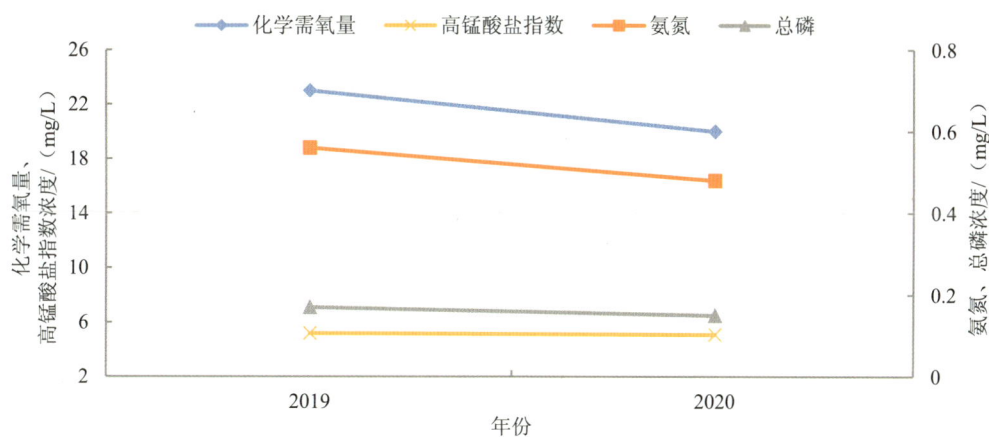

图 7-20　黄河流域化学需氧量、高锰酸盐指数、氨氮、总磷浓度年均值比较

二、"十三五"期间变化趋势分析

1. 全市综合评价

"十三五"期间，全市地表水综合污染指数秩相关系数 r_s 为-1，绝对值大于临界值 w_p，表明"十三五"期间，全市地表水水质变化呈现好转趋势。全市化学需氧量浓度秩相关系数 r_s 为-0.775，绝对值小于临界值 w_p，表明全市化学需氧量浓度变化平稳。全市氨氮、总磷浓度变化均呈现下降趋势，见表 7-7。

表 7-7　2016—2020 年地表水主要污染指标秩相关系数

名称	综合污染指数			化学需氧量浓度			氨氮浓度			总磷浓度		
	全市	海河流域	黄河流域	全市	海河流域	黄河流域	全市	海河流域	黄河流域	全市	海河流域	黄河流域
r_s	−1	−1	−1	−0.775	−1	−0.9	−1	−1	−1	−1	−1	−1
w_p	0.9	0.9	0.9	0.9	0.9	0.9	0.9	0.9	0.9	0.9	0.9	0.9

"十三五"期间，全市地表水监测河流数量由 7 条增加到 15 条，增长了 114%，断面数量由 20 个增加到 33 个，增长了 65.0%；Ⅰ～Ⅲ类水质断面比例提高了 32.7 个百分点，Ⅳ类水质断面比例提高了 23.6 个百分点，Ⅴ类水质断面比例下降了 4.4 个百分点，劣Ⅴ类水质断面比例下降了 51.8 个百分点，水质类别比例明显好转，见表 7-6、图 7-21。全市河流主要污染物化学需氧量、氨氮、总磷年均浓度值明显下降，分别下降了 41.9%、65.0%、55.6%，见图 7-22。与"十三五"初期的 2016 年相比，全市地表水河流由重度污染变为轻度污染，水质状况明显好转。全市平均综合污染指数下降了 61.9%，见表 7-5。

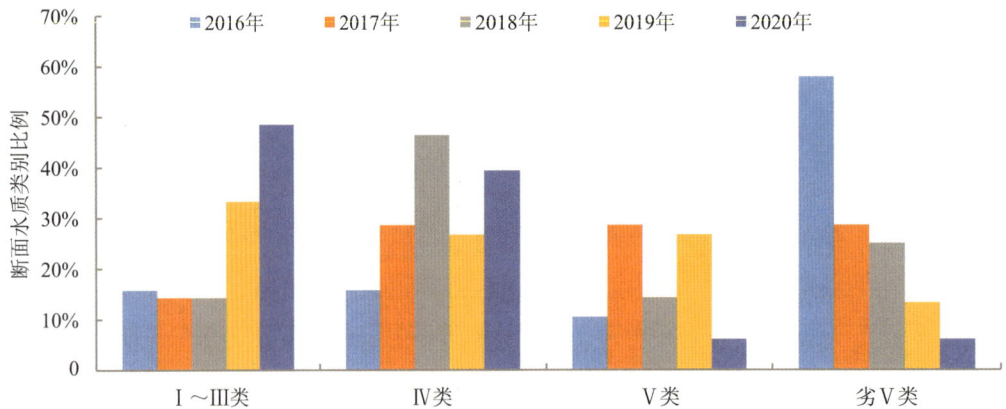

图 7-21　"十三五"期间全市地表水水质类别比较

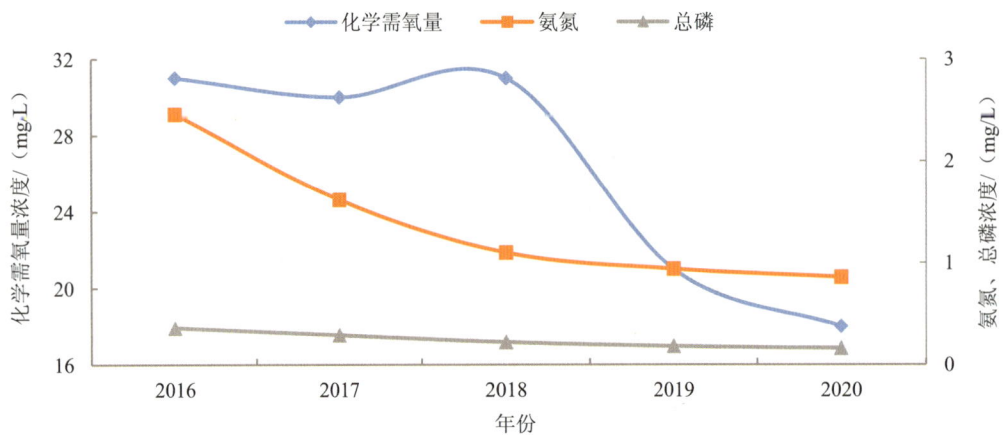

图 7-22　"十三五"期间全市河流化学需氧量、氨氮、总磷浓度年均值比较

2．海河流域

"十三五"期间，海河流域地表水综合污染指数、化学需氧量浓度、氨氮浓度、总磷浓度秩相关系数 r_s 均为−1，绝对值均大于临界值 w_p，表明"十三五"期间，海河流域地表水水质变化呈现好转趋势。化学需氧量浓度、氨氮、总磷浓度变化均呈现下降趋势，见表7-7。

"十三五"期间，海河流域地表水河流由重度污染逐步转变为轻度污染，水质状况明显好转。卫河、马颊河、徒骇河、顺河沟水质级别由重度污染转变为轻度污染，第三濮清南、濮水河由重度污染转变为良好，贾庄沟由中度污染转变为轻度污染，卫都河保持为优，潴泷河水质级别呈下降趋势，由轻度污染转变为重度污染，老马颊河波动较大，尚未有明显规律，见表7-8。

表 7-8　2016—2020 年海河流域河流水质级别

河流名称	2016 年	2017 年	2018 年	2019 年	2020 年
卫河	重度污染	中度污染	中度污染	轻度污染	轻度污染
马颊河	重度污染	重度污染	轻度污染	轻度污染	轻度污染
贾庄沟	—	—	中度污染	中度污染	轻度污染
老马颊河	—	—	轻度污染	重度污染	中度污染
第三濮清南	重度污染	全年断流	轻度污染	良好	良好
徒骇河	重度污染	中度污染	轻度污染	轻度污染	轻度污染
濮水河	—	重度污染	重度污染	重度污染	良好
潴泷河	—	—	轻度污染	中度污染	重度污染
顺河沟	—	—	重度污染	中度污染	轻度污染
卫都河	—	—	—	优	优
幸福渠	—	—	—	—	重度污染

注："—"代表尚未开展监测。

与"十三五"初期的 2016 年相比，平均综合污染指数下降了 65.4%，见表 7-5。海河流域地表水监测河流数量由 4 条增加到 11 条，增长了 175%，断面数量由 11 个增加到 23 个，增长了 109%；Ⅰ～Ⅲ类水质断面比例提高了 38.7 个百分点，Ⅳ类水质断面比例提高了 30.0 个百分点，Ⅴ类水质断面比例下降了 13.9 个百分点，劣Ⅴ类水质断面比例下降了 54.9 个百分点，水质类别比例明显好转，见表 7-6、图 7-23。海河流域河流主要污染物氨氮、化学需氧量、总磷年均浓度值明显下降，分别下降了 50.0%、68.5%、57.9%，见图 7-24。

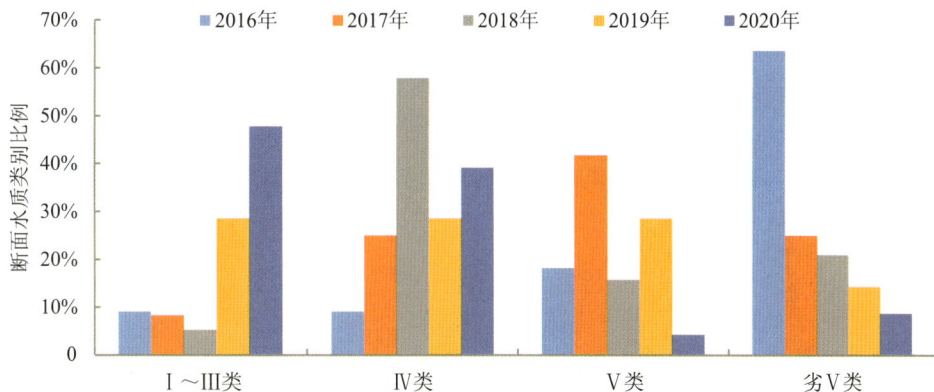

图 7-23　"十三五"期间海河流域地表水水质类别比较

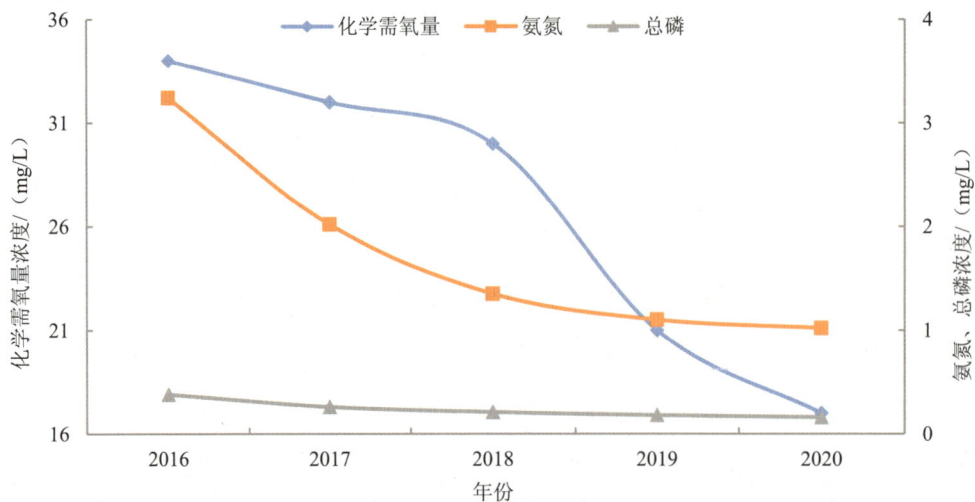

图 7-24   "十三五"期间海河流域化学需氧量、氨氮、总磷浓度年均值比较

3. 黄河流域

"十三五"期间，黄河流域地表水综合污染指数、氨氮浓度、总磷浓度秩相关系数 r_s 均为-1，绝对值均大于临界值 w_p，表明"十三五"期间，黄河流域地表水水质变化呈现好转趋势，氨氮、总磷浓度变化均呈现下降趋势。化学需氧量浓度变化平稳，见表7-7。"十三五"期间，黄河流域地表水河流由重度污染逐步转变为轻度污染，水质状况明显好转，黄河干流水质级别保持为优，天然文岩渠、总干渠保持良好，金堤河由重度污染转变为轻度污染，见表7-9。

表 7-9   2015—2020 年黄河流域河流水质级别

河流名称	2016 年	2017 年	2018 年	2019 年	2020 年
黄河干流	优	优	优	优	优
天然文岩渠	全年断流	全年断流	良好	全年断流	良好
金堤河	重度污染	重度污染	重度污染	轻度污染	轻度污染
总干渠	—	—	—	良好	良好

注："—"代表尚未开展监测。

与"十三五"初期的 2016 年相比，平均综合污染指数下降了 55.7%，见表 7-5。黄河流域地表水监测河流数量由 3 条增加到 4 条，增长了 33.3%，断面数量由 9 个增加到 10 个，增长了 11.1%；Ⅰ～Ⅲ类水质断面比例提高了 25.0 个百分点，Ⅳ类水质断面比例提高了 15.0 个百分点，Ⅴ类水质断面比例提高了 10.0 个百分点，劣Ⅴ类水质断面比例下降了 50.0 个百分点，水质类别比例明显好转，见表 7-6、图 7-25。黄河流域河流主要污染物化学需氧量、氨氮、总磷、高锰酸盐指数年均浓度值明显下降，分别下降了 25.9%、65.2%、25.0%、54.5%，见图 7-26。

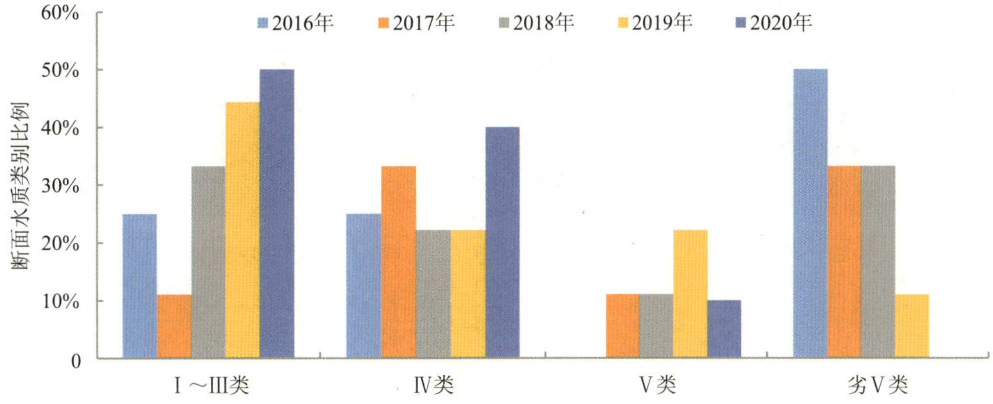

图 7-25　"十三五"期间黄河流域地表水水质类别比较

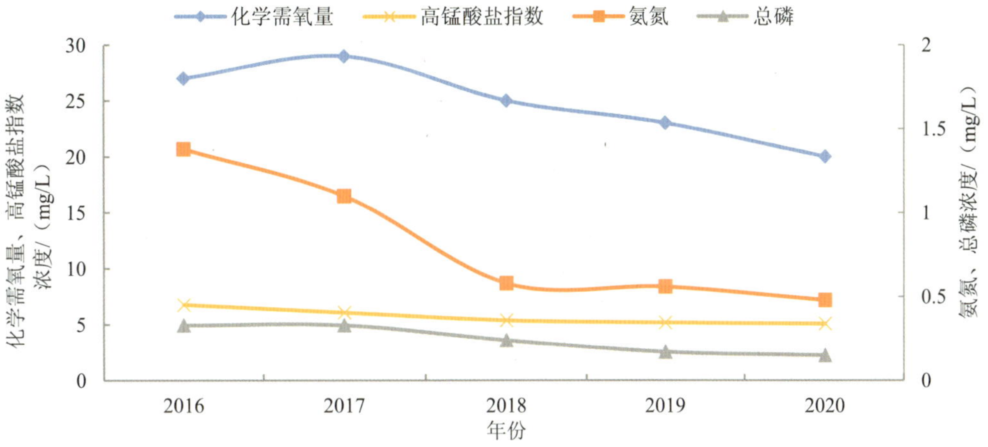

图 7-26　"十三五"期间黄河流域化学需氧量、氨氮、高锰酸盐指数、总磷浓度年均值比较

三、"十三五"与"十二五"对比分析

1. 全市综合评价

"十二五"到"十三五"期间,全市地表水综合污染指数秩相关系数 r_s 为-0.891,绝对值大于临界值 w_p,表明 2011—2020 年,全市地表水水质变化呈现好转趋势。全市总磷浓度秩相关系数 r_s 为 -0.445,绝对值小于临界值 w_p,表明全市总磷浓度变化平稳。全市化学需氧量和氨氮浓度变化均呈现下降趋势,见表 7-10。

表 7-10　2011—2020 年地表水主要污染指标秩相关系数

名称	综合污染指数			化学需氧量浓度			氨氮浓度			总磷浓度		
	全市	海河流域	黄河流域	全市	海河流域	黄河流域	全市	海河流域	黄河流域	全市	海河流域	黄河流域
r_s	−0.891	−0.915	−0.709	−0.791	−0.906	−0.718	−0.927	−0.915	−0.758	−0.445	−0.539	−0.012
w_p	0.564	0.564	0.564	0.564	0.564	0.564	0.564	0.564	0.564	0.564	0.564	0.564

与"十二五"期间相比,"十三五"期间全市地表水河流由重度污染转变为轻度污染,水质状况明显好转,污染程度呈明显下降趋势。2020 年,平均综合污染指数比 2015 年下降了 64.9%,海河流域由重度污染转变为轻度污染,黄河流域由重度污染转变为轻度污染,见表 7-5 和图 7-27。

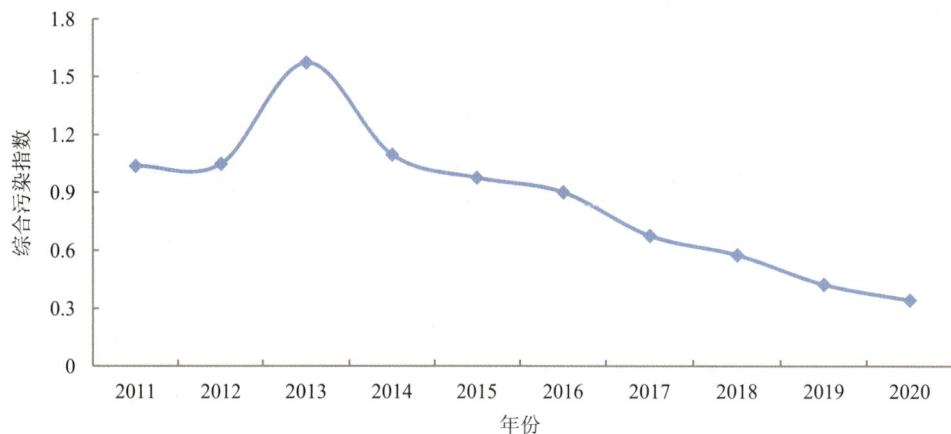

图 7-27　"十三五"与"十二五"期间全市河流污染程度变化趋势

与"十二五"期间相比,"十三五"期间全市地表水监测河流数量由 7 条增加到 15 条,增长了 114%,断面数量由 18 个增加到 33 个,增长了 83.3%;Ⅰ~Ⅲ类水质断面比例提高了 42.6 个百分点,Ⅳ类水质断面比例提高了 33.5 个百分点,Ⅴ类水质断面比例下降了 11.5 个百分点,劣Ⅴ类水质断面比例下降了 64.5 个百分点,水质类别比例明显好转,见表 7-6 和图 7-28。

图 7-28　"十三五"与"十二五"期间全市地表水Ⅰ~Ⅲ类和劣Ⅴ类水质断面比例变化趋势

全市河流主要污染物氨氮、化学需氧量、总磷年均浓度值明显下降,化学需氧量、氨氮年均浓度值在 2012 年达到污染峰值后逐步下降,总磷年均浓度值在"十二五"期间一直处于上升趋势,自 2016 年逐年开始下降。与"十二五"期间相比,"十三五"期间化学需氧量、氨氮、总磷年均浓度值分别下降了 40.0%、70.9%、65.2%,见图 7-29。

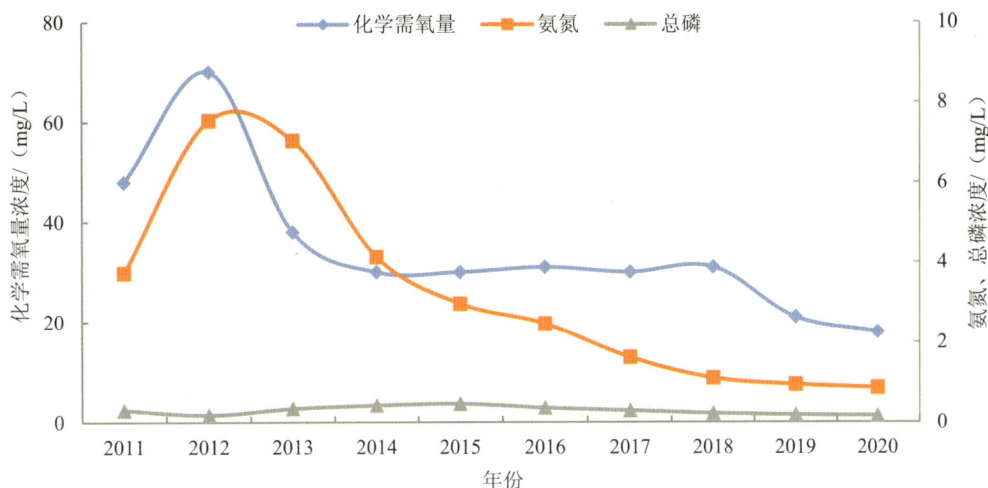

图 7-29 "十三五"与"十二五"期间全市河流化学需氧量、氨氮、总磷浓度年均值比较

2. 海河流域

"十二五"到"十三五"期间,海河流域地表水综合污染指数、化学需氧量浓度、氨氮浓度秩相关系数 r_s 绝对值均大于临界值 w_p,表明 2011—2020 年,海河流域地表水水质变化呈现好转趋势,化学需氧量浓度、氨氮浓度变化均呈现下降趋势。总磷浓度变化平稳。

与"十二五"期间相比,"十三五"期间海河流域地表水河流由重度污染转为轻度污染,水质状况明显好转,2020 年平均综合污染指数比 2015 年下降了 68.0%,见表 7-5 和图 7-30。

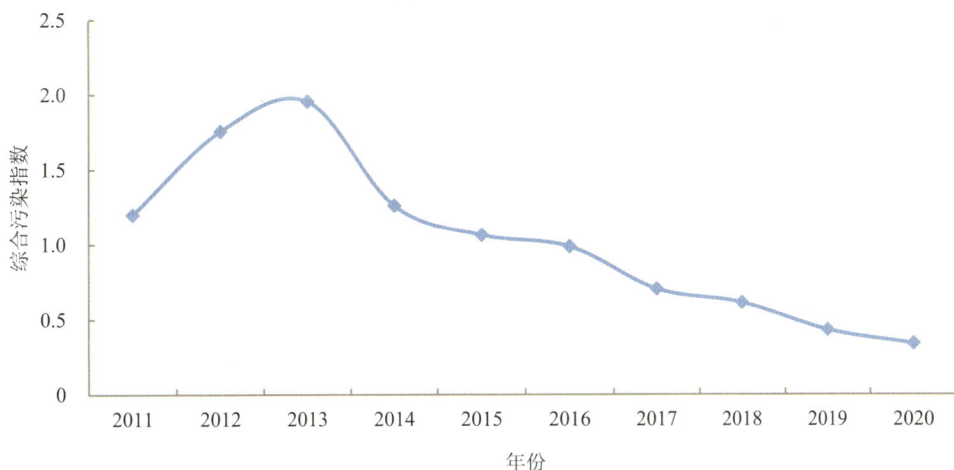

图 7-30 "十三五"与"十二五"期间海河流域河流污染程度变化趋势

与"十二五"期间相比,"十三五"期间海河流域地表水监测河流数量由 4 条增加到 11 条,增长了 175%,断面数量由 10 个增加到 23 个,增长了 130%;Ⅰ~Ⅲ类水质断面比例提高了 47.8 个百分点,Ⅳ类水质断面比例提高了 39.1 个百分点,Ⅴ类水质断面比例下降了 15.7 个百分点,劣Ⅴ类水质断面比例下降了 71.3 个百分点,水质类别比例明显好转,见表 7-6 和图 7-31。

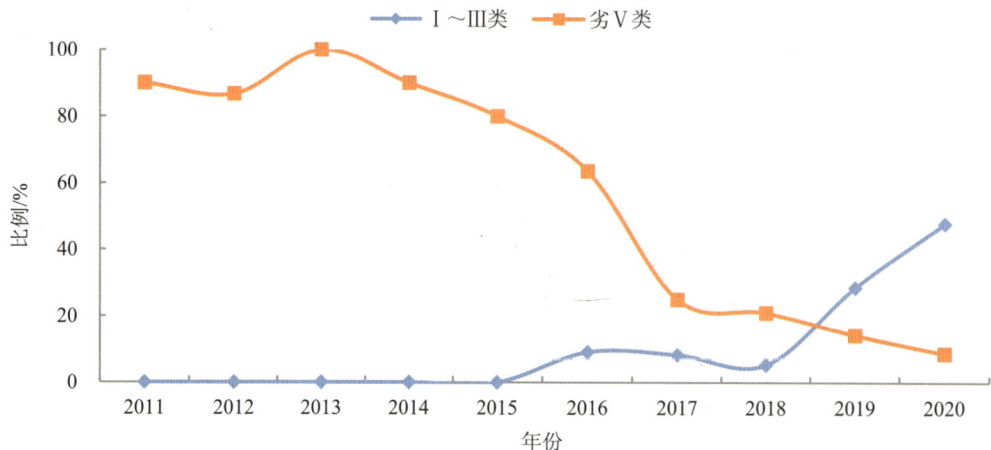

图 7-31   "十三五"与"十二五"期间海河流域地表水 I～III类和劣 V 类水质断面比例变化趋势

海河流域河流主要污染物化学需氧量、氨氮、总磷年均浓度值明显下降，化学需氧量年均浓度值在 2012 年达到污染峰值后逐步下降，氨氮年均浓度值在 2013 年达到污染峰值后逐步下降，总磷年均浓度值在"十二五"期间一直处于上升趋势，自 2016 年逐步开始下降。与"十二五"期间相比，"十三五"期间化学需氧量、氨氮、总磷年均浓度值分别下降了 43.3%、70.3%、70.4%，见图 7-32。

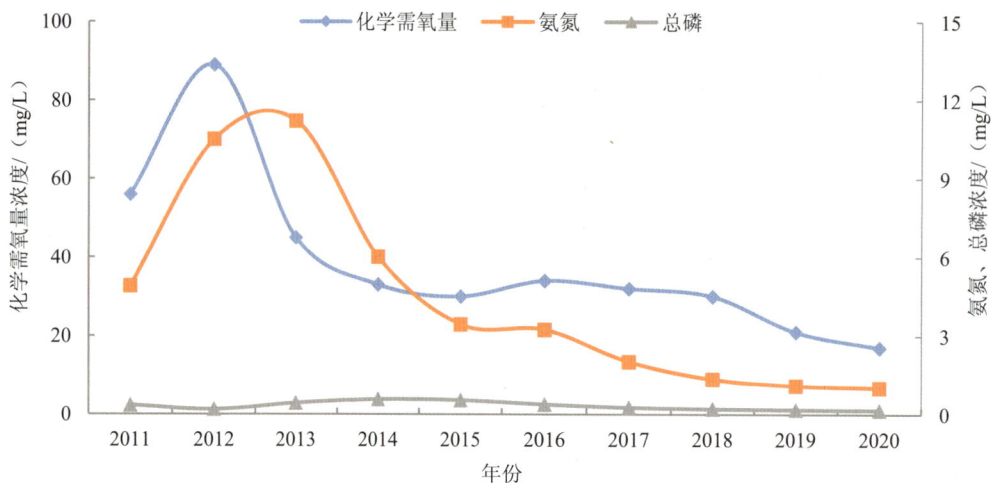

图 7-32   "十三五"与"十二五"期间海河流域河流化学需氧量、氨氮、总磷浓度年均值比较

3．黄河流域

"十二五"到"十三五"期间，黄河流域地表水综合污染指数、化学需氧量浓度、氨氮浓度秩相关系数 r_s 绝对值均大于临界值 w_p，表明 2011—2020 年黄河流域地表水水质变化呈现好转趋势，化学需氧量浓度、氨氮浓度变化均呈现下降趋势。总磷浓度变化平稳。

与"十二五"期间相比，"十三五"期间黄河流域地表水河流由重度污染转为轻度污染，水质状况明显好转，2020 年平均综合污染指数比 2015 年下降了 59.1%，见表 7-5 和图 7-33。

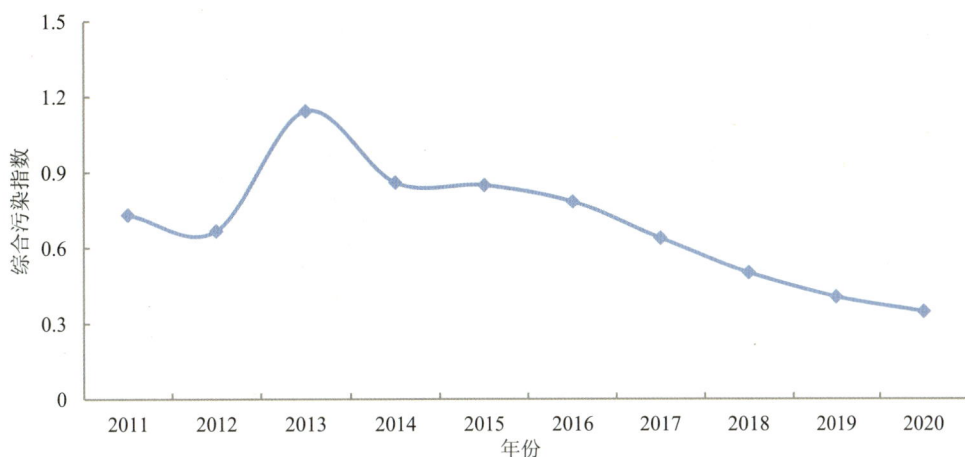

图 7-33　"十三五"与"十二五"期间黄河流域河流污染程度变化趋势

与"十二五"期间相比，"十三五"期间黄河流域地表水监测河流数量由 3 条增加到 4 条，增长了 33.3%，断面数量由 8 个增加到 10 个，增长了 25.0%；Ⅰ～Ⅲ类水质断面比例提高了 35.7 个百分点，Ⅳ类水质断面比例提高了 25.7 个百分点，Ⅴ类水质断面比例下降了 4.3 个百分点，劣Ⅴ类水质断面比例下降了 57.2 个百分点，水质类别比例明显好转，见表 7-6、图 7-34。

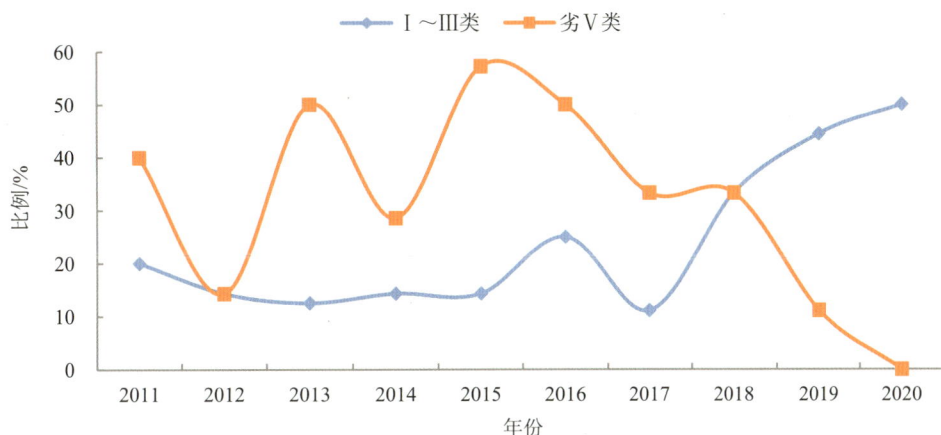

图 7-34　"十三五"与"十二五"期间黄河流域地表水Ⅰ～Ⅲ类和劣Ⅴ类水质断面比例变化趋势

黄河流域河流主要污染物化学需氧量、氨氮、总磷、高锰酸盐指数年均浓度值明显下降，化学需氧量年均浓度值在"十二五"期间处于波动状态，无明显规律，进入"十三五"时期后开始逐年下降；氨氮年均浓度值在 2013 年达到污染峰值后，2014 年下降幅度较大，2015 年有所反弹，进入"十三五"时期后开始逐年下降；总磷年均浓度值在"十二五"期间一直处于上升趋势，且上升趋势持续到 2017 年，自 2018 年逐步开始下降；"十二五"期间高锰酸盐指数年均浓度值（除 2014 年）基本处于逐年上升阶段，在 2015 年末达到污染峰值，进入"十三五"时期后开始逐年下降。与"十二五"期间相比，"十三五"期间化学需氧量、氨氮、总磷、高锰酸盐指数年均浓度值分别下降了37.5%、73.5%、53.1%、42.0%，见图 7-35。

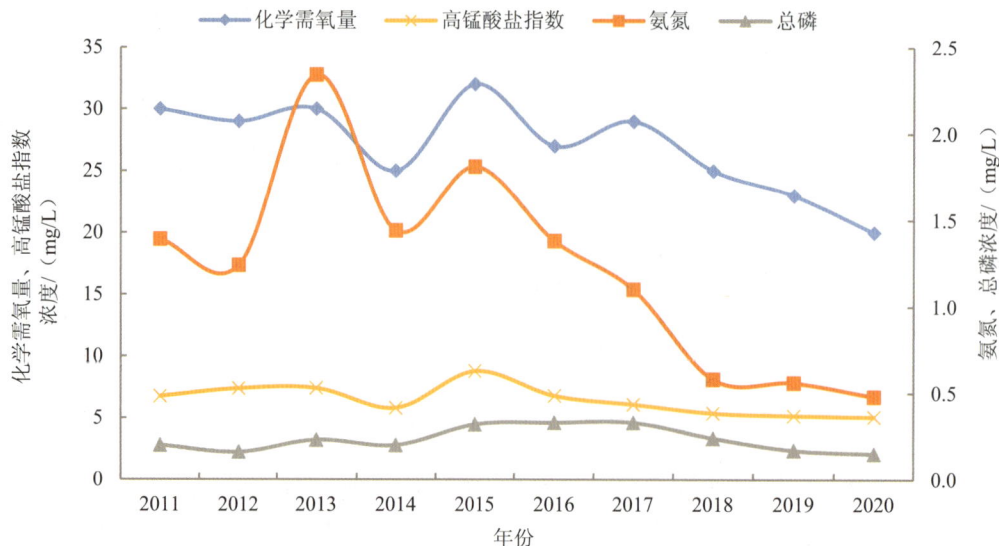

图 7-35 "十三五"与"十二五"期间黄流域化学需氧量、氨氮、高锰酸盐指数、总磷浓度年均值比较

第四节 原因分析和小结

一、原因分析

依据 2020 年水污染防治攻坚战工作方案有关具体要求，濮阳市明确目标，建立任务清单，细化工作分工，明确以改善环境质量为核心，以解决人民群众反映强烈的突出环境问题为重点，切实把水污染防治作为一项重大政治任务和民生工程，水污染防治攻坚战重点工作有序推进，成效明显。第一，有序推进黑臭水体排查整治，动态排查黑臭水体 6 条，目前正在整治；第二，入河排污口排查整治工作初见成效；第三，城镇基础设施建设稳步推进。

通过一系列措施，濮阳市地表水水质状况呈持续好转趋势，但地表水环境质量的根本改善需要一定过程，目前污染问题的主要原因有：一是濮阳市属严重缺水地区，河流没有天然径流补给，承纳的是工业废水、生活污水，缺乏生态自净能力。二是黑臭水体整治存在短板。市城区老马颊河黑臭水体虽已完成整治任务，但由于无源水及纳污量大，水体自净能力差，有返黑返臭风险，特别是其部分支流污染严重（贾庄沟等），直接导致老马颊河水质污染。三是城镇基础设施建设仍待完善。濮阳市一些区域雨污不分，污水直接进入雨水管道，雨期管网内污水直接入河造成水体污染，逢雨城区河水必黑必臭，已成为濮阳市河道污染的顽疾。此外，个别县区污水处理及收集能力薄弱，水污染问题不能从根本上得到解决，如范县城区生活污水因处理能力不足而污水外排导致金堤河污染至今未能解决。四是农村面源污染，大量农村生活和农业生产活动中产生的污染物在降水和农田径流冲刷作用下，不断进入受纳水体，也是造成河流污染的原因之一。

二、小结

2020 年，濮阳市地表水水质状况为轻度污染，海河流域和黄河流域均为轻度污染。濮阳市两大流域 15 条主要河流 33 个断面中，水质符合Ⅱ类标准的断面有 5 个，占 15.2%，水质符合Ⅲ类标准的断面有 11 个，占 33.3%，水质符合Ⅳ类标准的断面有 13 个，占 39.4%，水质符合Ⅴ类标准的断面有 2 个，占 6.1%，劣Ⅴ类水质的断面有 2 个，占 6.1%。全市主要河流受污染由重到轻依次为幸福渠、潴泷河、顺河沟、金堤河、老马颊河、徒骇河、贾庄沟、马颊河、卫河、总干渠、濮水河、天然文岩渠、第三濮清南、卫都河、黄河干流。全市河流断面主要污染指标为化学需氧量、氨氮、总磷。

　　与上年相比，濮阳市地表水水质状况无明显变化，仍为轻度污染，海河流域和黄河流域水质状况无明显变化，均仍为轻度污染，全市平均综合污染指数下降了 19.1%。Ⅰ～Ⅲ类水质断面比例提高了 15.2 个百分点，Ⅳ类水质断面比例提高了 12.7 个百分点，Ⅴ类水质断面比例下降了 20.6 个百分点，劣Ⅴ类水质断面比例下降了 7.2 个百分点，水质类别比例明显好转，全市地表水环境质量持续改善。

　　"十三五"期间，濮阳市地表水河流由重度污染逐步转变为轻度污染，水质变化呈现好转趋势。与"十三五"初期的 2016 年相比，全市平均综合污染指数下降了 61.9%，Ⅰ～Ⅲ类水质断面比例提高了 32.7 个百分点，Ⅳ类水质断面比例提高了 23.6 个百分点，Ⅴ类水质断面比例下降了 4.4 个百分点，劣Ⅴ类水质断面比例下降了 51.8 个百分点，全市河流主要污染物化学需氧量、氨氮、总磷年均浓度值明显下降，分别下降了 41.9%、65.0%、55.6%。

　　与"十二五"期间相比，"十三五"期间全市地表水河流由重度污染转变为轻度污染，污染程度呈明显下降趋势。2020 年，平均综合污染指数比"十二五"末期的 2015 年下降了 64.9%，海河流域、黄河流域均由重度污染转变为轻度污染。Ⅰ～Ⅲ类水质断面比例提高了 42.6 个百分点，Ⅳ类水质断面比例提高了 33.5 个百分点，Ⅴ类水质断面比例下降了 11.5 个百分点，劣Ⅴ类水质断面比例下降了 64.5 个百分点，全市河流主要污染物化学需氧量、氨氮、总磷年均浓度值分别下降了 40.0%、70.9%、65.2%。

第八章

饮用水水源地水质

第一节 评价标准与方法

一、评价标准

地表饮用水水源地水质评价采用《地表水环境质量标准》（GB 3838—2002）；地下饮用水水源地水质评价采用《地下水质量标准》（GB/T 14848—2017）。

二、评价方法

饮用水水源地评价方法采用水源地达标情况评价法、取水水质达标率评价法和内梅罗综合污染指数法。

1．单项因子评价

统计参与评价因子各水质类别达标情况。

2．综合评价

①达标评价：按照《地表水环境质量标准》（GB 3838—2002）对饮用水水源地进行水质类别评价，根据达到III类水质标准及标准限值的评价因子占总饮用水水源地的比例，分析饮用水水源地各单项评价因子的污染负荷。

②水源地取水水质达标率评价：根据水质达到III类标准及标准限值的饮用水水源地取水量，统计饮用水水源地取水水质达标率。

③城市区域饮用水水源地水质定性评价：计算评价区域内所有饮用水水源地 P 值，对饮用水水源地的水质进行定性评价。

3．对比分析

①采用 P 值对年际间水质变化分析。

②采用优、良饮用水水源地百分比变化，对饮用水水源地水质变化趋势进行分析。

③采用 Spearman 秩相关系数法进行趋势变化分析。

三、评价因子

地表饮用水水源地评价因子选择 pH、总磷、高锰酸盐指数、溶解氧、氟化物、挥发酚、石油类、粪大肠菌群、氨氮、硫酸盐、生化需氧量、氯化物、铁、锰、硝酸盐（以 N 计）、铜、锌、硒、砷、镉、铬（六价）、铅、汞、阴离子表面活性剂、氰化物、硫化物等共 26 项。地表饮用水水源地特定项目的评价因子选择《地表水环境质量标准》（GB 3838—2002）表 3 中所有项目（80 项）。

地下饮用水水源地评价因子选择 pH、总硬度（以 $CaCO_3$ 计）、硫酸盐、氯化物、氨氮、硝酸盐（以 N 计）、亚硝酸盐（以 N 计）、氰化物、氟化物、铁、锰、铜、锌、铅、汞、砷、硒、镉、铬（六价）、耗氧量、挥发酚、阴离子表面活性剂、总大肠菌群、溶解性总固体共 24 项。地下饮用水水源地水质类别评价因子选择《地下水质量标准》（GB/T 14848—2017）表 1、表 2 中所有项目（93 项）。

第二节　现状评价

一、地表饮用水水源地水质现状

2020 年，濮阳市地表饮用水水源地西水坡调节池南水北调取水口和中原油田彭楼，每月一次水质监测，7 月进行一次水质全分析监测。南水北调水取自丹江口水库，向濮阳市城区等地供水；中原油田彭楼取自黄河水，向范县城区、中原油田基地所在地供水。

（一）西水坡调节池南水北调取水口水质评价

1．单项因子评价

2020 年，西水坡调节池南水北调取水口水质综合评价结果统计见表 8-1。

表 8-1　2020 年西水坡调节池南水北调取水口主要因子评价结果统计表　　　单位：%

项目	氨氮	高锰酸盐指数	挥发酚	氰化物	硫化物	总磷	粪大肠菌群	氟化物	石油类	汞	六价铬	铅	镉
Ⅰ类	100	83.3	100	100	100	83.3	91.7	100	100	100	100	100	100
Ⅱ类	0	16.7	0	0	0	16.7	8.3	0	0	0	0	0	0
Ⅲ类	0	0	0	0	0	0	0	0	0	0	0	0	0

（1）有机类

高锰酸盐指数年均浓度值为 2.0 mg/L，水源地年均浓度值达到Ⅰ类标准；挥发酚年均浓度值为 0.000 15 mg/L，水源地年均浓度值达到Ⅰ类标准；石油类年均浓度值为 0.01 mg/L，水源地年均浓度值达到Ⅰ类标准；溶解氧年均浓度值为 9.01 mg/L，水源地年均浓度值达到Ⅰ类标准；五日生化需氧量年均浓度值为 1.2 mg/L，水源地年均浓度值达到Ⅰ类标准。

（2）非金属无机类

硫酸盐年均浓度值为 27.0 mg/L，水源地年均浓度值未超过标准限值；氯化物年均浓度值为 6.57 mg/L，水源地年均浓度值未超过标准限值；总磷年均浓度值为 0.02 mg/L，水源地年均浓度值达到Ⅰ类标准；氨氮年均浓度值为 0.07 mg/L，水源地年均浓度值达到Ⅰ类标准；硝酸盐年均浓度值为 0.852 mg/L，水源地年均浓度值未超过标准限值；氟化物年均浓度值为 0.26 mg/L，水源地年均浓度值达到Ⅰ类标准；氰化物年均浓度值为 0.002 mg/L，水源地年均浓度值达到Ⅰ类标准；硫化物年均浓度值为 0.002 5 mg/L，水源地年均浓度值达到Ⅰ类标准。

（3）金属类

铅、镉、铜、锌、六价铬、汞、硒、砷 8 项评价因子的年均浓度值均达到Ⅰ类标准，铁、锰的年均浓度值均未超过标准限值。

（4）其他

pH 年均浓度值为 8.20，阴离子表面活性剂年均浓度值为 0.04 mg/L，水源地年均浓度值达到Ⅰ类标准。粪大肠菌群年均浓度值为 59 个/L，水源地年均浓度值达到Ⅰ类标准。

（5）特定项目

2020 年 7 月，濮阳市地表饮用水水源地西水坡调节池南水北调取水口特定项目共监测 1 次，根据《地表水环境质量标准》（GB 3838—2002）表 3 中 80 项特定项目的标准限值进行评价，监测浓度值均低于标准限值。特定项目只有钡检出，未检出的项次占 98.8%；检出的项次占 1.2%。

2．综合评价

（1）饮用水水源地达标情况

2020 年，濮阳市地表饮用水水源地西水坡调节池南水北调取水口 26 项评价因子的年均浓度值均达到Ⅲ类标准要求，水质类别为Ⅰ类。其中，21 项评价因子的年均浓度值达到Ⅰ类标准，5 项评价因子的年均浓度值低于标准限值。2020 年，濮阳市地表饮用水水源地西水坡调节池南水北调取水口年均浓度值评价的水质综合定性评价指数 P_i 值为 0.40，水质级别为优。水源地达标因子占 100%，水质单因子污染指数污染负荷比见图 8-1 和表 8-2。

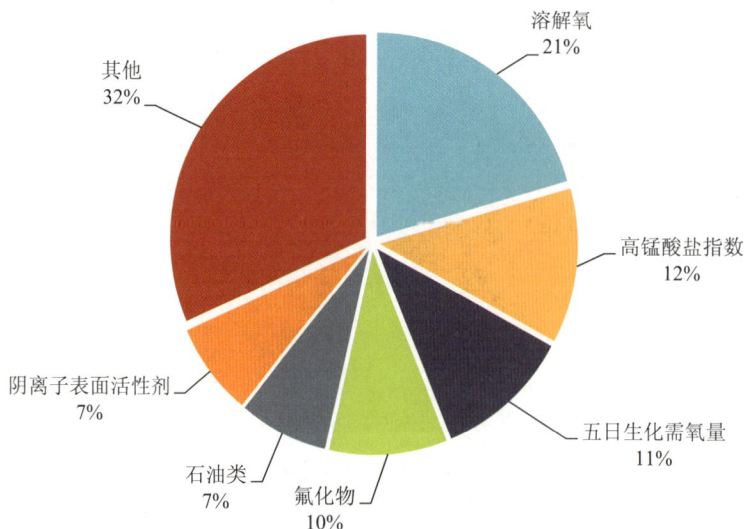

图 8-1 2020 年西水坡调节池南水北调取水口污染负荷比

表 8-2　2020 年西水坡调节池南水北调取水口水质单因子污染指数污染负荷系数表

指标 项目	P_i	$f_i/\%$	指标 项目	P_i	$f_i/\%$
溶解氧	0.554 9	20.6	氰化物	0.01	0.370
高锰酸盐指数	0.333 3	12.3	挥发酚	0.03	1.11
五日生化需氧量	0.3	11.1	石油类	0.2	7.41
氨氮	0.07	2.59	阴离子表面活性剂	0.2	7.41
总磷	0.1	3.70	硫化物	0.012 5	0.463
铜	0.003	0.111	粪大肠菌群	0.005 9	0.219
锌	0.006	0.222	硫酸盐	0.108	4.00
氟化物	0.26	9.63	氯化物	0.026 3	0.974
硒	0.02	0.741	硝酸盐	0.085 2	3.15
砷	0.008	0.296	铁	0.067	2.48
汞	0.2	7.41	锰	0.03	1.11
镉	0.01	0.370	ΣP_i	2.700 1	—
六价铬	0.04	1.48	P_j 值	0.40	
铅	0.02	0.741			

（2）取水水质达标率

2020 年，濮阳市地表饮用水水源地西水坡调节池南水北调取水口的总取水量为 4 699.70 万 t，取水水质达标率为 100%。取水水质达标情况见表 8-3。

表 8-3　2020 年西水坡调节池南水北调取水口取水水质达标情况统计表

达标情况	1 月	2 月	3 月	4 月	5 月	6 月	7 月	8 月	9 月	10 月	11 月	12 月
水质类别/类	I	I	I	I	II	II	II	I	II	II	II	I
达标率/%	100	100	100	100	100	100	100	100	100	100	100	100
执行标准	《地表水环境质量标准》（GB 3838—2002）III 类											

（二）中原油田彭楼水质评价

1. 单项因子评价

2020 年中原油田彭楼水质综合评价结果统计见表 8-4。

表 8-4 2020 年中原油田彭楼水质主要因子评价结果统计表   单位：%

项目	氨氮	高锰酸盐指数	挥发酚	氰化物	硫化物	总磷	粪大肠菌群	氟化物	石油类	汞	六价铬	铅	镉
Ⅰ类	8.3	25.0	100	100	100	0	8.3	100	100	100	58.3	100	100
Ⅱ类	75.0	75.0	0	0	0	58.3	50.0	0	0	0	41.7	0	0
Ⅲ类	16.7	0	0	0	0	41.7	41.7	0	0	0	0	0	0

（1）有机类

高锰酸盐指数年均浓度值为 2.4 mg/L，水源地年均浓度值达到Ⅱ类标准；挥发酚年均浓度值为 0.000 3 mg/L，水源地年均浓度值达到Ⅰ类标准；石油类年均浓度值为 0.02 mg/L，水源地年均浓度值达到Ⅰ类标准；溶解氧年均浓度值为 9.51 mg/L，水源地年均浓度值达到Ⅰ类标准；五日生化需氧量年均浓度值为 1.4 mg/L，水源地年均浓度值达到Ⅰ类标准。

（2）非金属无机类

硫酸盐年均浓度值为 144 mg/L，水源地年均浓度值未超过标准限值；氯化物年均浓度值为 82.1 mg/L，水源地年均浓度值未超过标准限值；总磷年均浓度值为 0.09 mg/L，水源地年均浓度值达到Ⅱ类标准；氨氮年均浓度值为 0.34 mg/L，水源地年均浓度值达到Ⅱ类标准；硝酸盐年均浓度值为 2.26 mg/L，水源地年均浓度值未超过标准限值；氟化物年均浓度值为 0.53 mg/L，水源地年均浓度值达到Ⅰ类标准；氰化物年均浓度值为 0.002 mg/L，水源地年均浓度值达到Ⅰ类标准；硫化物年均浓度值为 0.002 5 mg/L，水源地年均浓度值达到Ⅰ类标准。

（3）金属类

铅、镉、铜、锌、六价铬、汞、硒、砷 8 项评价因子的年均浓度值均达到Ⅰ类标准，铁、锰的年均浓度值均未超过标准限值。

（4）其他

pH 年均浓度值为 8.19，阴离子表面活性剂年均浓度值为 0.06 mg/L，水源地年均浓度值达到Ⅰ类标准。粪大肠菌群年均浓度值为 840 个/L，水源地年均浓度值达到Ⅱ类标准。

（5）特定项目

2020 年 7 月，濮阳市地表饮用水水源地中原油田彭楼特定项目共监测 1 次，根据《地表水环境质量标准》（GB 3838—2002）表 3 中 80 项特定项目的标准限值进行评价，监测浓度值均低于标准限值。特定项目只有钡检出，未检出的项次占 98.8%；检出的项次占 1.2%。

2．综合评价

（1）饮用水水源地达标情况

2020 年，濮阳市地表饮用水水源地中原油田彭楼 26 项评价因子的年均浓度值均达到Ⅲ类标准要求，水质类别为Ⅱ类。其中，17 项评价因子的年均浓度值达到Ⅰ类标准，4 项监测因子的年均浓度值达到Ⅱ类标准，5 项评价因子的年均浓度值低于标准限值。2020 年，中原油田彭楼年均浓度值评价的水质综合定性评价指数 P_i 值为 0.43，水质级别为优。水源地达标因子占 100%，水质单因子污染指数污染负荷比见表 8-5 和图 8-2。

表 8-5　2020 年中原油田彭楼水质单因子污染指数污染负荷系数表

项目\指标	P_i	$f_i/\%$	项目\指标	P_i	$f_i/\%$
溶解氧	0.525 8	10.3	氰化物	0.01	0.195
高锰酸盐指数	0.4	7.81	挥发酚	0.06	1.17
五日生化需氧量	0.35	6.83	石油类	0.4	7.81
氨氮	0.34	6.64	阴离子表面活性剂	0.3	5.86
总磷	0.45	8.79	硫化物	0.012 5	0.244
铜	0.003	0.059	粪大肠菌群	0.084	1.64
锌	0.003	0.059	硫酸盐	0.576	11.2
氟化物	0.53	10.3	氯化物	0.328 4	6.41
硒	0.02	0.390	硝酸盐	0.226	4.41
砷	0.006	0.117	铁	0.033 3	0.650
汞	0.2	3.90	锰	0.03	0.586
镉	0.014	0.273	ΣP_i	5.122 0	—
六价铬	0.2	3.90	P_j 值	0.43	
铅	0.02	0.390			

（2）取水水质达标率

2020 年，濮阳市地表饮用水水源地中原油田彭楼的总取水量为 1 476.68 万 t，取水水质达标率为 100%。取水水质达标情况见表 8-6。

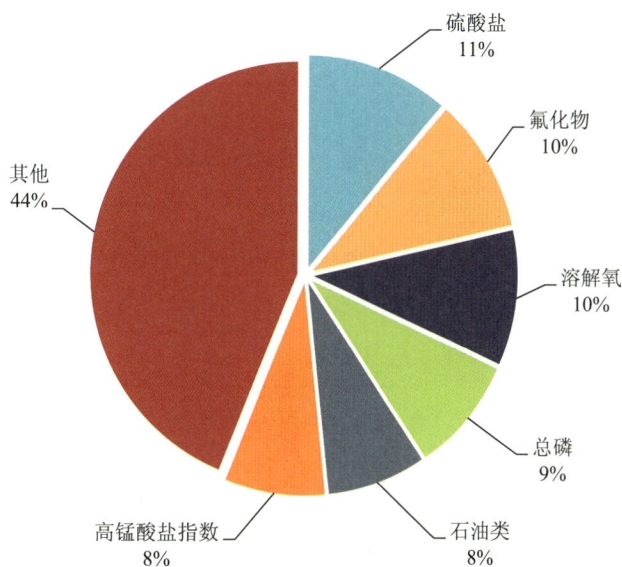

图 8-2　2020 年中原油田彭楼污染负荷比

表 8-6   2020 年中原油田彭楼取水水质达标情况统计表

达标情况	1月	2月	3月	4月	5月	6月	7月	8月	9月	10月	11月	12月
水质类别/类	Ⅱ	Ⅲ	Ⅲ	Ⅲ	Ⅲ	Ⅱ	Ⅱ	Ⅲ	Ⅲ	Ⅲ	Ⅱ	Ⅱ
达标率/%	100	100	100	100	100	100	100	100	100	100	100	100
执行标准	《地表水环境质量标准》（GB 3838—2002）Ⅲ类											

二、地下饮用水水源地水质现状

（一）中原油田基地地下水井群

2020 年，濮阳市地下饮用水水源地中原油田基地地下水井群和李子园地下水井群，每月一次水质监测，7 月进行一次水质全分析监测。中原油田基地地下水井群于 5 月封井不再进行监测。

1. 单项指标评价

（1）有机类

耗氧量年均浓度值为 0.8 mg/L，水源地年均浓度值达到Ⅰ类标准；挥发酚年均浓度值为 0.000 15 mg/L，水源地年均浓度值达到Ⅰ类标准。

（2）非金属无机类

硫酸盐年均浓度值为 80.5 mg/L，水源地年均浓度值达到Ⅱ类标准；氯化物年均浓度值为 81.0 mg/L，水源地年均浓度值达到Ⅱ类标准；氨氮年均浓度值为 0.28 mg/L，水源地年均浓度值达到Ⅲ类标准；硝酸盐年均浓度值为 0.164 mg/L，水源地年均浓度值达到Ⅰ类标准；亚硝酸盐年均浓度值为 0.001 5 mg/L，水源地年均浓度值达到Ⅰ类标准；氟化物年均浓度值为 0.88 mg/L，水源地年均浓度值达到Ⅰ类标准；氰化物年均浓度值为 0.002 mg/L，水源地年均浓度值达到Ⅱ类标准。

（3）金属类

铁、铜、锌、汞、硒、砷、铅、镉、六价铬 9 项评价因子的年均浓度值均达到Ⅰ类标准，总硬度、锰的年均浓度值达到Ⅲ类标准。

（4）其他

pH 年均浓度值为 7.64，阴离子表面活性剂年均浓度值为 0.025 mg/L，水源地年均浓度值达到Ⅰ类标准。总大肠菌群年均浓度值为 0.3 MPN/100 mL，水源地年均浓度值达到Ⅰ类标准。溶解性总固体年均浓度值为 602 mg/L，水源地年均浓度值达到Ⅲ类标准。

2. 综合评价

2020 年，濮阳市地下饮用水水源地中原油田基地地下水井群 24 项评价因子的年均浓度值均达到Ⅲ类标准要求，水质类别为Ⅲ类。其中，17 项评价因子的年均浓度值达到Ⅰ类标准，3 项监测指标的年均浓度值达到Ⅱ类标准，4 项评价因子的年均浓度值达到Ⅲ类标准，水质综合定性评价指数 P_j 值为 0.64，水质级别为良好。水源地达标指标占 100%，单指标评价分值计算见表 8-7，水质单指标污染指数污染负荷比见图 8-3 和表 8-8。

表 8-7 2020 年濮阳市地下饮用水水源地部分指标及类别

单位：mg/L（pH 除外，总大肠菌群：MPN/100 mL）

序号	中原油田基地地下水井群			李子园地下水井群		
	监测指标	平均值	类别	监测指标	平均值	类别
1	pH	7.64	I	pH	7.55	I
2	总硬度	361	III	总硬度	319	III
3	硫酸盐	80.5	II	硫酸盐	94.9	II
4	氯化物	81.0	II	氯化物	95.7	II
5	铁	0.02	I	铁	0.01	I
6	锰	0.078	III	锰	0.052	III
7	铜	0.003	I	铜	0.003	I
8	锌	0.004	I	锌	0.004	I
9	挥发酚	0.000 15	I	挥发酚	0.000 15	I
10	阴离子表面活性剂	0.025	I	阴离子表面活性剂	0.025	I
11	耗氧量	0.8	I	耗氧量	0.5	I
12	氨氮	0.28	III	氨氮	0.08	II
13	亚硝酸盐	0.001 5	I	亚硝酸盐	0.001 5	I
14	硝酸盐	0.164	I	硝酸盐	0.139	I
15	氰化物	0.002	II	氰化物	0.002	II
16	氟化物	0.88	I	氟化物	0.95	I
17	汞	0.000 02	I	汞	0.000 02	I
18	砷	0.000 6	I	砷	0.000 15	I
19	硒	0.000 2	I	硒	0.000 2	I
20	镉	0.000 05	I	镉	0.000 05	I
21	六价铬	0.002	I	六价铬	0.002	I
22	铅	0.001	I	铅	0.001	I
23	总大肠菌群	0.3	I	总大肠菌群	0.2	I
24	溶解性总固体	602	III	溶解性总固体	654	III

表 8-8 2020 年中原油田基地地下水井群水质单指标污染指数污染负荷系数表

指标/项目	P_i	f_i/%	指标/项目	P_i	f_i/%
总硬度	0.802 2	15.5	亚硝酸盐	0.001 5	0.029
溶解性总固体	0.602	11.6	硝酸盐	0.008 2	0.159
硫酸盐	0.322	6.23	氰化物	0.04	0.774
氯化物	0.324	6.27	氟化物	0.88	17.0
铁	0.066 7	1.29	汞	0.02	0.387
锰	0.78	15.1	砷	0.06	1.16
铜	0.003	0.058	硒	0.02	0.387
锌	0.004	0.077	镉	0.01	0.193
挥发酚	0.075	1.45	六价铬	0.04	0.774
阴离子表面活性剂	0.083 3	1.61	铅	0.1	1.94
耗氧量	0.266 7	5.16	ΣP_i	5.168 6	—
氨氮	0.56	10.8	P_j值		0.64
总大肠菌群	0.1	1.94			

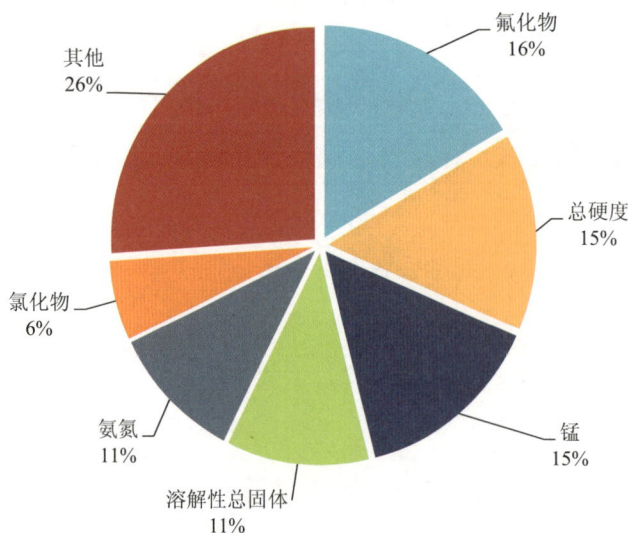

图 8-3　2020 年中原油田基地地下水井群污染负荷比

（二）李子园地下水井群

1. 单项指标评价

（1）有机类

耗氧量年均浓度值为 0.5 mg/L，水源地年均浓度值达到Ⅰ类标准；挥发酚年均浓度值为 0.000 15 mg/L，水源地年均浓度值达到Ⅰ类标准。

（2）非金属无机类

硫酸盐年均浓度值为 94.9 mg/L，水源地年均浓度值达到Ⅱ类标准；氯化物年均浓度值为 95.7 mg/L，水源地年均浓度值达到Ⅱ类标准；氨氮年均浓度值为 0.08 mg/L，水源地年均浓度值达到 Ⅱ类标准；硝酸盐年均浓度值为 0.139 mg/L，水源地年均浓度值达到Ⅰ类标准；亚硝酸盐年均浓度值为 0.001 5 mg/L，水源地年均浓度值达到Ⅰ类标准；氟化物年均浓度值为 0.95 mg/L，水源地年均浓度值达到Ⅰ类标准；氰化物年均浓度值为 0.002 mg/L，水源地年均浓度值达到Ⅱ类标准。

（3）金属类

铁、铜、锌、汞、硒、砷、铅、镉、六价铬 9 项监测指标的年均浓度值均达到Ⅰ类标准，总硬度、锰的年均浓度值达到Ⅲ类标准。

（4）其他

pH 年均浓度值为 7.55。阴离子表面活性剂年均浓度值为 0.025 mg/L，水源地年均浓度值达到Ⅰ类标准。总大肠菌群年均浓度值为 0.2 MPN/100 mL，水源地年均浓度值达到Ⅰ类标准。溶解性总固体年均浓度值为 654 mg/L，水源地年均浓度值达到Ⅲ类标准。

2. 综合评价

2020 年，濮阳市地下饮用水水源地李子园地下水井群 24 项评价因子的年均浓度值均达到Ⅲ类标准要求，水质类别为Ⅲ类。其中，17 项评价因子的年均浓度值达到Ⅰ类标准，4 项监测指标的年均浓度值达到Ⅱ类标准，3 项评价因子的年均浓度值达到Ⅲ类标准。水质综合定性评价指数 P_j 值为

0.69，水质级别为良好。水源地达标指标占 100%，水质单指标污染指数污染负荷比见图 8-4 和表 8-9。

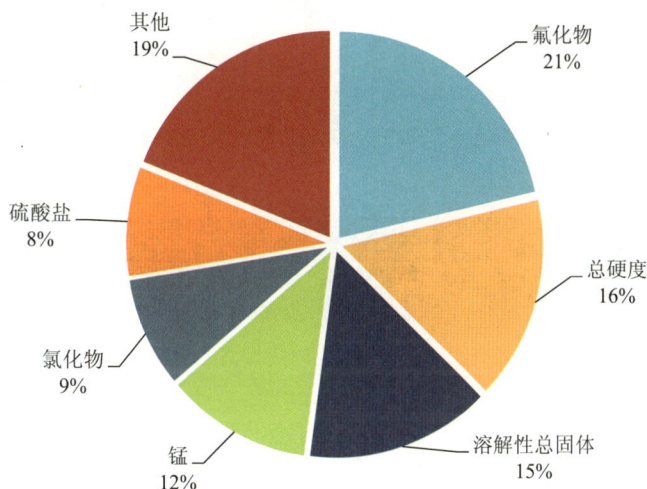

图 8-4　2020 年李子园地下水井群污染负荷比

表 8-9　2020 年李子园地下水井群水质单指标污染指数污染负荷系数表

指标 / 项目	P_i	f_i/%	指标 / 项目	P_i	f_i/%
总硬度	0.708 9	16.0	亚硝酸盐	0.001 5	0.034
溶解性总固体	0.654	14.7	硝酸盐	0.007	0.158
硫酸盐	0.379 6	8.55	氰化物	0.04	0.901
氯化物	0.382 8	8.62	氟化物	0.95	21.4
铁	0.033 3	0.750	汞	0.02	0.450
锰	0.52	11.7	砷	0.015	0.338
铜	0.003	0.068	硒	0.02	0.450
锌	0.004	0.090	镉	0.01	0.225
挥发酚	0.075	1.69	六价铬	0.04	0.901
阴离子表面活性剂	0.083 3	1.88	铅	0.1	2.25
耗氧量	0.166 7	3.75	ΣP_i	4.440 8	—
氨氮	0.16	3.60	P_j 值		0.69
总大肠菌群	0.066 7	1.50			

第三节　变化趋势

一、对比分析

（一）地表饮用水水源地

1．单项因子评价

与上年相比，2020 年濮阳市地表饮用水水源地西水坡调节池南水北调取水口 26 项评价因子的年均浓度值稍有波动,其中,总磷水质类别由Ⅱ类变为Ⅰ类,浓度降低,其他因子年际间无变化,见表 8-10;濮阳市地表饮用水水源地中原油田彭楼 26 项评价因子的年均浓度值稍有波动,年际间无变化,见表 8-11。

表 8-10 2019—2020 年西水坡调节池南水北调取水口部分评价因子年均值比较

单位:mg/L(粪大肠菌群:个/L)

项目	2019 年		2020 年		水质类别变化情况
	年均值	水质类别	年均值	水质类别	
溶解氧	9.78	Ⅰ	9.01	Ⅰ	无
高锰酸盐指数	1.8	Ⅰ	2.0	Ⅰ	无
生化需氧量	1.4	Ⅰ	1.2	Ⅰ	无
氨氮	0.09	Ⅰ	0.07	Ⅰ	无
总磷	0.03	Ⅱ	0.02	Ⅰ	有
铜	0.003	Ⅰ	0.003	Ⅰ	无
锌	0.004	Ⅰ	0.006	Ⅰ	无
氟化物	0.32	Ⅰ	0.26	Ⅰ	无
硒	0.000 2	Ⅰ	0.000 2	Ⅰ	无
砷	0.000 3	Ⅰ	0.000 4	Ⅰ	无
汞	0.000 02	Ⅰ	0.000 02	Ⅰ	无
镉	0.000 05	Ⅰ	0.000 05	Ⅰ	无
六价铬	0.002	Ⅰ	0.002	Ⅰ	无
铅	0.001	Ⅰ	0.001	Ⅰ	无
氰化物	0.002	Ⅰ	0.002	Ⅰ	无
挥发酚	0.000 2	Ⅰ	0.000 15	Ⅰ	无
石油类	0.02	Ⅰ	0.01	Ⅰ	无
阴离子表面活性剂	0.06	Ⅰ	0.04	Ⅰ	无
硫化物	0.002 5	Ⅰ	0.002 5	Ⅰ	无
粪大肠菌群	38	Ⅰ	59	Ⅰ	无

表 8-11 2019—2020 年中原油田彭楼部分评价因子年均值比较

单位:mg/L(粪大肠菌群:个/L)

项目	2019 年		2020 年		水质类别变化情况
	年均值	水质类别	年均值	水质类别	
溶解氧	9.54	Ⅰ	9.51	Ⅰ	无
高锰酸盐指数	2.3	Ⅱ	2.4	Ⅱ	无
生化需氧量	1.8	Ⅰ	1.4	Ⅰ	无
氨氮	0.27	Ⅱ	0.34	Ⅱ	无

项目	2019 年		2020 年		水质类别变化情况
	年均值	水质类别	年均值	水质类别	
总磷	0.07	II	0.09	II	无
铜	0.009	I	0.003	I	无
锌	0.003	I	0.003	I	无
氟化物	0.58	I	0.53	I	无
硒	0.000 2	I	0.000 2	I	无
砷	0.000 5	I	0.000 3	I	无
汞	0.000 02	I	0.000 02	I	无
镉	0.000 05	I	0.000 07	I	无
六价铬	0.004	I	0.010	I	无
铅	0.001	I	0.001	I	无
氰化物	0.002	I	0.002	I	无
挥发酚	0.000 9	I	0.000 3	I	无
石油类	0.03	I	0.02	I	无
阴离子表面活性剂	0.07	I	0.06	I	无
硫化物	0.002 5	I	0.002 5	I	无
粪大肠菌群	1 416	II	840	II	无

2．综合评价

（1）水源地达标情况对比

2019—2020 年，濮阳市地表饮用水水源地西水坡调节池南水北调取水口和中原油田彭楼的 26 项评价因子年均浓度值均符合《地表水环境质量标准》（GB 3838—2002）III 类标准要求，水源地均达标。

（2）水质级别定性对比

与上年相比，2020 年濮阳市地表饮用水水源地西水坡调节池南水北调取水口和中原油田彭楼水质级别均为优，水质级别没有变化。2020 年，西水坡调节池南水北调取水口水质综合定性评价指数 P_j 值上升 0.03，增幅为 8.1%；中原油田彭楼水质综合定性评价指数 P_j 值下降 0.02，降幅为 4.4%，见表 8-12。

表 8-12　2019—2020 年濮阳市地表水饮用水水源地水质综合评价比较

水源地名称	2019 年		2020 年		与上年相比	
	P_j值	水质级别	P_j值	水质级别	增幅	幅度/%
西水坡调节池南水北调取水口	0.37	优	0.40	优	0.03	8.1
中原油田彭楼	0.45	优	0.43	优	-0.02	-4.4

（二）地下饮用水水源地

1．单项指标评价

与上年相比，2020 年濮阳市地下饮用水水源地中原油田基地地下水井群 24 项评价因子的年均浓度值稍有波动，其中，锰水质类别由Ⅰ类变为Ⅲ类，浓度上升，铜水质类别由Ⅱ类变为Ⅰ类，浓度降低，阴离子表面活性剂水质类别由Ⅱ类变为Ⅰ类，浓度降低，其他指标年际间无变化；濮阳市地下饮用水水源地李子园地下水井群 24 项评价因子的年均浓度值稍有波动，锰水质类别由Ⅰ类变为Ⅲ类，浓度上升，阴离子表面活性剂水质类别由Ⅱ类变为Ⅰ类，浓度降低，氨氮水质类别由Ⅲ类变为Ⅱ类，浓度降低，其他指标年际间无变化。

2．综合评价

（1）水源地达标情况对比

2019—2020 年，濮阳市地下饮用水水源地中原油田基地地下水井群和李子园地下水井群的 24 项评价因子年均浓度值均符合《地下水质量标准》（GB/T 14848—2017）Ⅲ类标准要求，水源地均达标。

（2）水质级别定性对比

2020 年，濮阳市地下饮用水水源地中原油田基地地下水井群和李子园地下水井群水质级别均为良好，与上年相比水质级别均没有变化，年际间的污染程度基本不变，见表 8-13。

表 8-13　2019—2020 年濮阳市地下饮用水水源地水质综合评价比较

水源地名称	2019 年		2020 年		与上年相比	
	P_i 值	水质级别	P_i 值	水质级别	增幅	幅度/%
中原油田基地地下水井群	0.61	良好	0.64	良好	0.03	4.9
李子园地下水井群	0.70	良好	0.69	良好	−0.01	−1.4

二、"十三五"期间变化趋势分析

（一）地表饮用水水源地

1．主要因子变化分析

"十三五"期间，濮阳市地表饮用水水源地西水坡调节池南水北调取水口主要因子年均值变化不大，平均浓度值保持在Ⅱ类标准之内，与 2016 年相比，2020 年主要因子年均浓度值类别无变化。2017—2020 年，濮阳市地表饮用水水源地中原油田彭楼主要因子年均值变化不大，平均浓度值保持在Ⅱ类标准之内，与 2017 年相比，2020 年主要因子年均浓度值类别均无变化。

2．水质级别变化

"十三五"期间，濮阳市地表饮用水水源地西水坡调节池南水北调取水口水质级别均为优，综合定性评价指数秩相关系数 r_s 为-0.1，其绝对值小于临界值 w_p，表明"十三五"期间，西水坡调节池南水北调取水口水质变化平稳，与 2016 年相比，综合定性评价指数 2020 年下降了 4.76%；2017—

2020 年，濮阳市地表饮用水水源地中原油田彭楼水质级别以 2017 年为良好，2018—2020 年为优，与 2017 年相比，水质综合定性评价指数 2020 年下降了 21.8%，水质变好，见表 8-14 和图 8-5。

表 8-14　2015—2020 年濮阳市地表饮用水水源地水质综合评价比较

水源地名称	2015 年		2016 年		2017 年		2018 年		2019 年		2020 年		与 2015 年相比/%	与 2016（2017）年相比/%
	P_j 值	级别	P_j 值	级别	P_j 值	级别	P_j 值	级别	P_j 值	级别	P_j 值	级别		
西水坡调节池南水北调取水口	0.48	优	0.42	优	0.36	优	0.35	优	0.37	优	0.40	优	−16.7	−4.76
中原油田彭楼	—	—	—	—	0.55	良好	0.50	优	0.45	优	0.43	优	—	−21.8

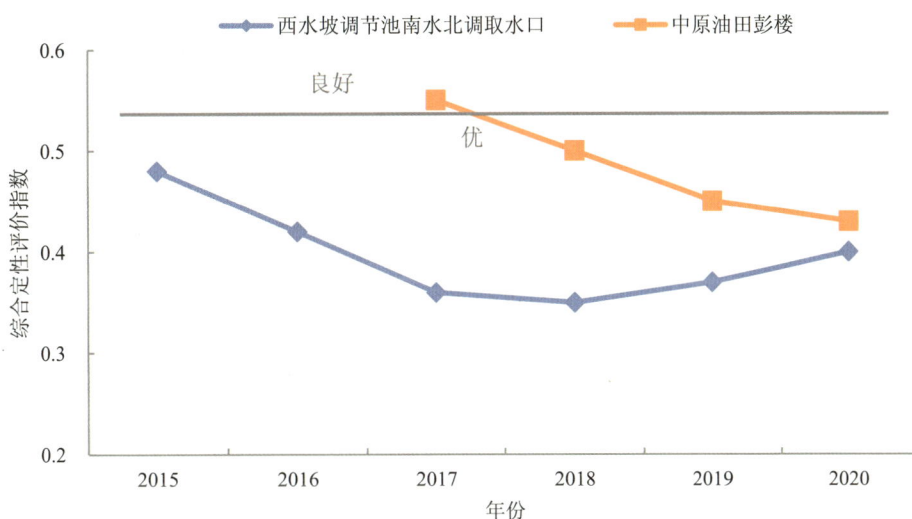

图 8-5　2015—2020 年濮阳市地表饮用水水源地水质综合定性评价指数变化趋势

（二）地下饮用水水源地

1. 主要指标变化分析

2017—2020 年，濮阳市地下饮用水水源地中原油田基地地下水井群主要指标年均值变化不大，平均浓度值保持在Ⅲ类标准之内，与 2017 年相比，氯化物由 2017 年的Ⅰ类变为 2020 年的Ⅱ类，阴离子表面活性剂、亚硝酸盐由 2017 年的Ⅱ类变为 2020 年的Ⅰ类，其他主要指标年均浓度值类别无变化；濮阳市地下饮用水水源地李子园地下水井群主要指标年均值变化不大，平均浓度值保持在Ⅲ类标准之内，与 2017 年相比，总硬度、锰由 2017 年的Ⅰ类变为 2020 年的Ⅲ类，氨氮由 2017 年的Ⅲ类变为 2020 年的Ⅱ类，阴离子表面活性剂、亚硝酸盐由 2017 年的Ⅱ类变为 2020 年的Ⅰ类，其他主要指标年均浓度值类别无变化。

2. 水质级别变化

2017—2020 年，濮阳市地下饮用水水源地中原油田基地地下水井群水质级别均为良好，与 2017

年相比，水质综合定性评价指数 2020 年下降 7.2%；李子园地下水井群水质级别均为良好，与 2017 年相比，水质综合定性评价指数 2020 年上升 32.7%，见表 8-15 和图 8-6。

表 8-15　2017—2020 年濮阳市地下饮用水水源地水质综合评价比较

水源地名称	2017 年		2018 年		2019 年		2020 年		与 2017 年相比/%
	P_i 值	级别	P_i 值	级别	P_i 值	级别	P_i 值	级别	
中原油田基地地下水井群	0.69	良好	0.60	良好	0.61	良好	0.64	良好	-7.2
李子园地下水井群	0.52	良好	0.56	良好	0.70	良好	0.69	良好	32.7

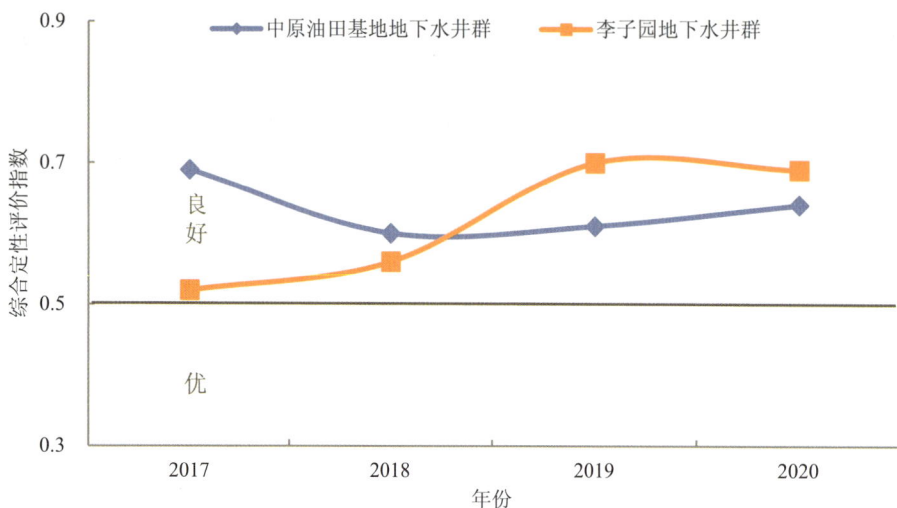

图 8-6　2017—2020 年濮阳市地下饮用水水源地水质综合定性评价指数变化趋势

三、"十三五"与"十二五"对比分析

2015—2020 年，濮阳市地表饮用水水源地西水坡调节池南水北调取水口主要因子年均值变化不大，平均浓度值保持在 II 类标准之内，与"十二五"末期的 2015 年相比，高锰酸盐指数、氨氮、总磷由 2015 年的 II 类变为 2020 年的 I 类，其他主要因子年均浓度值类别无变化；2015—2020 年水质级别均为优，水质综合定性评价指数 2020 年与 2015 年相比，下降了 16.7%，见表 8-14。

第四节　原因分析和小结

一、原因分析

2020 年依据《濮阳市 2020 年水污染防治攻坚战实施方案》，濮阳市明确目标，建立任务清单，细化工作分工，明确以改善环境质量为核心，以解决人民群众反映强烈的突出环境问题为重点，切实把水污染防治作为一项重大政治任务和民生工程，群策群力，重点攻坚，铁腕施治，持续开展水污染防治攻坚战。为持续打好水源地保护攻坚战，巩固饮用水水源地整治成果。在水源地设置了明显的水源防护标志，公示保护水质的具体规定，并对水源地水质进行定期监测。供水企业设置相应的管理部门和人员，负责水源地井群的日常管理和防护。开展了全市集中式饮用水水源地保护专项排查工作，对县级以上集中式饮用水水源保护区内的环境问题整治进行"回头看"，发现一处、整治一处，严防问题反弹。组织开展了县级以上集中式饮用水水源地基础环境状况调查评估工作，完成了乡镇级及以下"千吨万人"集中式饮用水水源地信息采集，摸清了水源地数量，完善了水源地基本信息，切实保障了饮水安全。

"十三五"期间，濮阳市集中式饮用水水源地西水坡调节池南水北调取水口、中原油田彭楼、中原油田基地地下水井群、李子园地下水井群水质级别基本保持稳定。

二、小结

1．地表饮用水水源地

2020 年，濮阳市地表饮用水水源地西水坡调节池南水北调取水口水质类别为Ⅰ类，水质综合定性评价指数 P_j 值为 0.40，水质级别为优。中原油田彭楼水质类别为Ⅱ类，水质综合定性评价指数 P_j 值为 0.43，水质级别为优。

与上年相比，西水坡调节池南水北调取水口和中原油田彭楼水质级别无变化，均为优。

与"十三五"初期的 2016 年相比，西水坡调节池南水北调取水口水质级别均为优。

与"十二五"末期的 2015 年相比，西水坡调节池南水北调取水口水质级别均为优。

2．地下饮用水水源地

2020 年，濮阳市地下饮用水水源地中原油田基地地下水井群水质类别为Ⅲ类，水质综合定性评价指数 P_j 值为 0.64，水质级别为良好。李子园地下水井群水质类别为Ⅲ类，水质综合定性评价指数 P_j 值为 0.69，水质级别为良好。

与上年相比，中原油田基地地下水井群和李子园地下水井群水质级别均为良好，年际间的污染程度基本不变。

"十三五"期间，中原油田基地地下水井群和李子园地下水井群水质级别均为良好，水环境质量基本保持稳定。

第九章

城市地下水质量

第一节 评价标准与方法

一、评价标准

《地下水质量标准》（GB/T 14848—2017）。

二、评价方法

1. 单项因子评价

统计评价区内每项评价因子各水质类别点位占总监测点位的百分比。

2. 综合评价

①按点位评价：用 F 值法评价单个点位的水质级别，统计评价区内各级别点位占总监测点位的百分比，来表征评价地下水水质状况。

②城市综合定性评价：用 F 值法评价城市区域地下水质量级别，再将细菌学因子评价类别标注在级别定名之后。

③对比分析：采用 F 值对年际间污染程度的变化进行比较和排序。采用 Spearman 秩相关系数法进行趋势变化分析。

三、评价因子

评价因子选取 pH、溶解性总固体、氯化物、硫酸盐、氨氮、硝酸盐（以 N 计）、亚硝酸盐（以 N 计）、氰化物、氟化物、总硬度（以 $CaCO_3$ 计）、砷、铁、锰、铅、镉、汞、铬（六价）、耗氧量、挥发性酚类（以苯酚计）、总大肠菌群共 20 项。细菌学因子不参与评价分值（F）计算。

第二节 现状评价

一、单项因子评价

2020 年濮阳市地下水点位分布见图 9-1。

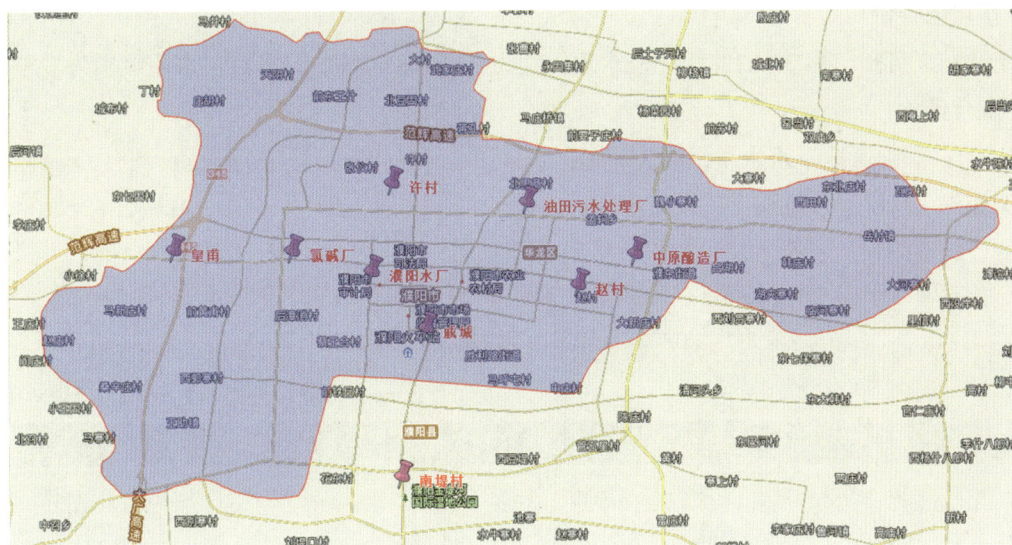

图 9-1 濮阳市地下水点位分布示意图

1. 有机类

耗氧量浓度为 0.3～1.0 mg/L，100% 的点位年均值达到 Ⅰ 类标准。挥发酚浓度稳定在 0.000 15 mg/L，100% 的点位年均值达到 Ⅰ 类标准。

2. 非金属无机类

氯化物浓度为 69.4～279 mg/L，71.4% 的点位年均值达到 Ⅱ 类标准，28.6% 的点位年均值符合Ⅳ类标准。硫酸盐浓度为 49.4～228 mg/L，57.1% 的点位年均值达到 Ⅱ 类标准，42.9% 的点位达到Ⅲ类标准。氨氮浓度为 0.01～0.14 mg/L，57.1% 的点位年均值达到 Ⅰ 类标准，42.9% 的点位年均值达到 Ⅱ 类标准。硝酸盐浓度为 0.126～3.70 mg/L，85.7% 的点位年均值达到 Ⅰ 类标准，14.3% 的点位年均值达到 Ⅱ 类标准。亚硝酸盐浓度为 0.001 5～0.009 mg/L，100% 的点位年均值均达到 Ⅰ 类标准。氰化物浓度基本稳定在 0.002 mg/L，100% 的点位年均值达到 Ⅱ 类标准。氟化物浓度为 0.45～0.98 mg/L，100% 的点位年均值达到 Ⅰ 类标准。

3. 金属类

总硬度浓度为 232～781 mg/L，28.6% 的点位年均值达到 Ⅱ 类标准，28.6% 的点位年均值达到Ⅲ类标准，28.6% 的点位年均值符合Ⅳ类标准，14.3% 的点位年均值符合Ⅴ类标准，Ⅴ类点位为许村。锰浓度为 0.002～0.299 mg/L，14.3% 的点位年均值达到 Ⅰ 类标准，28.6% 的点位年均值达到Ⅲ类标准，57.1% 的点位年均值符合Ⅳ类标准，Ⅳ类点位为南堤村、许村、中原酿造厂和戚城。其他重金属元素铅、镉、砷、汞、铁、六价铬含量低，各点位年均值均达到 Ⅰ 类标准。

4．其他

感官性一般较好，pH 在 7.31～7.81。溶解性总固体浓度为 572～1 350 mg/L，85.7%的点位年均值达到Ⅲ类标准，14.3%的点位年均值符合Ⅳ类标准，Ⅳ类点位为许村。总大肠菌群浓度稳定在0.15MPN/100 mL，100%的点位年均值达到Ⅰ类标准。

二、综合评价

1．按点位评价

从统计结果可知，14.3%的监测点位水质级别为良好，85.7%的监测点位水质级别为较差。

2．综合评价

2020 年，濮阳市地下水水质级别为较差，见表 9-1，综合评价分值为 4.30，较上年（较差）水质级别无变化。赵村 1 个监测点位水质级别为良好（0.80≤F＜2.50）；皇甫、戚城、南堤村、许村、中原酿造厂和濮阳水厂 6 个监测点位水质级别为较差（4.25≤F＜7.20）。

表 9-1　2020 年濮阳市地下水单因子污染指数计算表

单位：mg/L（pH 除外，总大肠菌群：MPN/100 mL）

序号	监测因子	平均值	类别	评价值 F_i	综合评价分值	水质级别
1	pH	7.59	Ⅰ	0		
2	总硬度	486	Ⅳ	6		
3	硫酸盐	133	Ⅱ	1		
4	氯化物	149	Ⅱ	1		
5	耗氧量	0.6	Ⅰ	0		
6	氨氮	0.04	Ⅱ	1		
7	氟化物	0.69	Ⅰ	0		
8	亚硝酸盐	0.002 9	Ⅰ	0		
9	硝酸盐	0.731	Ⅰ	0		
10	挥发酚	0.000 15	Ⅰ	0	4.30	较差（Ⅰ）
11	氰化物	0.002	Ⅱ	1		
12	砷	0.000 15	Ⅰ	0		
13	汞	0.000 02	Ⅰ	0		
14	六价铬	0.002	Ⅰ	0		
15	铅	0.001	Ⅰ	0		
16	镉	0.000 05	Ⅰ	0		
17	铁	0.01	Ⅰ	0		
18	锰	0.110	Ⅳ	6		
19	溶解性总固体	867	Ⅲ	3		
20	总大肠菌群	0.15	Ⅰ	0		

濮阳市 7 个地下水点位的综合评价分值由小到大依次为赵村、戚城、皇甫、濮阳水厂、中原酿造厂、南堤村、许村，见图 9-2。

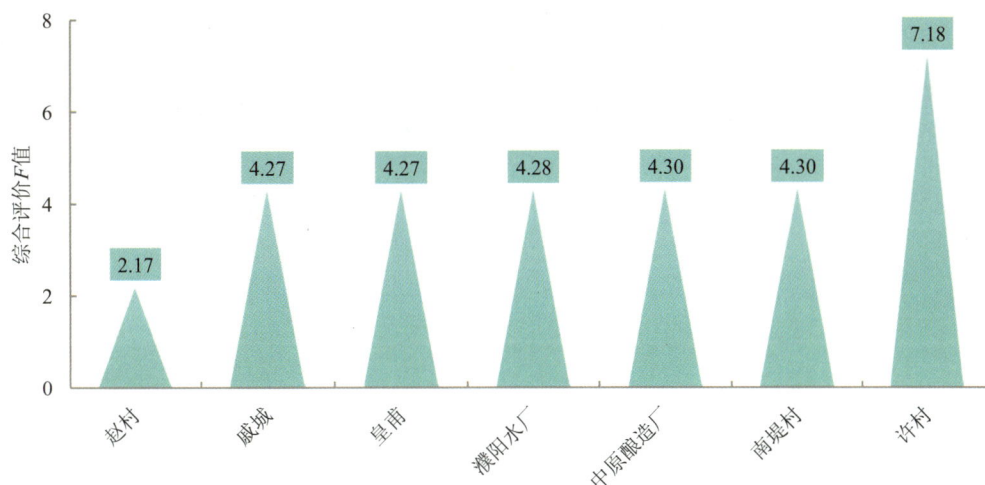

图 9-2　2020 年濮阳市地下水综合评价分值排序图

三、污染特征

选取有超标现象的单项监测因子作为评价因子（其中细菌学因子不参与评价），可得地下水评价因子污染指数 P 值和污染负荷系数 f_i，见表 9-2。由此可见，地下水主要污染因子污染程度排序为（从大到小）锰、总硬度、溶解性总固体、氟化物、氯化物。

表 9-2　2020 年濮阳市地下水主要项目综合污染指数污染负荷系数统计表

项目\\指标	锰	总硬度	溶解性总固体	氟化物	氯化物	合计
P_i	1.10	1.07	0.87	0.69	0.60	4.33
f_i/%	25.4	24.7	20.1	15.9	13.9	100

从全市范围来看，锰、总硬度、溶解性总固体等指标污染负荷比较突出。许村的总硬度符合Ⅴ类，中原酿造厂和濮阳水厂的总硬度符合Ⅳ类；皇甫和许村的氯化物符合Ⅳ类；许村的溶解性总固体符合Ⅳ类；南堤村、许村、中原酿造厂、戚城的锰符合Ⅳ类。需注意许村等监测点位。

第三节　变化趋势

一、单项因子类别对比

从监测数据看，与上年相比，2020 年全市地下水部分评价因子年均值发生水质类别变化，氯化物和氨氮均由Ⅲ类变为Ⅱ类。其他评价因子的年均值没有出现水质类别变化，仅浓度值出现波动，见表 9-3。

表 9-3　2019—2020 年濮阳市地下水部分评价因子年均值变化

单位：mg/L（总大肠菌群：MPN/100 mL）

项目	2019 年		2020 年		水质类别变化情况
	年均值	水质类别	年均值	水质类别	
总硬度	489	IV	486	IV	无
硫酸盐	119	II	133	II	无
氯化物	183	III	149	II	有，由III类变为II类
耗氧量	0.8	I	0.6	I	无
氨氮	0.105	III	0.04	II	有，由III类变为II类
氟化物	0.79	I	0.69	I	无
亚硝酸盐	0.001 9	I	0.002 9	I	无
硝酸盐	0.308	I	0.731	I	无
挥发酚	0.00 024	I	0.000 15	I	无
氰化物	0.002	II	0.002	II	无
砷	0.000 15	I	0.000 15	I	无
汞	0.000 02	I	0.000 02	I	无
六价铬	0.002	I	0.002	I	无
铅	0.001	I	0.001	I	无
镉	0.000 05	I	0.000 05	I	无
铁	0.02	I	0.01	I	无
锰	0.152	IV	0.110	IV	无
溶解性总固体	925	III	867	III	无
总大肠菌群	1	I	0.15	I	无

与上年相比，总硬度：皇甫由 V 类变为 II 类，濮阳水厂由III类变为IV类；氨氮：皇甫、南堤村、中原酿造厂、赵村由 II 类变为 I 类，许村由III类变为 II 类；硝酸盐：南堤村由 I 类变为 II 类；氯化物：皇甫由 V 类变为IV类；溶解性总固体：皇甫由IV类变为III类；锰：皇甫由IV类变为 I 类，赵村由IV类变为III类，濮阳水厂由 I 类变为III类；硫酸盐：许村由 II 类变为III类，濮阳水厂由 I 类变为 II 类；其他监测因子类别未发生变化。

二、水质级别比例对比

与上年相比，全市地下水良好和较差点位比例均未变化，水质级别为良好的监测点位为 14.3%，水质级别为较差的监测点位为 85.7%。

三、水质级别对比

2019—2020 年，全市各监测点位地下水综合评价 F 值见表 9-4，综合评价结果比较见图 9-3。

表 9-4　2019—2020 年濮阳市地下水水质综合评价 F 值变化

点位名称	2019 年		2020 年		2020 年与上年相比	
	F 值	水质级别	F 值	水质级别	增幅	幅度/%
皇甫	7.20	较差	4.27	较差	-2.93	-40.7
南堤村	4.30	较差	4.30	较差	0	0
许村	7.18	较差	7.18	较差	0	0
中原酿造厂	4.30	较差	4.30	较差	0	0
赵村	4.28	较差	2.17	良好	-2.11	-49.3
戚城	4.27	较差	4.27	较差	0	0
濮阳水厂	2.15	良好	4.28	较差	2.13	99.1
全市	4.33	较差	4.30	较差	-0.03	-0.7

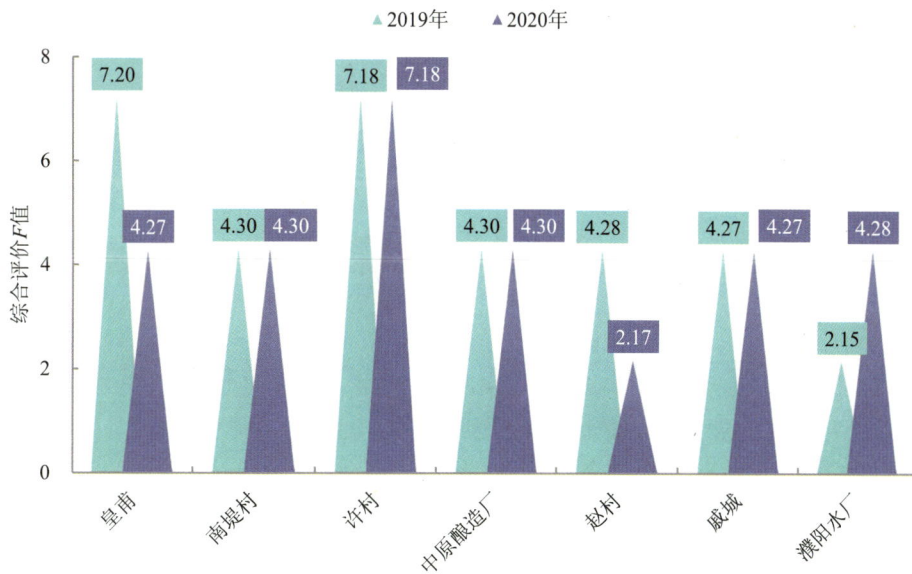

图 9-3　2019—2020 年濮阳市地下水综合评价结果比较

与上年相比，2020 年濮阳市地下水水质级别不变，综合评价 F 值略低。在监测的 7 个点位中，赵村 F 值级别由较差（Ⅰ）变为良好（Ⅰ），主要变化因子氨氮由Ⅱ类变为Ⅰ类，锰由Ⅳ类变为Ⅲ类；濮阳水厂由良好（Ⅰ）变为较差（Ⅰ），主要变化因子总硬度由Ⅲ类变为Ⅳ类，锰由Ⅰ类变为Ⅲ类，硫酸盐由Ⅰ类变为Ⅱ类；皇甫级别未变，但 F 值由 7.20 降为 4.27，主要变化因子总硬度由Ⅴ类变为Ⅱ类，氨氮由Ⅱ类变为Ⅰ类，氯化物由Ⅴ类变为Ⅳ类，锰由Ⅳ类变为Ⅰ类，溶解性总固体由Ⅳ类变为Ⅲ类。

四、"十三五"期间变化趋势分析

1．评价因子变化趋势

"十三五"期间，从全部监测点位平均值分析，地下水各项因子基本保持稳定，部分污染因子污染水平呈下降趋势。如耗氧量、亚硝酸盐、镉均由 2016 年的 II 类变为 2020 年的 I 类，氨氮由 2016 年的 III 类变为 2020 年的 II 类，总大肠菌群由 2016 年的 IV 类变为 2020 年的 I 类，但是锰由 2016 年的 III 类变为 2020 年的 IV 类。水质类别的变化部分原因与地下水质量标准更新有关，《地下水质量标准》（GB/T 14848—2017）从 2018 年 5 月实施，氨氮、亚硝酸盐、镉、总大肠菌群等指标标准限值与《地下水质量标准》（GB/T 14848—1993）相比有所调整。

2．地下水水质级别变化趋势

"十三五"期间，地下水水质综合评价结果见表 9-5 和图 9-4。"十三五"期间，全市地下水质量总体稳定，均为较差级别。全市地下水综合评价 F 值秩相关系数 r_s 为−0.125，其绝对值小于临界值 w_p，表明"十三五"期间，全市地下水水质变化平稳。

表 9-5　"十三五"期间濮阳市地下水水质综合评价 F 值秩相关系数

秩系数 ＼ 点位	皇甫	南堤村	许村	中原酿造厂	赵村	戚城	濮阳水厂	全市
r_s	0	−0.925	0.800	−0.700	−0.900	0.375	−0.30	−0.125
w_p	0.9	0.9	0.9	0.9	0.9	0.9	0.9	0.9
水质变化	变化平稳	呈好转趋势	变化平稳	变化平稳	变化平稳	变化平稳	变化平稳	变化平稳

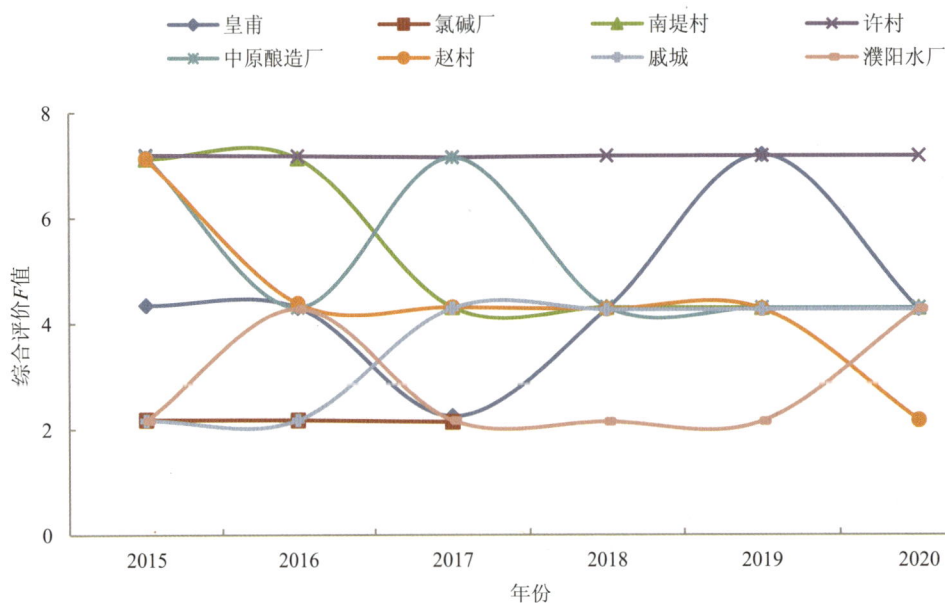

图 9-4　"十三五"期间濮阳市地下水综合评价结果

近五年来，皇甫除 2017 年水质级别为良好外，其他年份均为较差，水质变化平稳；氯碱厂 2016—2017 年均为良好，于 2018 年起封井停用；南堤村持续保持较差级别，但综合评价 F 值秩相关系数 r_s 为 -0.925，其绝对值大于临界值 w_p，表明水质变化呈现好转趋势；许村持续保持较差级别，水质变化平稳；中原酿造厂持续保持较差级别，水质变化平稳；赵村 2016—2019 年均为较差，2020 年水质改善变为良好，水质变化平稳；戚城水质变差，仅 2016 年为良好，2017—2020 年均为较差，水质变化平稳；濮阳水厂水质级别有变化，2017—2019 年均为良好，但 2020 年又变成 2016 年相同的较差水质级别，水质变化平稳。

2016—2020 年，全市地下水优良监测点位比例分别为 25.0%、37.5%、14.3%、14.3%、14.3%，即近五年全市地下水优良监测点位比例呈下降趋势，到近三年每年仅有一个监测点位水质为良。

五、"十三五"与"十二五"对比分析

与"十二五"时期相比，"十三五"期间全市地下水质量水质级别总体稳定，均为较差。由图 9-4 可知，与"十二五"末期的 2015 年相比，全市地下水综合评价 F 值基本无变化，优良监测点位比例由 2015 年的 37.5% 降至 2020 年的 14.3%，除封井停用等原因外，优良监测点位由 3 个减少为 1 个，水质状况变差。与 2015 年相比，除赵村水质级别由较差变为良好外，其他水质级别由良好变为较差的地下水点位包括戚城和濮阳水厂，地下水综合评价 F 值降低的地下水点位包括皇甫、南堤村、许村、中原酿造厂、戚城和濮阳水厂。

第四节　原因分析和小结

一、原因分析

地下水的化学成分，是在长期地质历史发展过程中经过溶滤、浓缩、混合等综合作用形成的。可能造成地下水污染的原因有：①工业废气污染物随降雨下落，通过地表径流进入水循环中，对地下水造成二次污染；②工业废水如果没有经过严格处理就排入城市下水道、江河湖库或水沟，将导致地下水受到化学污染；③农业生产中化肥、农药的使用以及污水灌溉等污染物渗入地下水中，造成地下水污染；④工业废渣，生活垃圾，污水处理厂污泥等，多含有硫酸盐、氯化物、氨、重金属、有机质等，如果不合理处置、堆弃和排放，经生物降解和雨水淋滤，可产生污染物较多的淋滤液及二氧化碳、甲烷等废气，最终以污水形式污染地下水。

经调查区域地质背景发现，濮阳市城区地层内含有铁锰质结核和钙质结核，浅层地下水更新速度快，地层中化学物质更易溶解和迁移，孔隙水溶滤作用强，经过多年地下水循环，导致地下水中锰含量高。区域地下水的溶滤作用致含水层中钙、镁、锰等离子进入水中造成地下水中总硬度、溶解性总固体、氯化物等含量偏高。故濮阳市城区地下水监测点位的锰、总硬度、溶解性总固体、氯化物等监测指标背景值较高，主要受天然地质等原因影响。

另外，濮阳市是以石油化工行业为主导的城市，地下水也会受到来自工业和生活等污染的影响，污染途径主要是通过地表水和降水的下渗，主要污染因子是氨氮等。

二、小结

2020 年，濮阳市地下水水质级别为较差，综合评价 F 值为 4.30。14.3%的监测点位水质级别为良好，85.7%的监测点位水质级别为较差。赵村 1 个监测点位水质级别为良好；皇甫、戚城、南堤村、许村、濮阳水厂和中原酿造厂 6 个监测点位水质级别为较差。

与上年相比，濮阳市地下水水质级别无变化。

"十三五"期间，濮阳市地下水质量总体稳定，均为较差级别。与"十三五"初期的 2016 年相比，濮阳市地下水水质级别无变化。

与"十二五"末期的 2015 年相比，濮阳市地下水水质级别无变化。

第十章

城市声环境质量

第一节　评价标准与方法

一、评价标准

《声环境质量标准》（GB 3096—2008）。

二、评价方法

1．基本评价量

以等效连续 A 声级（L_{eq}）为基本评价量。

2．定性评价

按照《环境噪声监测技术规范城市声环境常规监测》（HJ 640—2012）中规定对区域声环境、道路交通声环境、功能区声环境进行定性评价。

3．对比分析

采用等效声级变化进行年际间的对比分析。采用 Spearman 秩相关系数法进行趋势变化分析。

第二节　现状评价

一、城市区域声环境

濮阳市城市区域噪声监测点位分布见图 10-1。

2020 年，濮阳城市区域环境噪声点位数为 215 个，覆盖面积为 34.4 km²。区域环境噪声昼间平均等效声级为 52.1 dB（A），低于 1 类声环境功能区昼间标准，城市区域环境噪声总体水平为较好，见表 10-1。城市建成区环境噪声不同声级统计见表 10-2。

图 10-1　濮阳市城市区域噪声监测点位分布示意图

表 10-1　2020 年城市建成区环境噪声监测结果（昼间）

城市名称	网格个数/个	网络大小/（m×m）	网格覆盖面积/km²	网络覆盖人口数/万人	昼间平均等效声级/dB（A）	级别
濮阳市	215	400×400	34.4	62.67	52.1	较好

表 10-2　2020 年城市建成区环境噪声暴露在不同声级下的分布（昼间）

城市名称	项目	级别及声级范围/dB（A）				
		好 ≤50.0	较好 50.1～55.0	一般 55.1～60.0	较差 60.1～65.0	差 >65.0
濮阳市	覆盖面积/km²	9.8	16.3	7.7	0.6	0
	覆盖人口/万人	17.78	29.73	13.99	1.17	0
	所占比例/%	28.4	47.4	22.3	1.9	0

2020 年，城市建成区环境噪声（昼间）不同声级分布见图 10-2。

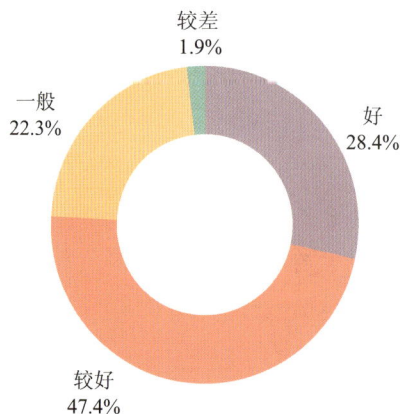

图 10-2　2020 年暴露在不同等级下的分布（昼间）

由表 10-2 结合图 10-2 得出，城市区域环境噪声昼间暴露在 50.1～55.0 dB（A）声级面积较大，昼间城市区域环境噪声水平为较好的区域占 47.4%；暴露在 50.0 dB（A）以下的面积占 9.8 km²，城市区域环境噪声水平为好的区域占 28.4%；暴露在 55.1～60.0 dB（A）的面积占 7.7 km²，城市区域环境噪声水平为一般的区域占 22.3%；暴露在 60.1～65.0 dB（A）的面积占 0.6 km²，城市区域环境噪声水平为较差的区域占 1.9%；全市无暴露在 65.0 dB（A）以上的区域，即城市区域环境噪声水平无差的区域。

从声源构成看，城市区域昼间声环境主要受生活噪声影响，占 100%，本次监测无工业噪声、交通噪声和施工噪声，见表 10-3。

表 10-3 2020 年城市建成区环境噪声声源类型构成（昼间）

城市名称	项目	声源类型			
		交通噪声	工业噪声	施工噪声	生活噪声
濮阳市	点位总数/个	0	0	0	215
	构成比例/%	0	0	0	100
	昼间 L_{eq} 平均值/dB（A）	—	—	—	52.1

二、城市功能区声环境

濮阳市城市功能区噪声监测分为四类，分别为居民文教区、混合区、工业区和交通干线两侧。每类功能区对应一个监测点位，分别为市环保局、油田运输公司、乙烯—大化中间、综合楼北。濮阳市城市功能区噪声监测点位分布见图 10-3。

图 10-3 濮阳市城市功能区噪声监测点位分布示意图

2020 年，城市功能区噪声定点监测的总达标率为 81.3%，昼间达标率为 100%，夜间达标率为 62.5%。居民文教区昼间 51.2 dB（A），夜间 44.1 dB（A）；混合区昼间 51.8 dB（A），夜间 44.6 dB（A）；

工业区昼间 57.3 dB（A），夜间 53.6 dB（A）；交通干线两侧昼间 61.4 dB（A），夜间 56.0 dB（A），交通干线两侧夜间噪声超过 4a 类声环境功能区噪声限值，其他均满足各功能区环境噪声限值要求，见表 10-4 和图 10-4。

表 10-4 2020 年城市各功能区环境噪声统计 单位：dB（A）

城市名称	项目	居民文教区		混合区		工业区		交通干线两侧	
		昼间	夜间	昼间	夜间	昼间	夜间	昼间	夜间
濮阳市	第一季度	50.8	41.0	52.3	38.2	56.2	53.2	58.2	54.1
	第二季度	52.7	46.4	52.5	48.6	63.2	56.9	63.4	57.1
	第三季度	51.3	46.0	51.5	45.6	54.7	54.7	61.8	56.4
	第四季度	50.0	43.1	51.0	46.0	55.1	49.5	62.2	56.2
	达标率/%	100	50.0	100	100	100	75.0	100	25.0
	L_{eq} 年平均值	51.2	44.1	51.8	44.6	57.3	53.6	61.4	56.0

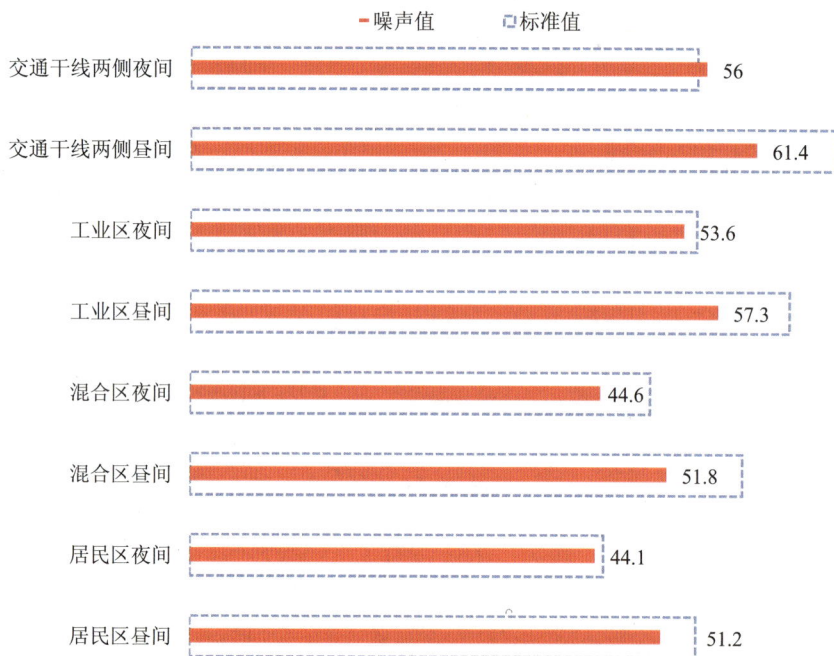

图 10-4 2020 年功能区噪声与标准限值对比

图 10-5～图 10-8 分别绘出了濮阳市各功能区的 4 个季度声环境质量时间分布图，由图可以看出，每个功能区 4 个季度的噪声强度分布基本相似，6—20 时噪声较强，其他时间噪声较弱。4 个功能区昼间噪声达标率均为 100%，混合区夜间噪声达标率为 100%；居民文教区、工业区、交通干线两侧夜间噪声均出现了超标，达标率分别为 50.0%、75.0%、25.0%。居民文教区、工业区、交通干线两侧夜间受突发噪声影响较大，交通干线两侧区域夜间达标率较低，需引起注意。

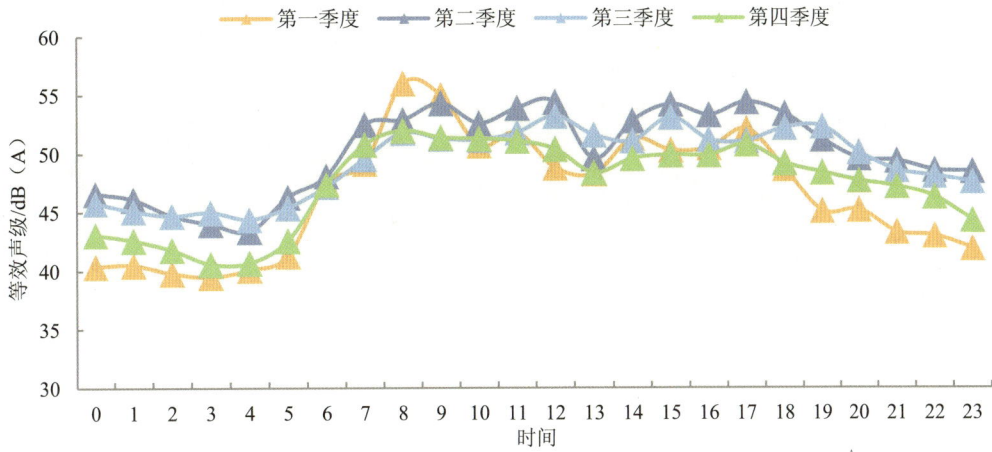

图 10-5　功能区声环境质量时间分布图（市环保局 1 类区）

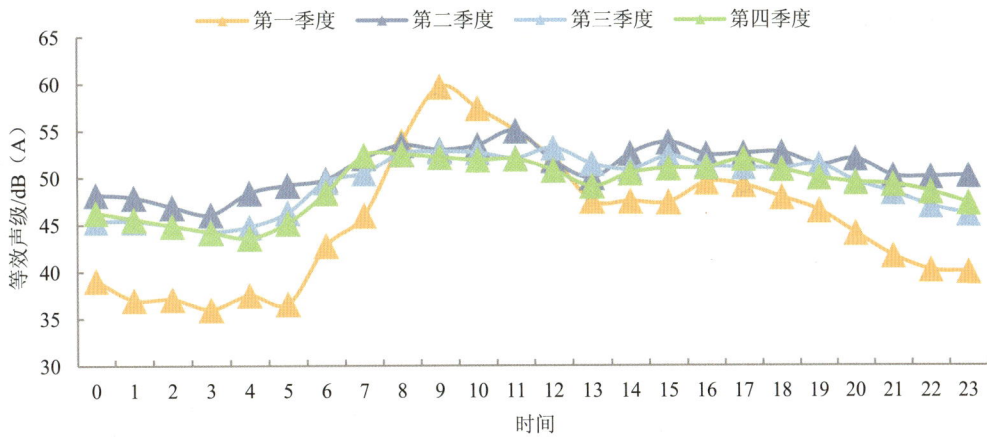

图 10-6　功能区声环境质量时间分布图（油田运输公司 2 类区）

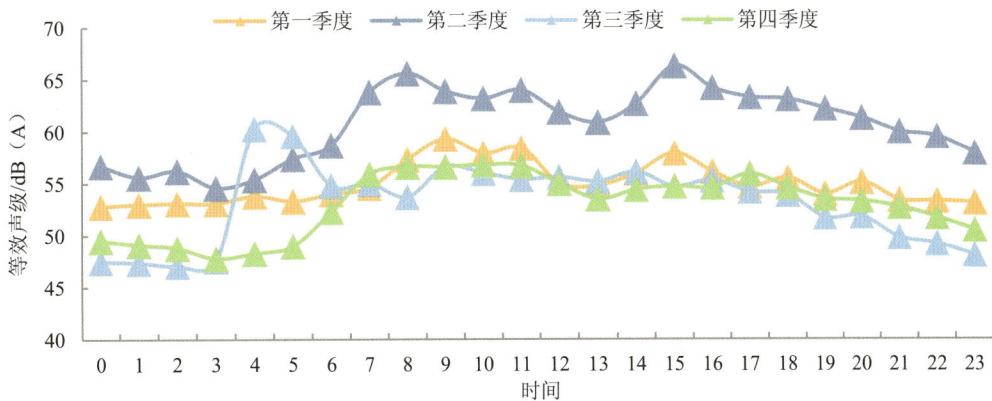

图 10-7　功能区声环境质量时间分布图（乙烯-大化中间 3 类区）

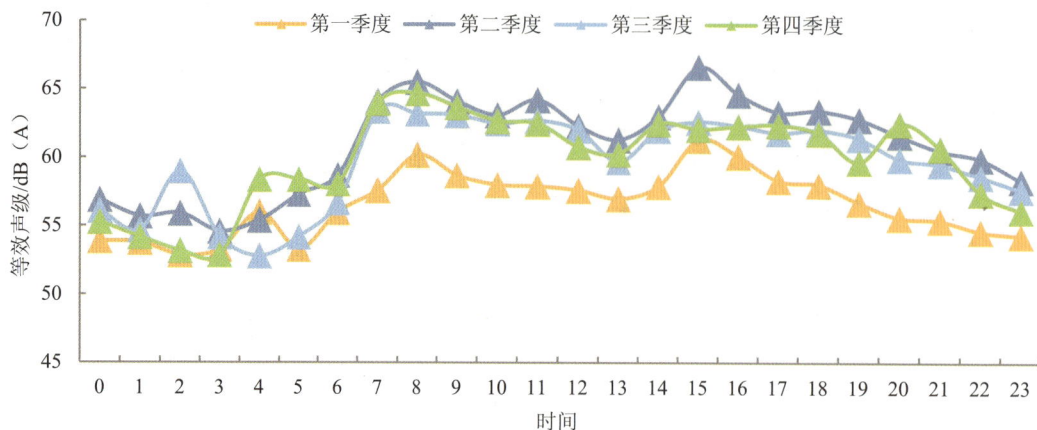

图 10-8　功能区声环境质量时间分布图（综合楼北 4 类区）

三、城市道路交通声环境

2020 年，全市城市道路交通噪声监测路段总长为 43.586 km。濮阳市城市道路交通噪声监测点位分布见图 10-9。全市城市道路交通昼间平均车流量为 1 907 辆/h，平均等效声级为 65.0 dB（A），道路交通噪声强度等级为一级，道路交通声环境质量为好，见表 10-5 和表 10-6。

图 10-9　濮阳市城市道路交通噪声监测点位分布示意图

表 10-5　2020 年濮阳市道路交通噪声结果统计表（昼间）

等级	一级	二级	三级	四级	五级
平均等效声级标准 $\overline{L}_d$ /dB（A）	≤68.0	68.1～70.0	70.1～72.0	72.1～74.0	＞74.0
监测结果 $\overline{L}_d$ /dB（A）	64.6	68.6	—	—	—
路段长度/m	39 086	4 500	0	0	0
占交通干线总长比/%	89.7	10.3	0	0	0

表 10-6 2020 年濮阳市道路交通噪声监测结果评价表（昼间）

监测路段总长度/m	路段总长度/m	路段达标率/%	平均车流量/（辆/h）	平均等效声级/dB（A）	级别
43 586	43 586	100	1 907	65.0	好

第三节 变化趋势

一、城市区域声环境

1. 年度对比

与上年相比，全市城市建成区声环境质量基本稳定，未发生级别变化，声环境质量仍保持较好级别。2019—2020 年，城市建成区噪声平均等效声级比较（昼间）见表 10-7。

表 10-7 2019—2020 年城市建成区噪声平均等效声级比较（昼间）

2019 年		2020 年		与上年相比/dB（A）
L_{eq}/dB（A）	级别	L_{eq}/dB（A）	级别	
50.2	较好	52.1	较好	+1.9

与上年相比，全市声源结构未发生变化，昼间影响范围最广的噪声源仍然为生活噪声，交通、工业和施工噪声影响较小；2019 年和 2020 年生活噪声影响范围均为 100%。各类声源强度有所变化，见图 10-10。

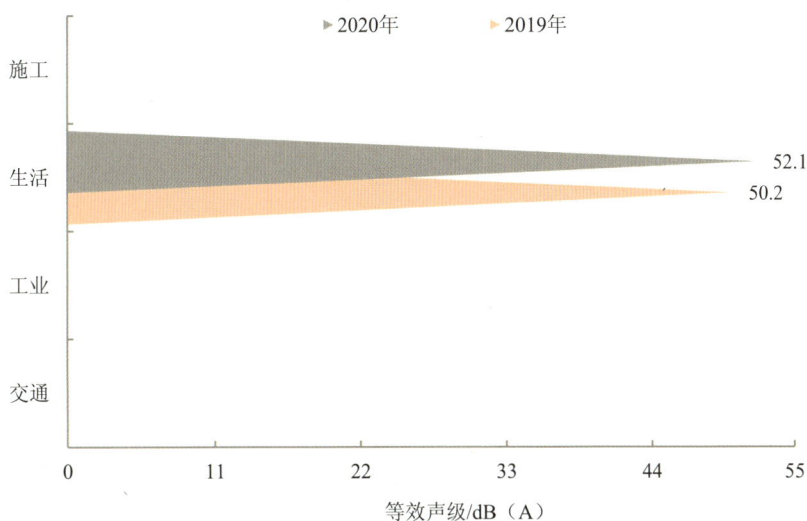

图 10-10 2019—2020 年城市噪声声源强度比较（昼间）

2. "十三五"期间变化趋势分析

采用 Spearman 秩相关系数对"十三五"期间城市区域昼间环境噪声进行变化趋势分析。"十三五"期间城市区域昼间环境噪声秩相关系数 r_s 为 0.3，其绝对值小于临界值 w_p（0.9），表明"十三五"期间，濮阳市城市区域昼间环境噪声变化平稳。2016—2020 年城市区域昼间环境噪声范围为 50.2～52.1 dB（A），以 2019 年最低，2020 年最高，城市区域昼间环境噪声总体水平均为较好。与"十三五"初期的 2016 年相比，城市区域昼间环境噪声增加 0.5 dB（A），城区区域昼间环境噪声总体水平不变，均为较好级别，见图 10-11。

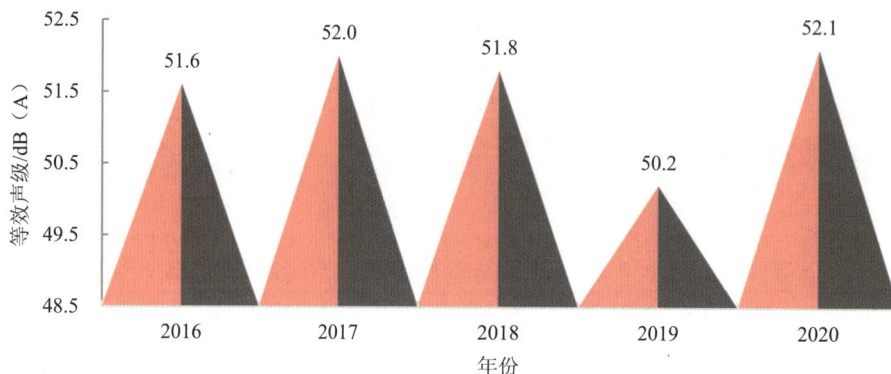

图 10-11   "十三五"期间城市区域环境噪声变化趋势

城市区域夜间环境噪声在"十三五"期间仅 2018 年开展监测，与"十二五"期间开展区域夜间环境噪声监测的 2011 年、2012 年、2013 年相比，夜间噪声总体水平均为较好，区域夜间环境噪声保持稳定，未发生级别变化。

"十三五"期间，濮阳市的声源构成百分比与声源强度均有不同程度的变化。交通、施工和工业噪声影响范围逐步减少，生活噪声影响范围逐步增加，主要影响源为生活源。

3. "十三五"与"十二五"对比分析

与"十二五"末相比，"十三五"期间城市区域昼间噪声总体水平均为较好，级别保持稳定，平均等效声级略有下降，2020 年平均等效声级较 2015 年下降 0.1 dB（A）。

二、城市功能区声环境

1. 年度对比

与上年相比，全市城市功能区噪声达标率有所下降，总达标率下降 12.5 个百分点，昼间达标率均为 100%，夜间达标率下降 25.0 个百分点，见表 10-8。2019—2020 年 4 个功能区昼间、夜间噪声达标率分别见图 10-12 和图 10-13。

表 10-8   2019—2020 年城市功能区噪声达标率比较

名称	昼间达标率/%	夜间达标率/%	总达标率/%
2019 年	100	87.5	93.8
2020 年	100	62.5	81.3
与上年相比/百分点	0	−25.0	−12.5

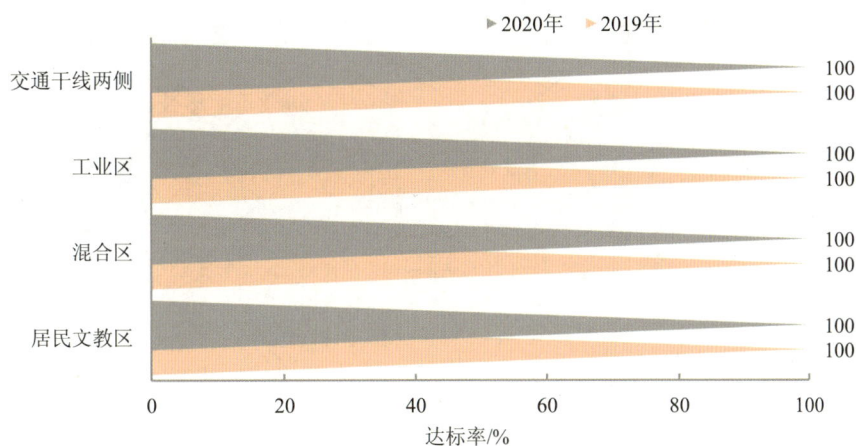

图 10-12 2019—2020 年各功能区昼间噪声达标率

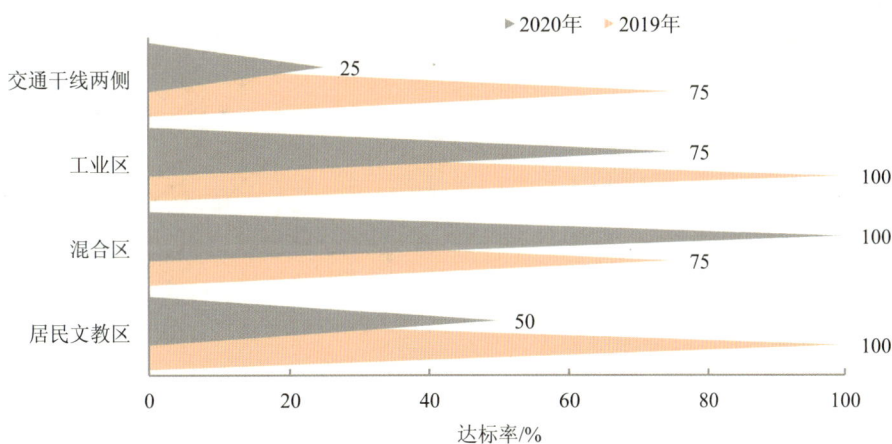

图 10-13 2019—2020 年各功能区夜间噪声达标率

2．"十三五"期间变化趋势分析

根据 Spearman 秩相关系数对全市的平均等效声级进行变化趋势分析，居民文教区昼间、混合区夜间噪声秩相关系数 r_s 为 -0.925，其绝对值大于临界值 w_p（0.9），表明"十三五"期间，居民文教区昼间噪声呈下降趋势。居民文教区夜间、混合区昼间、工业区昼夜间、交通干线两侧昼夜间噪声秩相关系数 r_s 分别为 0.20、-0.90、-0.40、0、-0.70、0，其绝对值均小于临界值 w_p（0.9），表明"十三五"期间，该功能区噪声变化平稳。

"十三五"期间，全市功能区昼间达标率均保持在 100%，仅 2020 年交通干线两侧夜间噪声超过该功能区标准限值，其他功能区昼夜噪声均满足环境噪声标准限值要求。夜间和总达标率表现为下降趋势，与"十三五"初期的 2016 年相比，夜间和总达标率分别下降了 31.3 个和 15.6 个百分点。功能区夜间噪声超标问题已逐渐突出，见图 10-14 和图 10-15。

图 10-14 2015—2020 年各功能区噪声达标率

图 10-15 2015—2020 年全市功能区噪声达标率

3. "十三五"与"十二五"对比分析

与"十二五"末期的 2015 年相比，全市功能区昼间达标率均保持在 100%，夜间和总达标率均呈现下降趋势，分别下降了 37.5 个和 18.7 个百分点。其中居民文教区、工业区、交通干线两侧夜间达标率分别下降了 50.0 个、25.0 个和 75.0 个百分点。功能区夜间噪声超标问题已逐渐突出，见图 10-14 和图 10-15。

三、城市道路交通声环境

1. 年度对比

与上年相比，全市道路交通昼间平均等效声级为 65.0 dB（A），未发生级别变化，声环境质量仍保持好级别。与上年相比，路段达标率一致，达标率为 100%，见表 10-9。

表 10-9 2019—2020 年城市道路交通噪声比较

2019 年		2020 年		与上年相比/dB（A）
L_{eq}/dB（A）	等级	L_{eq}/dB（A）	等级	
65.7	好	65.0	好	−0.7

2. "十三五"期间变化趋势分析

采用 Spearman 秩相关系数对濮阳市"十三五"期间道路交通噪声变化情况进行评价，濮阳市城市道路平均车流量减少，路段达标率上升，年均等效声级下降，秩相关系数 r_s 为−0.90，其绝对值均小于临界值 w_p（0.9），表明"十三五"期间，濮阳市道路交通噪声变化平稳。与"十三五"初期的 2016 年相比，路段达标率提高 36.7 个百分点，道路交通噪声强度等级由较好变为好，表明濮阳市城市道路交通声环境质量有变好趋势，见图 10-16。

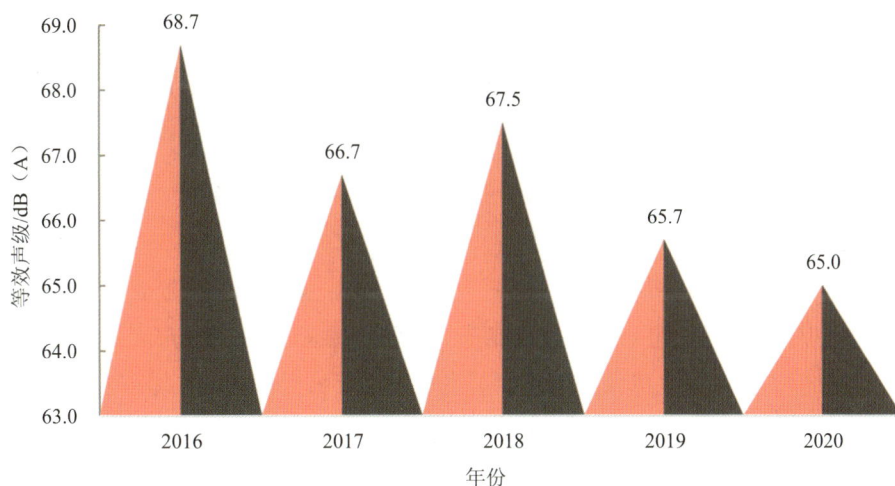

图 10-16 "十三五"期间年交通噪声变化趋势示意图

3. "十三五"与"十二五"对比分析

与"十二五"末期的 2015 年相比，路段达标率提高了 10.6 个百分点，平均等效声级降低了 2.6 dB（A）。道路交通噪声强度等级均为好。

第四节 原因分析和小结

一、原因分析

"十三五"期间，随着城市建设的发展，濮阳市城区面积从"十二五"时期末的 34.4 km² 扩大到 93.12 km²，城区人口从 58.12 万人增加到 72.40 万人，城市交通路段从 43.586 km 增加到 209.2 km，交通干线平均流量从 2 530 辆/h 减少到 1 907 辆/h。

"十三五"期间，濮阳市依据《关于印发濮阳市鼓励市城区工业企业"退城入园"暂行办法的通知》（濮政〔2016〕33 号）、《濮阳市推进建成区重污染工业企业搬迁改造的实施方案》（濮转型办〔2019〕8 号）、《关于推进城区工业企业退城入园的实施意见（试行）》（濮政〔2020〕22 号）等系列文件要求，对濮上路以东、濮范高速以南、106 国道以西、站南路以北以及濮水路以东、中原路以南、濮上路以西、濮水河以北范围内的 29 家企业实施了"退城入园"。

"十三五"期间，濮阳市城区交通、施工和工业噪声影响范围逐步减少，生活噪声影响范围逐步增加，这与城区已基本建成、城市基础设施改造完工、城区工业企业"退城入园"有很大关系；全市功能区声环境和城市道路交通声环境呈上升趋势，这与城区面积扩大，人口和机动车分流有很大关系，整体上濮阳市声环境质量有所变化；城市不同功能区夜间噪声达标率下降明显，夜间噪声超标问题已逐渐凸显。针对以上噪声问题，濮阳市主要采取的措施有：

①降低交通噪声污染。濮阳市科学建设城市道路，拓宽车道，修建多孔隙沥青路面，加大道路洒水频次，科学设置绿化隔离带，选用抗逆性强树种，合理利用有限地带开发立体绿化。加大交通管理力度，完善交通法规，加强机动车监管，在交通路口设置明显限速及禁止鸣笛警示牌，严格落实限号规定，控制机动车数量和流量，对违反规定的车辆及时纠正处罚。

②严格监管建筑施工噪声。一是加强执法力度，严格查处违法施工。强化辖区内建筑工地的监管检查，对于夜间连续施工、施工中使用高噪声机械设备等行为，发现一起、查处一起，保持高压态势。二是强化日常监管，规范建筑工地依法施工。统一监管各建筑项目，不定期开展夜间巡查，鼓励周边居民及时反映情况。三是促进协调沟通，提升建筑项目文明施工。协调解决施工项目噪声污染，要求施工方合理安排施工。

③整治社会生活噪声。一是明确分工，周密部署。公安、文体、市场监管、生态环境等多部门明确责任分工，分解任务目标，进行周密安排部署，共同开展社会生活噪声专项整治。二是排查梳理，确定重点。对社会生活噪声扰民报警警情、市民举报进行梳理排查，在城市街道、广场、公园、影剧院、KTV、夜宵夜市、商场、农贸市场等人员密集场所加强日常巡逻巡查监管，确定广场噪声、烧烤摊、KTV、商业营销 4 类社会生活噪声整治工作重点。三是集中整治，加严惩处。通过劝导、执法等多种措施集中力量开展整治，对不接受教育、不听劝阻、不纠正产生噪声污染行为的，依法坚决予以处罚或取缔。

④有效遏制工业噪声污染。加大对厂界噪声的监管力度，要求噪声污染严重的企业远离学校、居民区等声敏感区，并达标排放。如因特殊原因距离声敏感区较近的噪声污染企业，需妥善布置噪声辐射方向，合理布置建筑结构，加强厂区界的立体绿化，采用生物降噪、工程降噪等方式，减小噪声对周边环境的影响。

二、小结

2020 年，濮阳市城市区域环境噪声昼间平均等效声级为 52.1 dB（A），级别为较好；城市道路交通噪声平均等效声级为昼间 65.0 dB（A），级别为好。城市功能区噪声总达标率为 81.3%，居民文教区昼间 51.2 dB（A），夜间 44.1 dB（A）；混合区昼间 51.8 dB（A），夜间 44.6 dB（A）；工业区昼间 57.3 dB（A），夜间 53.6 dB（A）；交通干线两侧昼间 61.4 dB（A），夜间 56.0 dB（A），除交通干线两侧夜间噪声超过 4a 类声环境功能区噪声限值外，其他均满足各功能区环境噪声限值要求。

与上年相比，区域声环境质量保持稳定，均为较好级别，声源结构未发生变化；道路交通声环境质量未发生级别变化，保持好级别；功能区噪声总达标率下降了 12.5 个百分点，交通干线两侧夜间噪声超过标准限值，其他均满足各功能区环境噪声限值要求。

　　与"十三五"初期的 2016 年相比，区域昼间环境噪声均为较好级别。功能区夜间噪声夜间和总达标率分别下降了 31.3 个和 15.6 个百分点。道路交通噪声强度等级由较好变为好。

　　与"十二五"末期的 2015 年相比，区域昼间噪声总体水平均为较好，级别保持稳定；功能区昼间达标率均保持在 100%，夜间和总达标率均呈现下降趋势，分别下降了 37.5 个和 18.7 个百分点；道路交通噪声强度等级均为好。

第十一章

生态环境质量

第一节　评价标准与方法

一、评价标准

《生态环境状况评价技术规范》（HJ 192—2015）。

二、评价方法

1．现状评价

在遥感数据、统计数据等多源数据融合和分析的基础上，采用生物丰度指数、植被覆盖指数、水网密度指数、土地胁迫指数和污染负荷指数的值和权重，计算生态环境状况指数（EI），根据生态环境状况分级标准对生态环境状况进行评价。

2．对比分析

采用生物丰度指数、植被覆盖指数、水网密度指数、土地胁迫指数和污染负荷指数、生态环境状况指数（EI），用于年际间对比分析。

第二节　现状评价

一、生态环境状况评价

2019 年，濮阳市生态环境状况指数（EI）值为 49.7，生态环境状况为一般，植被覆盖度中等，生物多样性一般水平。以县区为评价单元，全市生态环境状况分为两个等级，即良和一般。生态环境状况指数分布在 46.2～55.7，其中以台前县最高，其次是濮阳县、清丰县、范县和南乐县，以市辖区最低。清丰县、范县、台前县和濮阳县生态环境状况均为良，市辖区和南乐县生态环境状况均为一般，结果见图 11-1。

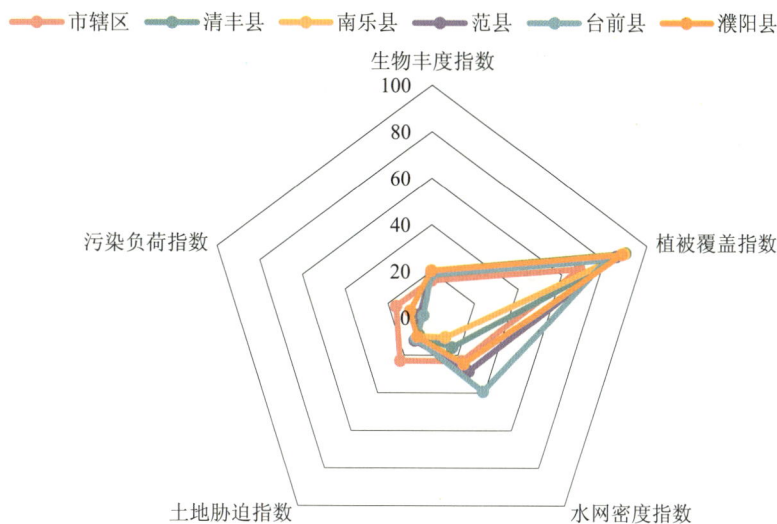

图 11-1　2019 年濮阳市各县区生态环境状况评价结果

二、生态环境状况分析

1. 生态环境状况空间分布特征

2019 年，濮阳市各县区生态环境状况级别空间分布见图 11-2。生态环境状况级别为良的区域主要分布在濮阳县、范县和台前县三县所处的黄河流域以及清丰县，约占全市面积的 79.1%；生态环境状况级别为良的区域主要分布在市辖区和南乐县所在的海河流域，约占全市面积的 20.9%。

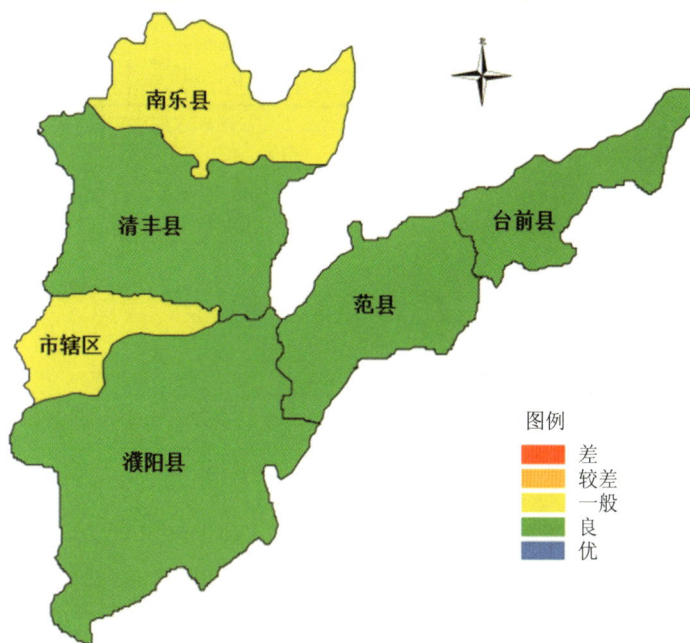

图 11-2　2019 年濮阳市各县区生态环境状况空间分布示意图

2. 生态环境状况类型的人口比

根据生态环境状况级别，计算出濮阳市各生态环境质量类型的人口百分比，其中生态环境状况级别为良的县区人口占全市总人口的 70.6%，级别为一般的县区人口占全市总人口的 29.4%。

3. 生态环境状况类型的国内生产总值比

根据生态环境状况级别，计算出濮阳市各生态环境质量类型的 GDP 比，其中生态环境状况级别为良的县区 GDP 占全市 GDP 总量的 49.9%，级别为一般的县区 GDP 占全市 GDP 总量的 50.1%。

从空间、人口、经济三个方面看，生态环境状况为一般的县区与生态环境状况为良的县区相比，虽然地域面积偏小、人口总数偏少，但经济所占比重较大，体现出经济发展状况对生态环境状况的影响。

第三节　变化趋势

一、年度对比

对比分析 2019 年与 2018 年濮阳市生态环境状况指数（EI）值的变化情况，并依据生态环境状况变化幅度分类标准划分等级。全市 EI 值从 2018 年的 51.5 变化为 2019 年的 49.7，降低了 1.8，属略微变化，即全市生态环境质量略微变差。市辖区生态环境质量较上年略微变差，南乐县生态环境质量较上年略微变好，清丰县、范县、台前县和濮阳县生态环境质量较上年无明显变化，见图 11-3。

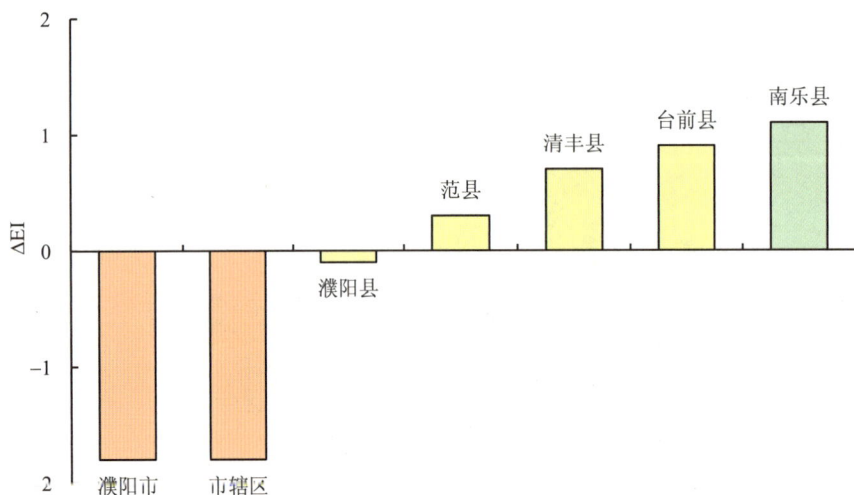

图 11-3　2018—2019 年濮阳市各县区生态环境质量变化幅度

二、"十三五"期间变化趋势分析

根据 2015—2019 年濮阳市及各县区生态环境状况指数（EI）值的变化情况，并依据生态环境状况分级情况划分级别。"十三五"期间，濮阳市及各县区的生态环境状况指数均有所升高，生态环境状况向好变化。与"十三五"初期的 2016 年相比，全市 EI 值升高了 1.3，生态环境状况略微变好；

市辖区、台前县、濮阳县、南乐县和范县 EI 值分别升高了 1.7、1.8、1.9、2.5 和 2.5，生态环境状况略微变好；清丰县 EI 值升高了 3.1，生态环境状况明显变好。"十三五"期间生态环境状况变化幅度分级空间分布见图11-4。

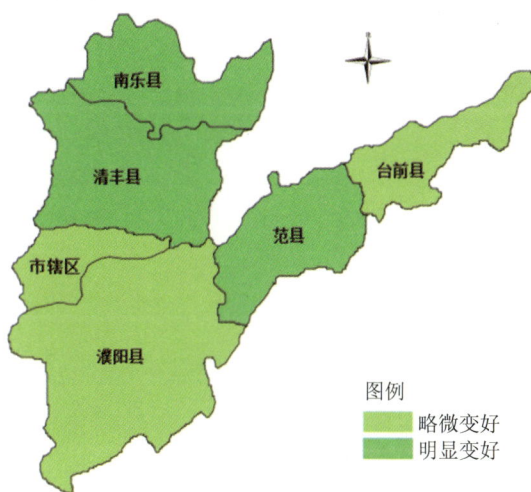

三、"十三五"与"十二五"对比分析

与"十二五"期间相比，"十三五"期间濮阳市及各县区的生态环境状况指数均有不同程度的升高，生态环境状况向好变化，生态环境状况变化幅度分级空间分布见图11-5。

与"十二五"末期的 2015 年相比，全市 EI 值升高了 5.0，生态环境状况明显变好；台前县、市辖区、濮阳县 EI 值分别升高了 1.5、1.0 和 2.7，生态环境状况略微变好；南乐县、清丰县、范县 EI 值升高了 3.0、3.2、3.3，生态环境状况明显变好。

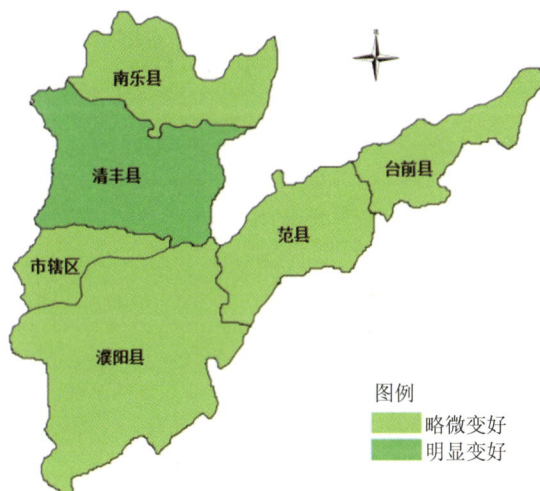

图 11-4　"十三五"期间生态环境状况变化幅度分级　　图 11-5　与 2015 年相比生态环境状况变化幅度分级

第四节　原因分析和小结

一、原因分析

濮阳市的清丰县、南乐县、范县和台前县的生态环境状况均较上年有所变好，但市辖区以及全市生态环境状况却较上年略微变差，这与市辖区污染指数明显偏高有一定关系。2020 年，清丰县被授予"省级森林城市"荣誉称号。目前，清丰县林木覆盖率达 30.0%，县城区绿化覆盖率达 41.6%，村庄林木绿化率达 33.9%，县域生态廊道绿化率达 92.4%，水岸绿化率达 91.6%，实现了"三百米见绿、五百米见园、一千米见林"。也是"十三五"期间以来清丰县生态环境状况向好变化的成果体现。

"十三五"期间生态环境状况变化分析有几点原因：濮阳市划定生态保护红线面积为 8.7 km²，占国土面积的 0.2%。加大对自然保护区环境保护协调和监督保护力度，对濮阳县黄河湿地省级自然保护区进行联合现场督查，充分发挥各部门责任，共同做好自然保护区管理工作。科学规划土地，开发的地方高效集约利用，保护的区域严密监管，构建了协调有序的国土开发保护格局。坚持系统治理，加强生态体系建设。启动引黄入冀、第一濮清南、黄河、金堤河四大生态廊道建设，科学实施水系贯通工程。创建森林城市，使全市森林覆盖率达 30%以上。

二、小结

2019 年，濮阳市生态环境状况指数（EI）值为 49.7，生态环境状况为一般。清丰县、范县、台前县和濮阳县生态环境状况均为良，市辖区和南乐县生态环境状况均为一般。

与上年相比，濮阳市生态环境质量略微变差。市辖区生态环境质量较上年略微变差，南乐县生态环境质量较上年略微变好，清丰县、范县、台前县和濮阳县生态环境质量较上年无明显变化。

与"十三五"初期的 2016 年相比，濮阳市及各县区的生态环境状况指数均有所升高，生态环境状况向好变化。

与"十二五"末期的 2015 年相比，濮阳市及各县区的生态环境状况指数均有不同程度的升高，生态环境状况向好变化。

第十二章

农村环境质量

第一节 评价标准与方法

一、评价标准

①《环境空气质量标准》（GB 3095—2012）；

②《地下水质量标准》（GB/T 14848—2017）；

③《地表水环境质量标准》（GB 3838—2002）、《地表水环境质量评价办法（试行）》（环办〔2011〕22 号）；

④《土壤环境质量 农用地土壤污染风险管控标准（试行）》（GB 15618—2018）、《全国土壤污染状况评价技术规定》（环发〔2015〕39 号）；

⑤《生态环境状况评价技术规范》（HJ 192—2015）；

⑥《农村环境质量综合评价技术规定》（总站生字〔2014〕148 号）。

二、评价因子

1. 农村环境状况

（1）村庄环境空气

评价因子包括二氧化硫、二氧化氮、PM_{10}、$PM_{2.5}$、臭氧、一氧化碳，共 6 项。

（2）村庄饮用水水源地水质

地下水饮用水水源地评价因子包括色、嗅和味、浑浊度、肉眼可见物、pH、总硬度、溶解性总固体、硫酸盐、氯化物、铁、锰、铜、锌、铝、挥发酚、阴离子表面活性剂、耗氧量、氨氮、硫化物、钠、总大肠菌群、菌落总数、亚硝酸盐、硝酸盐、氰化物、氟化物、碘化物、汞、砷、硒、镉、六价铬、铅、三氯甲烷、四氯化碳、苯、甲苯、总 α 放射性、总 β 放射性，共 39 项。

（3）村庄周边土壤

评价因子包括 pH、阳离子交换量、镉、汞、砷、铅、铬、铜、镍、锌，共 10 项。

（4）县域地表水水质

评价因子包括水温、pH、溶解氧、化学需氧量、高锰酸盐指数、五日生化需氧量、氨氮、总磷、总氮、氟化物、粪大肠菌群、石油类、挥发酚、铜、锌、硒、砷、汞、镉、六价铬、铅、氰化物、阴离子表面活性剂、硫化物，共 24 项。

2. 农村生态状况

评价因子包括生物丰度指数、植被覆盖指数、水网密度指数、土地胁迫指数、人类干扰指数，共 5 项。

三、监测频次

①村庄环境空气：5 d/次，1 次/季度，4 次/年。
②村庄饮用水水源地水质：1 次/季度，4 次/年。
③村庄周边土壤：1 次/年。
④县域地表水水质：1 次/季度，4 次/年。
⑤农村生态状况：1 次/年。

四、评价方法

采用的评价方法为综合指数法，是将评价单元分解为若干子系统，对各子系统分别选取有代表性的评价项目，将其表现程度进行等级划分，并给出归一化系数，将同一子系统内各评价项目的指标按权重进行叠加，得出该子系统评价指数，再将各子系统评价指数按权重叠加，得出每个评价单元的环境质量指数，然后综合分析各单元的指数情况，进行区域环境质量的总体评价的方法。采用 Spearman 秩相关系数法分析变化趋势。

第二节   现状评价

一、农村村庄监测情况

2020 年，濮阳市农村环境监测县域是南乐县、濮阳县、范县。具体村庄包括：南乐县寺庄乡豆村、濮阳县城关镇南堤村、范县杨集乡杨楼村。南乐县寺庄乡豆村为必测村庄，为养殖型村庄；濮阳县城关镇南堤村和范县杨集乡杨楼村为选测村庄，均为种植型村庄。

监测村庄信息见表 12-1，监测村庄点位分布见图 12-1，县域地表水监测断面分布见图 12-2。

表 12-1 濮阳市农村环境质量监测村庄一览表

所在市	所在县	村庄名称	村庄类型	村庄类别	经度、纬度
濮阳市	南乐县	寺庄乡豆村	养殖型	必测村庄	115.166 1°E，36.100 8°N
	濮阳县	城关镇南堤村	种植型	选测村庄	115.003 4°E，35.690 9°N
	范县	杨集乡杨楼村	种植型	选测村庄	115.555 8°E，35.784 1°N

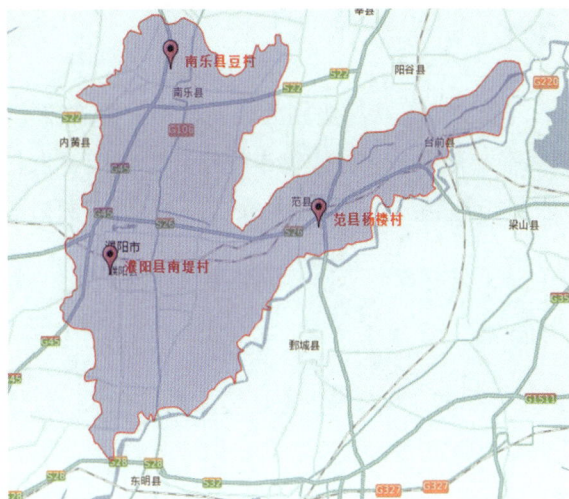

图 12-1　农村环境质量监测村庄分布示意图　　图 12-2　县域地表水监测断面分布示意图

二、农村环境状况评价

2020 年，濮阳市农村环境状况指数（I_{env}）为 75。农村环境状况分级为良，基本适合农村居民生活和生产。

1. 环境空气质量评价

2020 年对濮阳市南乐县豆村、濮阳县南堤村、范县杨楼村的环境空气进行了监测，共监测了 60 d，其中 AQI 达标天数为 60 d，达标率为 100%。农村环境空气质量指数（AQI）为 61，指数范围为 40～91，空气质量指数级别为二级，空气质量所属类别为良。

2. 饮用水水源地水质评价

2020 年共监测 3 个地下水饮用水水源地水质，分别为南乐县豆村、濮阳县南堤村、范县杨楼村。全年共监测 12 次，达标次数为 2 次，水质达标率为 16.7%，村庄地下水饮用水水源地水质类别为Ⅳ类，主要超标污染物为氟化物、碘化物、锰等。

3. 周边土壤环境质量评价

2020 年，村庄周边土壤环境质量监测分别在濮阳县南堤村的饮用水水源地周边、耕地、居民区周边各布设 1 个监测点位，在范县杨楼村的饮用水水源地周边、耕地、居民区周边各布设 1 个监测点位，共计 6 个土壤监测点位。6 个点位均达标，达标率为 100%，土壤环境质量评价等级为Ⅰ级，污染评价结果为无污染。

4. 县域地表水水质评价

2020 年共监测 5 个县域地表水断面，分别为马颊河在南乐县的入境、出境断面：西吉七、南乐水文站；金堤河在濮阳县、范县的入境、出境断面：濮阳大韩桥、宋海桥、子路堤桥。全年共监测 20 次。2020 年，濮阳市农村县域地表水水质类别为Ⅲ类，水质达标率为 40%，主要超标污染物为化学需氧量、总磷、五日生化需氧量等。

三、农村生态状况评价

2020 年，濮阳市农村生态状况指数（I_{eco}）为 30.3。农村生态状况级别为较差，植被覆盖较差，严重干旱少雨，物种较少，存在明显限制人类生活的因素。其中，农村生物丰度指数为 23.1，农村植被覆盖指数为 80.9，农村水网密度指数为 24.7，农村土地胁迫指数为 11.8，农村人类干扰指数为 7.2。

四、农村生态环境质量评价

2020 年，濮阳市农村生态环境质量综合指数（RQI）为 57.1，农村生态环境质量综合状况级别为一般，轻度污染，生态环境一般，较适合生活和生产。

第三节　变化趋势

一、农村环境空气质量

1. 年度对比

2020 年，濮阳市农村环境空气质量指数（AQI）为 61，空气质量指数为 40～91，空气质量指数级别为二级，空气质量所属类别为良，优良天数所占百分比为 100%。2019 年，濮阳市农村环境空气质量指数为 76，空气质量指数范围为 41～153，空气质量指数级别为二级，空气质量所属类别为良，优良天数所占百分比为 83.3%。与上年相比，2020 年濮阳市农村环境空气质量级别无变化，空气质量所属类别均为良，优良天数所占百分比提高了 16.7 个百分点。

2. "十三五"期间变化趋势分析

采用 Spearman 秩相关系数法分析"十三五"期间濮阳市农村环境空气质量变化趋势，以空气质量指数为污染指数，经计算，2016—2020 年，濮阳市农村环境空气质量指数秩相关系数 r_s 为 0.4，小于临界值 w_p（0.9），表明"十三五"期间濮阳市农村环境空气质量变化平稳，农村环境空气质量指数存在一定波动，空气质量类别以良为主，只在 2016 年农村环境空气质量类别达到优，在 2019 年，农村环境空气质量达标率稍有下降，其他年份空气质量达标率均为 100%。与"十三五"初期的 2016 年相比，濮阳市农村环境空气质量指数升高了 11，濮阳市农村环境质量级别由优变为良，优良天数所占百分比无变化，均为 100%。

3. "十三五"与"十二五"对比分析

与"十二五"末期的 2015 年相比，空气质量指数降低了 7，但濮阳市农村环境质量级别无变化，均为良，优良天数所占百分比无变化，均为 100%，见图 12-3 和图 12-4。

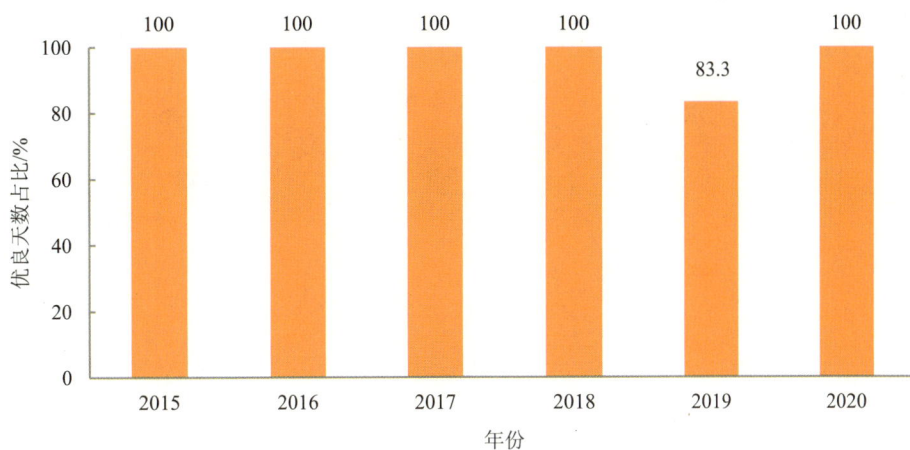

图 12-3　2015—2020 年濮阳市农村环境空气达标率

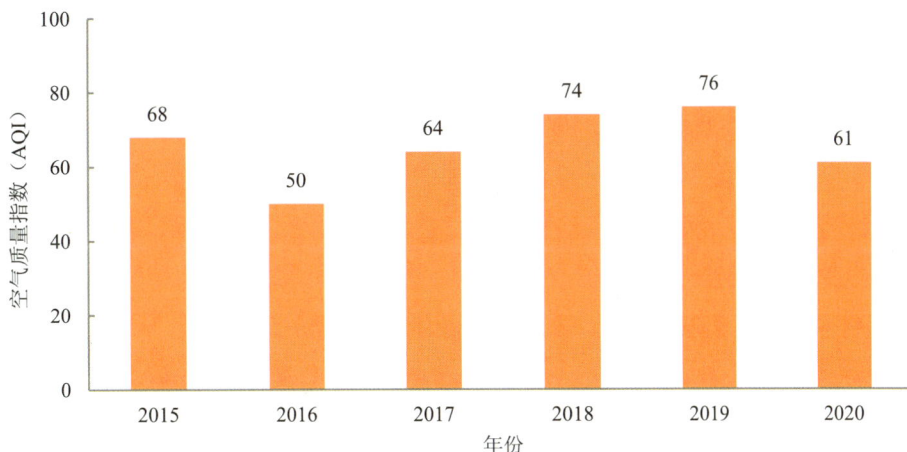

图 12-4　2015—2020 年濮阳市农村环境空气质量指数

二、农村饮用水水源地水质

1. 年度对比

2020 年，农村地下水饮用水水源地水质类别为Ⅳ类，水质达标率为 16.7%。2019 年，农村地下水饮用水水源地水质类别为Ⅳ类，水质达标率为 8.3%。与上年相比，濮阳市农村地下饮用水水源地水质类别无变化，水质达标率提高了 8.4 个百分点。

2. "十三五"期间变化趋势分析

"十三五"期间，农村地下水饮用水水源地水质类别发生变化，2016—2018 年水质逐年改善，水质类别分别为Ⅴ类、Ⅳ类、Ⅲ类，2019—2020 年水质类别均保持在Ⅳ类，其间水质达标率存在波动，以 2018 年水质达标率最高为 50%。与"十三五"初期的 2016 年相比，濮阳市农村地下饮用水水源地水质改善，水质类别由Ⅴ类变为Ⅳ类，水质达标率提高了 16.7 个百分点。

3. "十三五"与"十二五"对比分析

与"十二五"末期的 2015 年相比，濮阳市农村地下饮用水水源地水质类别无变化，水质达标率提高了 8.4 个百分点, 见图 12-5。

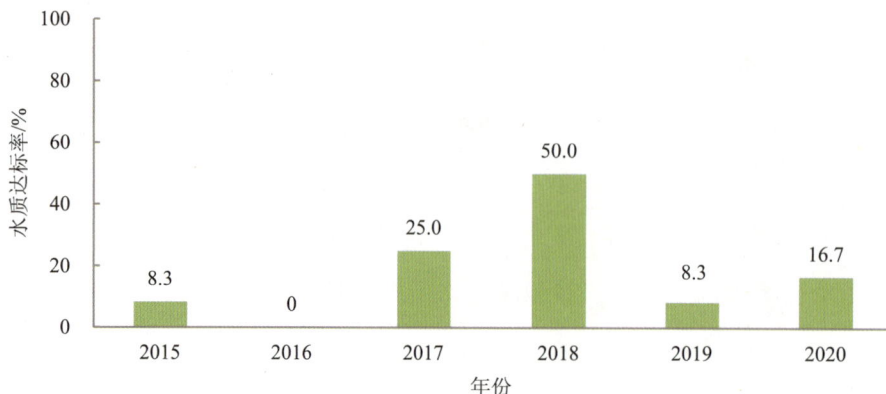

图 12-5 2015—2020 年农村地下饮用水水源地水质达标率

三、县域地表水水质

1. 年度对比

2020 年, 濮阳市农村县域地表水水质类别为Ⅲ类, 水质达标率为 40.0%。2019 年, 县域地表水水质类别为Ⅲ类, 水质达标率为 45.0%。与上年相比, 濮阳市农村县域地表水水质状况无明显变化, 水质类别无变化, 水质达标率下降了 5.0 个百分点。

2. "十三五"期间变化趋势分析

"十三五"期间, 农村县域地表水水质状况持续改善, 由 2016 年的劣Ⅴ类依次改善为 2017—2018 年的Ⅳ类、2019—2020 年水质改善为Ⅲ类, 水质达标率整体呈上升趋势, 以 2019 年县域地表水水质达标率最高为 45.0%, 水质状况向好变化。与"十三五"初期的 2016 年相比, 濮阳市县域地表水水质状况明显好转, 水质类别由劣Ⅴ类变为Ⅲ类, 水质达标率提高了 40.0 个百分点。

3. "十三五"与"十二五"对比分析

与"十二五"末期的 2015 年相比, 濮阳市县域地表水水质状况明显好转, 水质类别由劣Ⅴ类变为Ⅲ类, 水质达标率提高了 40.0 个百分点, 见图 12-6。

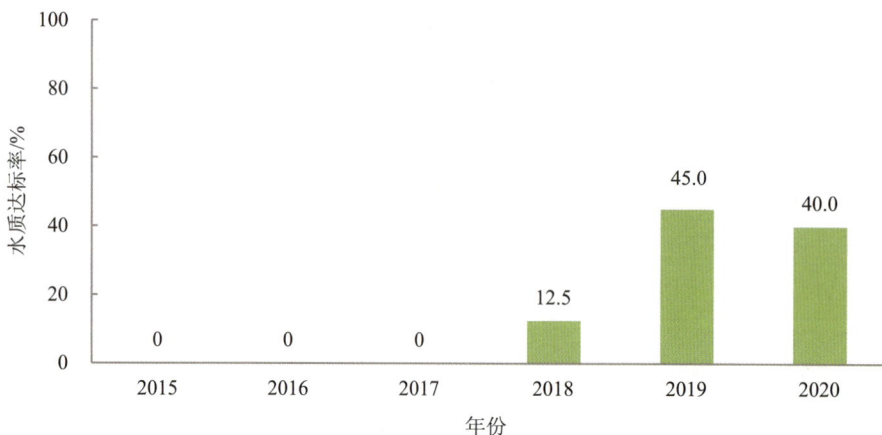

图 12-6 2015—2020 年县域地表水水质达标率

四、农村土壤环境质量

1. 年度对比

2019—2020 年，濮阳市农村土壤环境质量评价等级均为Ⅰ级，污染评价结果均为无污染。与上年相比，濮阳市农村土壤环境质量无明显变化。

2. "十三五"期间变化趋势分析

"十三五"期间，濮阳市农村土壤环境质量保持稳定。2016—2020 年，濮阳市农村土壤环境质量评价等级均为Ⅰ级，污染评价结果均为无污染。与"十三五"初期的 2016 年相比，濮阳市农村土壤环境质量无明显变化。

3. "十三五"与"十二五"对比分析

与"十二五"末期的 2015 年相比，濮阳市农村土壤环境质量无明显变化。

五、农村环境状况指数

1. 年度对比

2020 年，濮阳市农村环境状况指数（I_{env}）为 75，2019 年，濮阳市农村环境状况指数为 75。与上年相比，濮阳市农村环境状况无明显变化，农村环境状况指数变化度为 0。

2. "十三五"期间变化趋势分析

"十三五"期间，濮阳市农村环境状况向好变化，农村环境状况指数为 63～75，农村环境状况指数逐年升高，2016—2018 年濮阳市农村环境状况为一般，2019—2020 年濮阳市农村环境状况为良，自 2019 年农村环境状况由一般变为良，环境状况改善。与"十三五"初期的 2016 年相比，濮阳市农村环境状况指数变化度为 12，属于明显变化，即农村环境状况明显变好。

3. "十三五"与"十二五"对比分析

与"十二五"末期的 2015 年相比，濮阳市农村环境状况指数变化度为 16，属于显著变化，即农村环境状况显著变好。濮阳市农村环境状况指数见图 12-7。

图 12-7　濮阳市农村环境状况指数变化

六、农村生态状况指数

1. 年度对比

2020 年，濮阳市农村生态状况指数（I_{eco}）为 30.3。2019 年，濮阳市农村生态状况指数为 30.3。与上年相比，濮阳市农村生态状况无明显变化，农村生态状况指数变化度为 0。

2. "十三五"期间变化趋势分析

"十三五"期间，濮阳市农村生态状况稳定，均为较差。农村生态状况指数为 25～30.3，农村生态状况指数呈上升趋势，生态环境状况向好变化，2017 年指数最低，为 25，2019—2020 年指数最高，为 30.3。与"十三五"初期的 2016 年相比，濮阳市农村生态状况指数变化度为 4.3，属于明显变化，即农村生态状况明显变好。

3. "十三五"与"十二五"对比分析

与"十二五"末期的 2015 年相比，濮阳市农村环境状况指数变化度为-0.3，属于无明显变化，即农村生态状况无明显变化。濮阳市农村生态状况指数见图 12-8。

图 12-8　濮阳市农村生态状况指数变化

七、农村生态环境质量综合指数

1. 年度对比

2020 年，濮阳市农村生态环境质量综合指数（RQI）为 57.1。2019 年，濮阳市农村生态环境质量综合指数为 57.1。与上年相比，农村生态环境质量综合指数变化度为 0，即濮阳市农村生态环境质量综合状况无明显变化。

2. "十三五"期间变化趋势分析

"十三五"期间，濮阳市农村生态环境质量综合状况向好变化，农村生态环境质量综合指数范围为 48～57.1，指数逐年升高，仅 2016 年综合状况为较差，2017—2020 年综合状况均为一般，农村生态环境质量综合状况持续改善。与"十二五"初期的 2016 年相比，濮阳市农村生态环境质量综合指数变化度为 9.1，属于明显变化，即濮阳市农村生态环境质量综合状况明显变好。

　　3．"十三五"与"十二五"对比分析

　　与"十二五"末期的 2015 年相比，濮阳市农村生态环境质量综合指数变化度为 9.5，属于明显变化，即濮阳市农村生态环境质量综合状况明显变好。濮阳市农村环境质量综合状况级别见图 12-9。

图 12-9　濮阳市农村环境状况指数变化

第四节　原因分析和小结

一、原因分析

　　"十三五"期间，濮阳市土壤污染防治稳步实施，农用地分类管理，优先保护类耕地划为永久基本农田，严格未污染耕地保护；加快推动城镇污水管网和服务向村庄延伸覆盖，使得农村生活污水处理率达到 30% 及以上。体现在近五年监测数据上，即农村村庄饮用水水源地周边、耕地、居民区周边土壤均未受到污染，濮阳市农村土壤环境质量保持稳定。

　　"十三五"期间，相较于城市环境空气的逐年改善，濮阳市农村环境空气整体表现优良，这与农村环境空气污染水平整体低于城市环境污染水平有一定关系，另外，也与当前农村环境空气质量在监测点位设置、监测覆盖面、监测方式等方面上的不足有一定关系，部分监测村庄远离污染企业等区域，农村环境空气质量监测数据结果显示达标。

　　"十三五"期间，濮阳市农村地下饮用水水源地水质状况不理想，仅在 2018 年综合水质类别达到Ⅲ类，其他年份水质类别为Ⅳ类甚至为Ⅴ类。历年涉及的主要超标污染物为氟化物、锰、碘化物、总硬度、硫酸盐、氯化物等，这些指标超标主要受濮阳市当地的天然地质背景高等原因影响。濮阳市农村饮用水水源地鲜少受人为因素的污染影响。部分县区农村已逐渐调整为南水北调水作为农村饮用水水源。

　　"十三五"期间，濮阳市农村县域地表水水质改善明显，从 2016 年的劣Ⅴ类已逐年改善为整体年均值达到Ⅲ类水质标准限值，得益于全市水污染防治工作持续发力持续推进，2016—2020 年虽然濮阳市因河流自然禀赋差，出境断面多，水风险防控任务重等原因，造成水污染防治工作难度大，但为全面推进河流水质改善，通过加大水污染防治工作的领导和监督力度、认真解决和控制重点区域水污染问题、紧抓工业污染源治理、加快城市污水处理设施建设、积极推动农村环境综合整治等措施，使得全市地表水水质状况持续改善，且改善效果明显，农村县域地表水水质状况也得到逐年改善。

二、小结

2020 年，濮阳市农村环境状况指数（I_{env}）为 75，农村环境状况级别为良，环境轻微污染，基本适合农村居民生活和生产。2020 年，濮阳市农村生态状况指数（I_{eco}）为 30.3，农村生态状况级别为较差，植被覆盖较差，严重干旱少雨，物种较少，存在明显限制人类生活的因素。2020 年，濮阳市农村生态环境质量综合指数（RQI）为 57.1，农村生态环境质量综合状况级别为一般，轻度污染，生态环境一般，较适合生活和生产。

与上年相比，濮阳市农村环境状况无明显变化，农村生态状况无明显变化，农村生态环境质量综合状况无明显变化。

与"十三五"初期的 2016 年相比，濮阳市农村环境状况明显变好，农村生态状况明显变好，农村生态环境质量综合状况明显变好。

与"十二五"末期的 2015 年相比，濮阳市农村环境状况显著变好，农村生态状况无明显变化，农村生态环境质量综合状况明显变好。

第十三章

土壤环境质量

第一节　监测概况

一、评价标准

土壤环境质量监测评价依据《土壤环境质量　农用地土壤污染风险管控标准（试行）》（GB 15618—2018）。

二、监测点位

2020 年国家网土壤环境质量监测，点位类型为风险点位，分为水源地和污染源，濮阳市监测点位共计 6 个。

"十三五"期间，濮阳市土壤环境质量监测根据任务需求，点位布设数量有所变化，基础点位共计 18 个，风险点位共计 12 个，背景点位共 1 个。

三、监测项目

2020 年国家网土壤环境质量监测，监测项目分为理化指标、无机项目和有机项目。理化指标包含土壤 pH、有机质含量、阳离子交换量 3 项，无机项目包含砷、镉、铬、铜、铅、镍、汞和锌 8 种元素的全量，有机项目包含六六六总量、滴滴涕总量和苯并[a]芘。

"十三五"期间，濮阳市土壤环境质量监测项目及指标根据点位类型不同有所变化，见表 13-1。

表 13-1　"十三五"期间国家网土壤环境质量监测项目一览表

年份	点位类型	监测项目
2016	风险点位	土壤 pH、有机质含量、阳离子交换量、镉、汞、砷、铅、铬、铜、锌、镍、六六六、滴滴涕、苯并[a]芘及选测项目锰、钒、钴
2017	基础点位	理化指标（3 项）：土壤 pH、有机质含量、阳离子交换量； 无机项目（8 项）：砷、镉、铬、铜、铅、镍、汞和锌等 8 种元素的全量； 有机项目（17 项）：有机氯农药（六六六和滴滴涕）、多环芳烃（苊烯、苊、芴、菲、蒽、荧蒽、芘、苯并[a]蒽、䓛、苯并[b]荧蒽、苯并[k]荧蒽、苯并[a]芘、茚苯[1,2,3-c,d]芘、二苯并[a,h]蒽、苯并[g,h,i]苝）

年份	点位类型	监测项目
2018	背景点位	理化指标（3 项）：土壤 pH、有机质含量、阳离子交换量； 无机项目（61 项）：砷、镉、铬、铜、铅、镍、汞和锌等 8 种元素的全量、氟、溴、碘、硼、硒、锑、铋、锗、碲、钾、钠、钙、镁、铁、锰、钴、钒、锡、银、钼、钡、铝、锂、铷、铯、铍、锶、镓、铟、铊、钪、钛、钇、镧、铈、镨、钕、钐、铕、轧、铽、镝、钬、铒、铥、镱、镥、钍、铀、锆、铪、钽、钨等 53 种元素的全量； 有机项目（17 项）：有机氯农药（六六六和滴滴涕）、多环芳烃（苊烯、苊、芴、菲、蒽、荧蒽、芘、苯并[a]蒽、䓛、苯并[b]荧蒽、苯并[k]荧蒽、苯并[a]芘、茚苯并[1,2,3-c,d]芘、二苯并[a,h]蒽、苯并[g,h,i]苝）
2019	基础点位	理化指标（3 项）土壤 pH、有机质含量、阳离子交换量； 无机项目（8 项）砷、镉、铬、铜、铅、镍、汞和锌等 8 种元素的全量； 有机项目（17 项）有机氯农药（六六六和滴滴涕）、多环芳烃（苊烯、苊、芴、菲、蒽、荧蒽、芘、苯并[a]蒽、䓛、苯并[b]荧蒽、苯并[k]荧蒽、苯并[a]芘、茚苯并[1,2,3-c,d]芘、二苯并[a,h]蒽、苯并[g,h,i]苝）
2020	风险点位	理化指标（3 项）土壤 pH、有机质含量、阳离子交换量； 无机项目（8 项）砷、镉、铬、铜、铅、镍、汞和锌等 8 种元素的全量； 有机项目（17 项）有机氯农药（六六六和滴滴涕）、多环芳烃（苊烯、苊、芴、菲、蒽、荧蒽、芘、苯并[a]蒽、䓛、苯并[b]荧蒽、苯并[k]荧蒽、苯并[a]芘、茚苯并[1,2,3-c,d]芘、二苯并[a,h]蒽、苯并[g,h,i]苝）

第二节　管理概况

2020 年，濮阳市实现"污染地块安全利用率 100% 和受污染耕地安全利用率 100%"的目标任务，土壤污染防治攻坚取得明显成效，土壤环境质量总体良好。扎实开展重点行业企业用地调查，完成 311 个地块的基础信息采集和 34 个高关注度地块的检测分析。突出抓好土壤污染重点监管单位监管，将 39 个重点监管单位纳入管理，加强现场执法和监督监测，压实其法定义务和主体责任。严格落实污染地块再开发利用环境监管，完成 9 个疑似污染地块的土壤环境调查，确定 1 个污染地块，正在实施治理修复。完成耕地土壤环境质量类别划定，濮阳市 404 万亩耕地全部被划分为优先保护类，为管理农用地土壤环境提供依据。

"十三五"期间，土壤污染防治稳步实施，濮阳市受污染耕地安全利用率和污染地块安全利用率达到双 100%。紧紧围绕"1 个抓手、2 个目标、3 项任务"总体思路，制订"1+5+7"土壤污染防治攻坚战系列方案，扎实开展土壤污染防治攻坚。将 39 家单位纳入土壤污染重点监管单位名录，从源头严防新增污染。布设 450 个土壤点位和 230 个农产品协同监测点位。建立污染地块环境管理联席会议制度，实现污染地块信息共享、加严监管。完成 311 家重点行业企业用地信息采集工作，确定 34 个高关注度地块。开展 1 901 个地下水污染源和 7 个地下水型饮用水水源核查工作，掌握全市地下水"双源"情况。

第十四章

辐射环境质量

第一节 管理概况

放射源使用情况："十三五"期间，随着濮阳市科技发展水平的不断提高，截至 2020 年年底，濮阳市在用密封放射源 405 枚，较"十二五"末期增长了 5.7%；在用射线装置 446 台，增加了 44.8%。

辐射应急情况："十三五"期间，通过采取有效措施，加强辐射安全监管，改善了辐射安全形势，未发生一般以上辐射安全事故。

放射源送贮情况："十三五"期间，濮阳市共送贮废旧闲置放射源 80 枚（其中 2016 年 45 枚，2017 年 4 枚，2018 年 4 枚，2019 年 16 枚，2020 年 11 枚），做到了及时送贮，确保了全市放射源和辐射环境安全。

第二节 辐射环境质量状况

一、电离辐射环境状况

"十三五"期间，全市的电离辐射环境质量仍然保持在天然本底水平。全市环境 γ 辐射空气吸收剂量率与其天然放射性本底调查结果相比没有明显增长，均在天然辐射本底范围内正常波动。2020 年，全市环境 γ 辐射空气吸收剂量率平均值为 100.4 nGy/h。

二、电磁辐射环境状况

"十三五"期间，全市电磁辐射环境仍低于国家标准规定的公众环境限值（12 V/m）。

三、饮用水水源地

"十三五"期间，西水坡饮用水水源地水中总 α 和总 β 放射性水平监测数据未发生显著变化，均满足总 α、总 β 的放射性指导值。西水坡饮用水水源地水中总 α 和总 β 放射性的监测频次为一年两次。

四、土壤

"十三五"期间，土壤中天然放射性核素浓度未发生显著变化。

第三篇

专题分析

第十五章

专题一：濮阳市 VOCs 污染特征及其臭氧生成潜势分析

第一节　研究背景

挥发性有机物（VOCs）是近地层臭氧和细颗粒物生成的重要前体物，是导致城市灰霾和光化学烟雾的重要污染物质来源。继 2018 年开始，濮阳市已连续三年开展环境空气 VOCs 监测工作，针对 VOCs 对臭氧污染的潜势开展分析，得出一定研究结果。2018 年 4—10 月，濮阳市臭氧平均浓度为 134 $\mu g/m^3$，因臭氧污染损失 57 个优良天；2019 年 4—10 月，濮阳市臭氧平均浓度为 138 $\mu g/m^3$，因臭氧污染损失 69 个优良天；2020 年 4—10 月，濮阳市臭氧平均浓度为 129 $\mu g/m^3$，因臭氧污染损失 46 个优良天。虽然臭氧与 $PM_{2.5}$ 污染协同管控取得一定效果，但优良天数的完成形势对年度大气环境质量目标考核形成巨大压力。开展濮阳市大气挥发性有机物的污染特征分析、臭氧生成贡献分析，对于有针对性地制定大气挥发性有机物控制措施，有效地减少臭氧污染，助推产业升级，指导濮阳市大气污染控制和治理工作都具有重要意义。

第二节　研究方法和讨论

一、监测点位、时段和因子

2020 年的监测点位由往年的 1 个增加到 4 个，分别为：濮阳县第二河务局，作为城市上风向的监测点位；环保局和油田运输，作为城市人口密集区内的臭氧高值或 VOCs 高浓度的监测点位；绿城路小学，作为城市下风向的监测点位。点位分布见图 15-1。

研究时段选择臭氧污染较重的时段，即 4—10 月，每隔 6 d 采样。57 种非甲烷烃类采样时间为 24 h，当日 10：00 至次日 10：00；13 种醛酮类采样时间为 3 h，12：00 至 15：00。

具体监测因子为 VOCs 中的 70 种目标物，包括 57 种非甲烷烃类（即烷烃、烯烃、炔烃、芳香烃）和 13 种醛酮类。

图 15-1　2020 年濮阳市 VOCs 监测点位分布示意图

二、结果与讨论

1. 污染特征分析

2020 年全市 57 种非甲烷烃类日浓度为 7.2～244 nmol/mol，平均浓度为 34.7 nmol/mol，4 个点位中以环保局平均浓度最低为 31.4 nmol/mol，其次是绿城路小学 32.6 nmol/mol 和油田运输 35.8 nmol/mol，濮阳县第二河务局平均浓度最高为 39.2 nmol/mol。2020 年全市醛酮类 3 h 平均浓度为 8.0～543 nmol/mol，平均浓度为 56.3 nmol/mol，4 个点位中以油田运输平均浓度最低为 50.1 nmol/mol，其次是绿城路小学 53.4 nmol/mol 和濮阳县第二河务局 54.7 nmol/mol，环保局平均浓度最高为 67.2 nmol/mol，见图 15-2。2020 年 57 种非甲烷烃类组分中浓度排名前 10 位的物种分别为：乙烷、乙炔、丙烷、异丁烷、乙烯、对二乙苯、正丁烷、苯、1,3-二乙基苯、甲苯。2020 年醛酮类 3 h 浓度排名前 5 位的物种分别为：甲醛、乙醛、丙酮、戊醛、己醛。

57 种非甲烷烃类中包含芳香烃、炔烃、烷烃和烯烃 4 种组分。从整体上看，烷烃占 57 种非甲烷烃类的比重较大，占比平均为 55.0%，其次为芳香烃 22.5%、炔烃 13.9%、烯烃 8.6%。不同点位组分浓度占比不同，见图 15-3，濮阳县第二河务局、油田运输、绿城路小学表现为：烷烃＞芳香烃＞炔烃＞烯烃，环保局表现为：烷烃＞炔烃＞芳香烃＞烯烃。

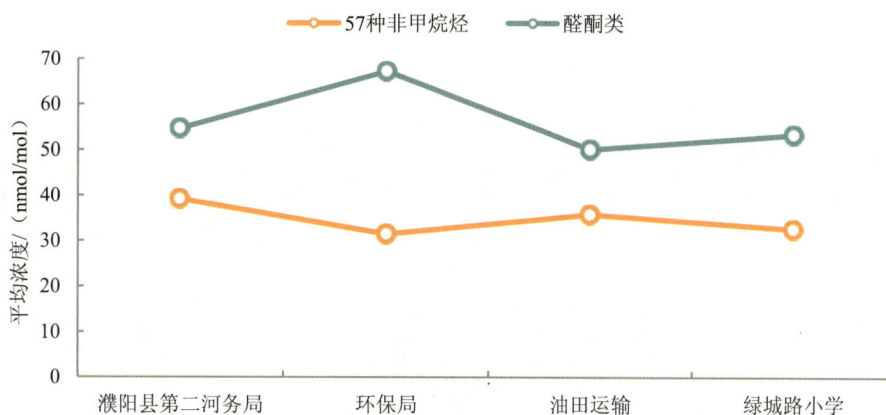

图 15-2　2020 年濮阳市 VOCs 平均浓度水平

（a）濮阳县第二河务局

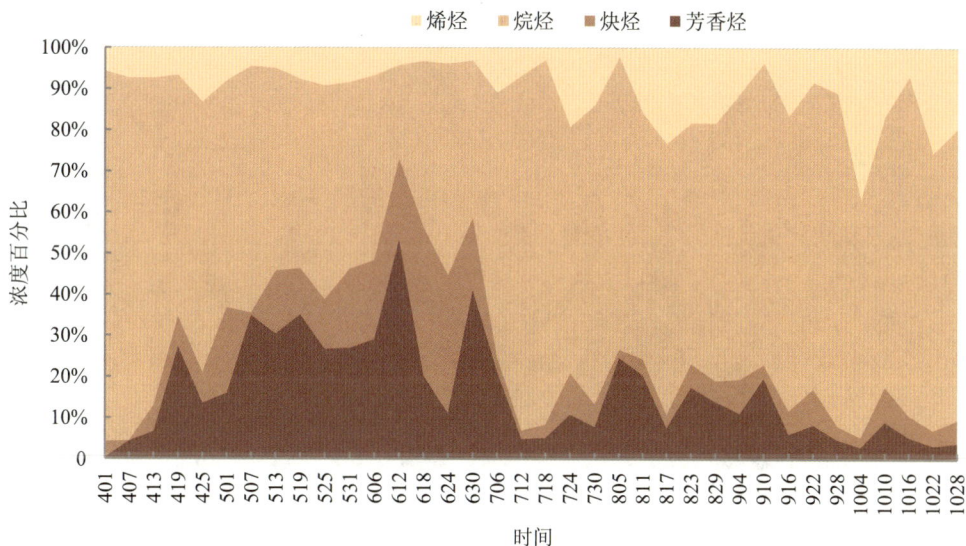

（b）环保局

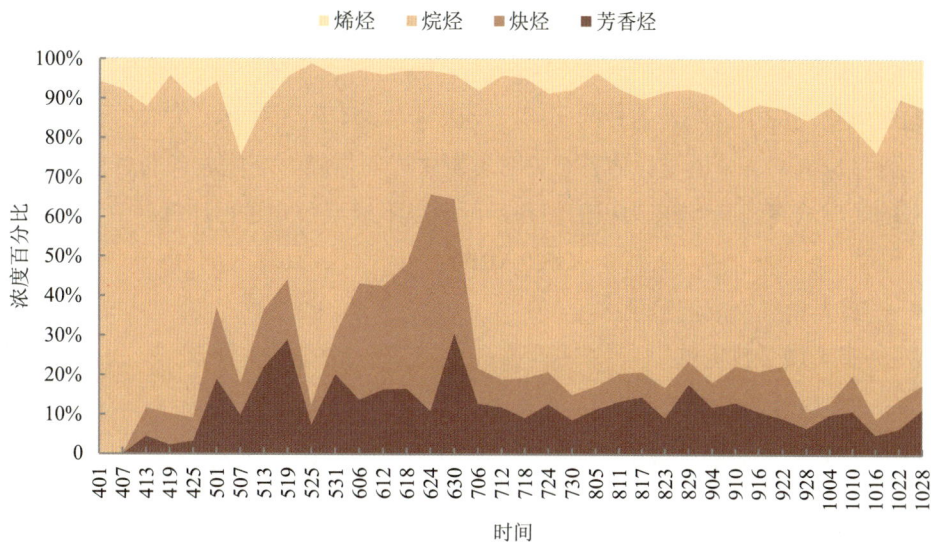

（c）油田运输

（d）绿城路小学

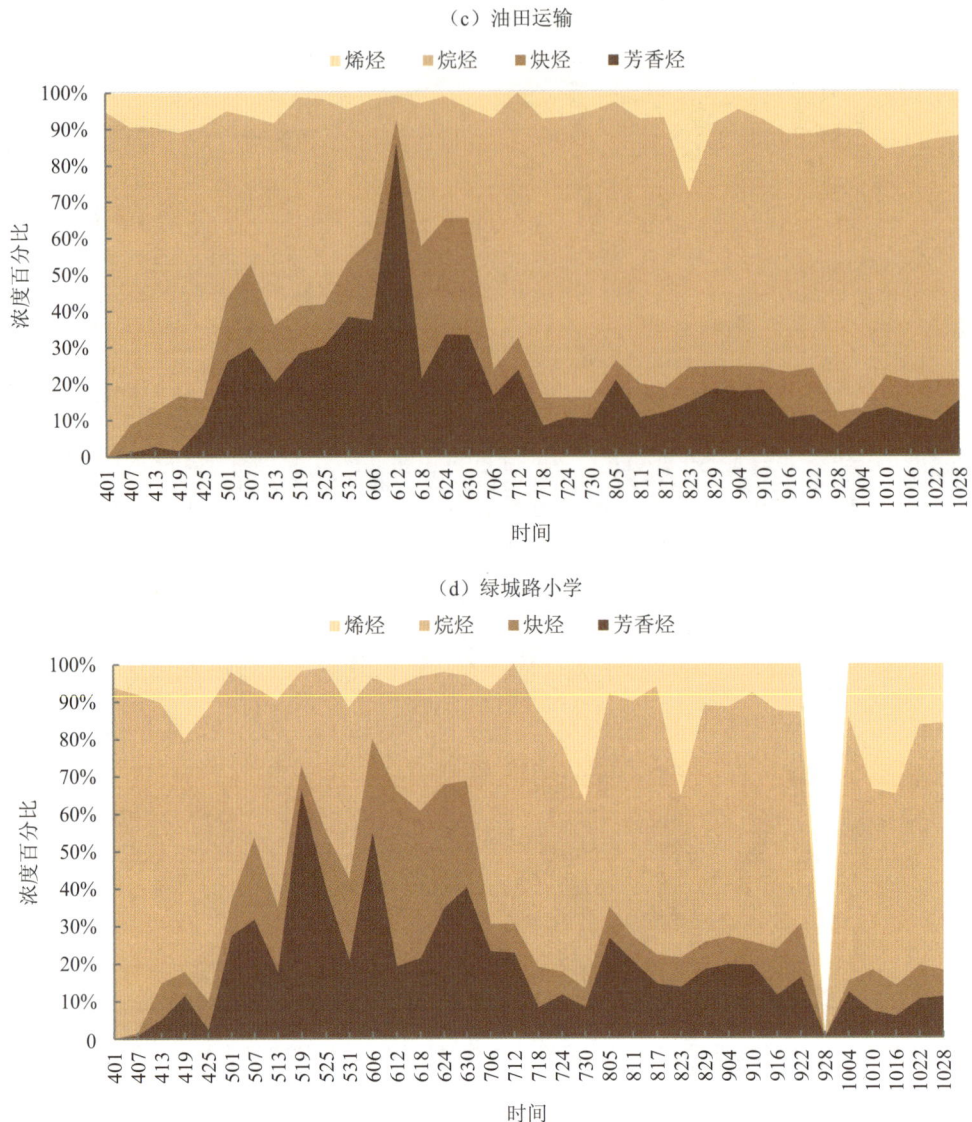

图 15-3　2020 年不同点位 57 种非甲烷烃类组分浓度百分比日序列

2. 臭氧生成潜势模型分析

VOCs 在光氧化反应中会随着物种的不同，反应速率也不同，对臭氧生成的影响也不同。利用最大增量反应性（MIR），分析与评估各组分对臭氧生成的贡献。环境大气的总臭氧生产潜势就是各种污染组分的大气浓度与其 MIR 乘积的加和，可用以下模型公式进行计算：

$$OFP=MIR \times C_{VOCs}$$

式中：OFP —— 最大臭氧生成潜势量；

MIR —— 最大增量反应性；

C_{VOCs} —— 各组分的质量浓度。

如果组分的 OFP 值大，则说明该组分对臭氧生成潜势大，反之则小。

2020 年，全市 57 种非甲烷烃类的 OFP 浓度为 9.3～1 481 nmol/mol，平均 OFP 浓度为 83.5 nmol/mol。2020 年，全市醛酮类 3 h 的 OFP 浓度为 55.5～2 783 nmol/mol，平均 OFP 浓度为

369 nmol/mol。醛酮类 3 h 的 OFP 浓度较 57 种非甲烷烃类明显偏高，即在 12：00—15：00 时间段的臭氧生成潜势较大。57 种非甲烷烃类组分中 OFP 浓度排名前 10 位的物种分别为乙烯、1,3-二乙基苯、1,2,3-三甲苯、对二乙苯、丙烯、甲苯、乙炔、2-甲基 1,3-丁二烯、间、对-二甲苯、邻二甲苯。醛酮类 3 h OFP 浓度排名前 5 位的物种分别为甲醛、乙醛、戊醛、己醛、丙醛，见图 15-4。

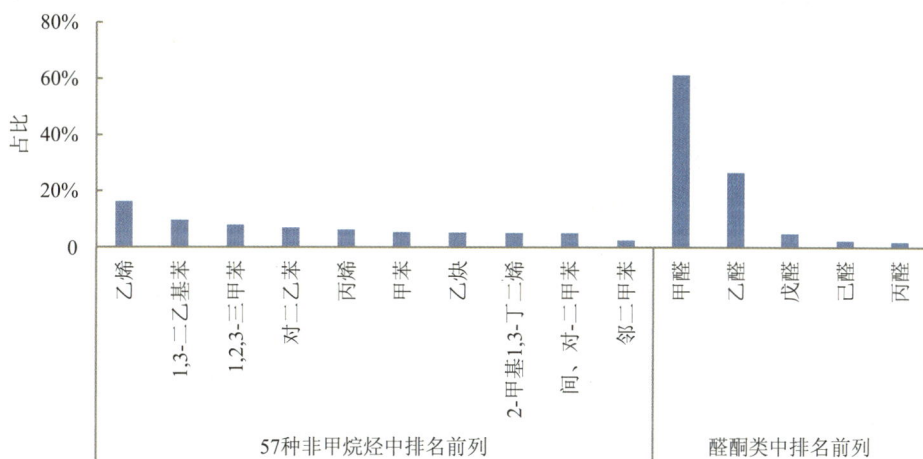

图 15-4　2020 年濮阳市 VOCs 中对臭氧生成贡献较大物质的 OFP 占比

57 种非甲烷烃类的 4 种化学组分中，臭氧生成潜势量表现为烯烃占 57 种非甲烷烃类 OFP 的比重较大，占比平均为 35.8%，其次为芳香烃 33.1%、烷烃 24.4% 和炔烃 6.8%，与浓度水平的分析对比，烷烃由浓度水平较高的组分成为对臭氧生成影响活性较小的组分，烯烃由浓度水平最低的组分成为对臭氧生成影响活性最高的组分，对比见图 15-5。不同点位组分臭氧生成潜势量浓度占比不同，但 4 个点位均表现为烯烃＞芳香烃＞烷烃＞炔烃。

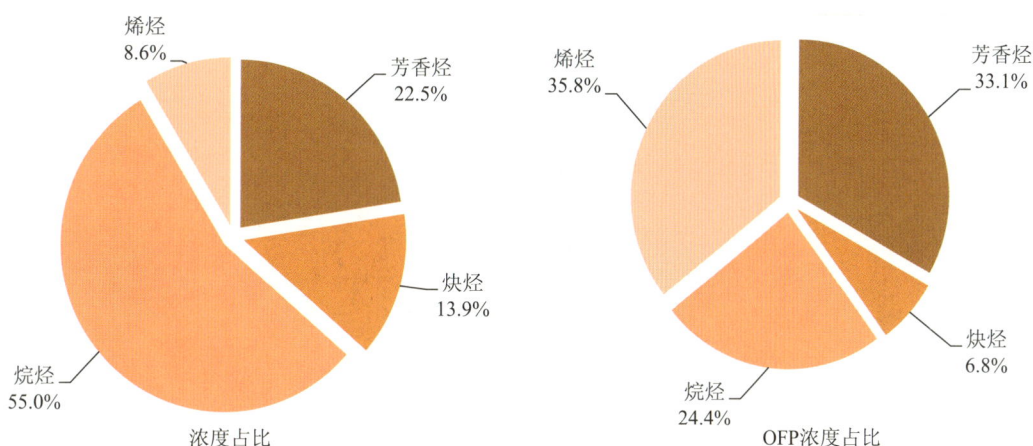

图 15-5　2020 年 57 种非甲烷烃类各组分浓度与 OFP 浓度占比对比

3. 相关性分析

在 VOCs 的 70 种目标物种中选取一部分具有代表性的关键物种与气象要素进行相关性分析。57 种非甲烷烃类选取各点位对臭氧生成贡献较大的前 8 种物质，醛酮类选取各点位对臭氧生成贡献较大的前 3 种物质。运用物质浓度结合主要气象要素风向，做相关性分析。随着风向的改变，VOCs

关键物种的浓度水平表现出一定的变化特征，见图 15-6。

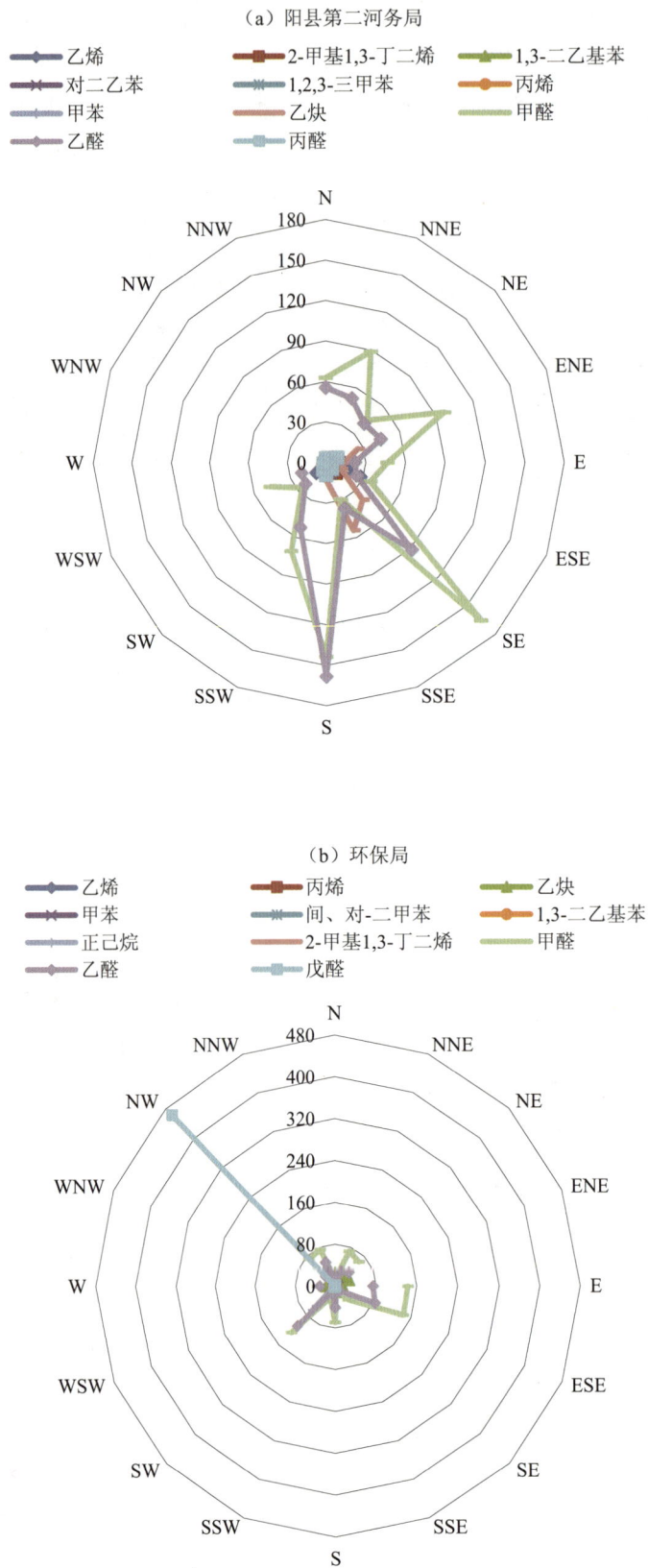

（a）阳县第二河务局

乙烯　　　2-甲基1,3-丁二烯　　　1,3-二乙基苯
对二乙苯　　　1,2,3-三甲苯　　　丙烯
甲苯　　　乙炔　　　甲醛
乙醛　　　丙醛

（b）环保局

乙烯　　　丙烯　　　乙炔
甲苯　　　间、对-二甲苯　　　1,3-二乙基苯
正己烷　　　2-甲基1,3-丁二烯　　　甲醛
乙醛　　　戊醛

（c）油田运输

1,2,3-三甲苯　　1,3-二乙基苯　　对二乙苯
乙烯　　甲苯　　乙炔
间、对-二甲苯　　丙烯　　甲醛
乙醛　　丙醛

（d）绿城路小学

乙烯　　丙烯　　间、对-二甲苯
1,3-二乙基苯　　乙炔　　甲苯
1,2,3-三甲苯　　对二乙苯　　甲醛
乙醛　　己醛

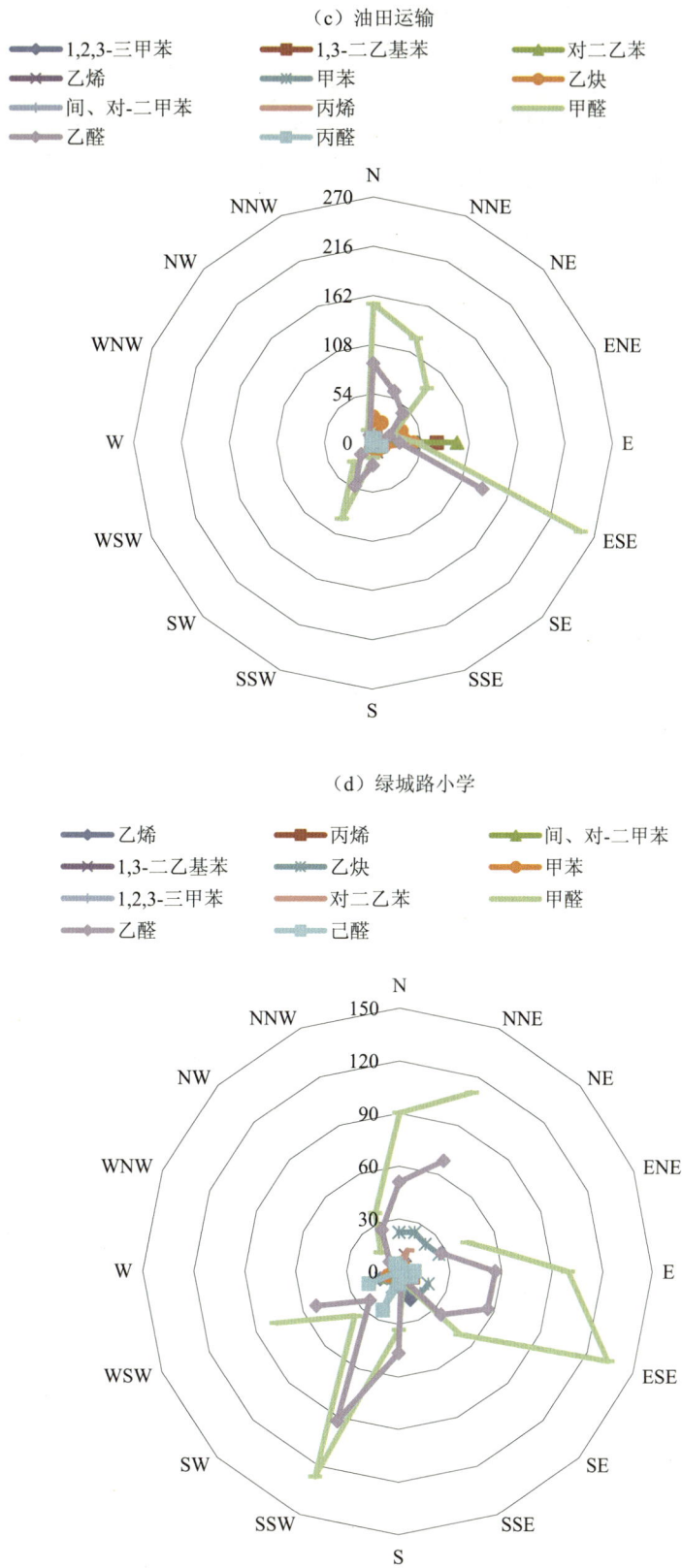

图 15-6　2020 年关键物种浓度水平与风向相关关系

濮阳县第二河务局点位在监测期间，除西风和偏西北风外，其余 12 个风向均有发生。11 种物质基本上均表现为在南风和偏东南风时浓度水平较高，北风或偏北风时浓度水平较低的特征。说明在点位的南偏东方向可能存在较高的该物质的 VOCs 的人为或自然排放源。

环保局点位在监测期间，16 个风向均有发生，除戊醛在西北风时有一个异常高值可能存在瞬时污染或异常状况外，2 种醛类表现为一致的变化特征；3 种芳香烃表现为一致的变化特征，各方位均有较高或较低浓度出现，未表现出明显的风向污染特征。

油田运输在监测期间，除偏西风外，其余 12 个风向均有发生。3 种醛类变化特征一致，在东南风时存在高值，又以北风和偏西北风时浓度较高。芳香烃在东风时出现高值，又以北风和偏西北风时浓度较高。烯烃在偏东南风时浓度较高。说明在点位的北或偏西北方向可能存在醛类和芳香烃的人为或自然排放源，在偏东南方向可能存在烯烃的人为或自然排放源。

绿城路小学在监测期间，除西风外，其余 15 个风向均有发生。甲醛和乙醛表现为一致的变化特征，在偏东南、偏西南、北偏西风向时均有较高浓度发生。芳香烃在北东北、东南风时浓度较高。烯烃未表现出明显的风向污染特征。说明在点位的以上方位可能存在 VOCs 的人为或自然排放源。

4. 解析模型分析来源

不同 VOCs 组分之间的相关性及特定物质的特征比值可作为识别区域污染物排放源的有效方法。研究使用苯/甲苯或甲苯/苯比值的大小来判断污染物的来源，一般认为若 T/B 大于 2，说明苯系物来源主要和涂料等有机溶剂有关；若 T/B 在 2 左右，说明污染物来源和交通机动车尾气排放有关；若 T/B 小于 2，说明污染来源和石油化工生产、化石燃料燃烧有关。濮阳县第二河务局、环保局、油田运输和绿城路小学 4 个点位 T/B 比值分别为 0.81、1.34、1.16 和 0.82，均小于 2，表明濮阳市监测点位处的苯系物主要来源于石油化工生产和化石燃料燃烧。

在筛选出的关键物种中，包含 5 种醛类物质（甲醛、乙醛、丙醛、戊醛和己醛）、3 种烯烃（乙烯、丙烯和 2-甲基 1,3-丁二烯）、5 种芳香烃（甲苯、间、对二甲苯、对二乙苯、1,3-二乙基苯、1,2,3-三甲苯）、1 种烷烃（正己烷）和 1 种炔烃（乙炔）。醛类和芳香烃这些物质主要来自溶剂挥发等工业排放。汽车尾气直接排放及大气 VOCs 的光氧化是大气中醛酮化合物的主要来源，此外，植物生成中会释放醛酮及醇类物质。甲苯是原油的一部分，用于家用气溶胶、稀释剂、防锈剂、黏合剂和溶剂型清洁剂，是化学涂料、溶剂涂料行业的常见工业原料。汽油车排放的主要是乙烯、芳香烃等，芳香烃中甲苯和二甲苯含量较高。柴油车尾气主要为丙烯、丙烷等短链碳氢化合物，摩托车尾气主要为乙炔和 2-甲基己烷，以及以二甲苯和乙烯为主的芳香烃和烯烃类物质。正己烷常用作溶剂，如植物油抽提溶剂、丙烯聚合溶剂、橡胶和涂料溶剂、颜料稀释剂等。根据以上研究，结合监测数据结果，分析濮阳市的 VOCs 关键物种的污染主要来源于石油化工生产和溶剂涂料挥发等工业生产、机动车尾气排放等。

第三节　研究结论

通过对濮阳市 VOCs 的污染特征及其臭氧生成潜势分析，得出以下几点结论：

（1）濮阳市 VOCs 各组分的平均浓度表现为：57 种非甲烷烃类的 4 种化学组分平均浓度占比表现为烷烃＞芳香烃＞炔烃＞烯烃；乙烷、乙炔、丙烷、异丁烷、乙烯、对二乙苯、正丁烷、苯、1,3-

二乙基苯、甲苯 10 种物质浓度水平较高。醛酮类中甲醛、乙醛、丙酮、戊醛、己醛浓度水平较高。

（2）濮阳市 VOCs 各组分的臭氧生成潜势量表现为：57 种非甲烷烃类的 4 种化学组分臭氧潜势量平均浓度占比表现为烯烃＞芳香烃＞烷烃＞炔烃，醛酮类中甲醛、乙醛臭氧生成潜势最高。

（3）重点控制醛酮类、烯烃和芳香烃的排放，其对臭氧生成的贡献最大。重点关注甲醛、乙醛、乙烯、1,3-二乙基苯、1,2,3-三甲苯、对二乙苯、丙烯、甲苯等关键物种。

（4）濮阳市 VOCs 关键物种的浓度水平随风向的改变表现出一定的变化特征。

（5）濮阳市监测点位处的苯系物主要来源于石油化工生产和化石燃料燃烧。VOCs 关键物种的污染主要来源于石油化工生产和溶剂涂料挥发等工业生产、机动车尾气排放等。

第十六章

专题二：濮阳市 2020 年重污染天气分析

第一节　重污染天气分析

2020 年，濮阳市共发生重污染过程 11 次，共经历 21 d 重度及以上污染天气，严重污染 4 d，重度污染 17 d，其中臭氧重污染过程 1 次，出现在 6 月，臭氧 8 h 日浓度达到 284 μg/m³，AQI 为 204；其余 20 次均为细颗粒物重污染过程，1 月 10 日污染程度最重，当日 AQI 达到 336，$PM_{2.5}$ 浓度高达 286 μg/m³；经计算，2020 年重污染过程拉高细颗粒物年均值 8 μg/m³，见图 16-1～图 16-3。

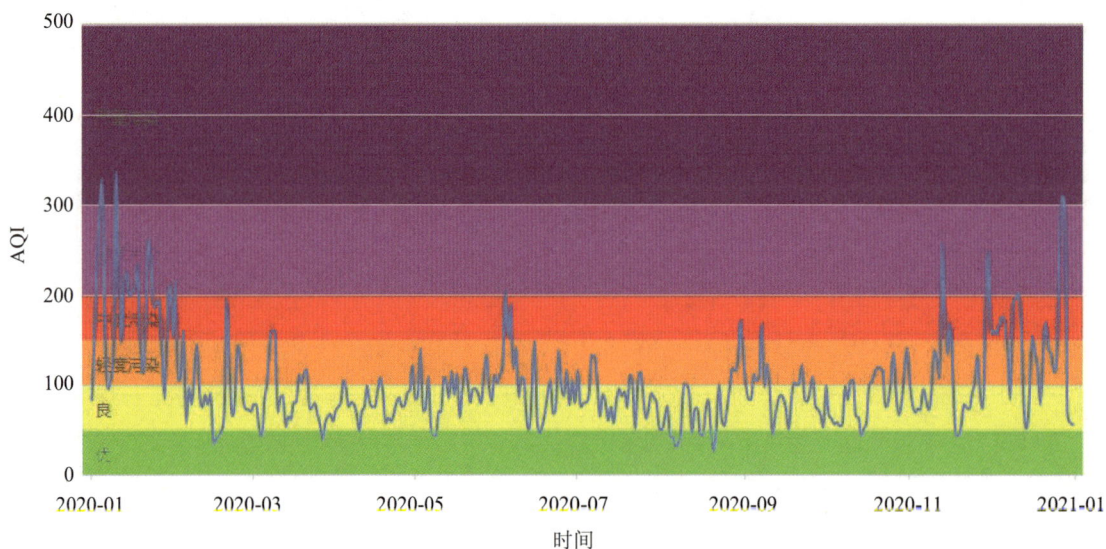

图 16-1　2020 年重污染天气过程分布

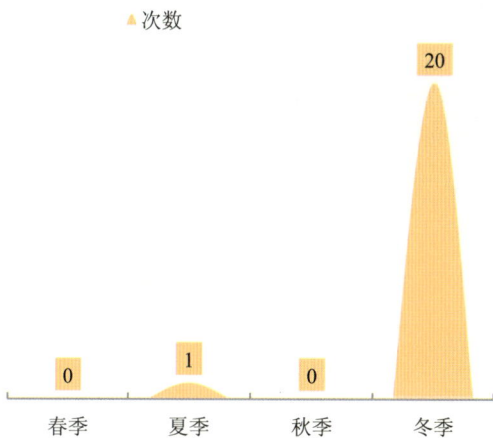

图 16-2　重污染过程季节分布

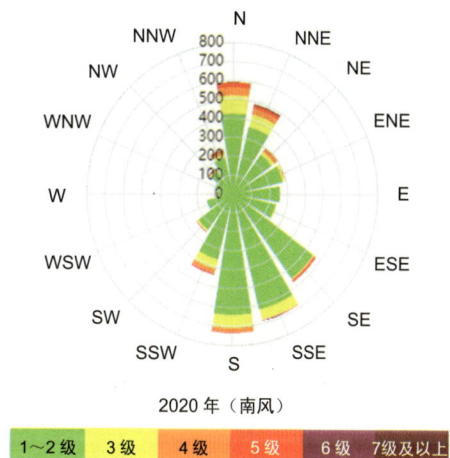

图 16-3　2020 年风玫瑰图

2020 年，臭氧重污染过程出现在夏季，高温、高热、低湿、强辐射是臭氧生成的先决气象条件；细颗粒物重污染过程 20 次均出现在冬季，冬季高湿静稳的气象条件及冬季供暖是重污染天气多发的主导因素。

第二节　重污染影响年际对比

2020 年市区重污染过程与上年相比，细颗粒物重污染天数减少了 14 d，下降了 41.2%，对全年的细颗粒物贡献值同比降低了 7 μg/m^3；臭氧重污染天数增加 1 d，臭氧污染已成为濮阳市夏季大气污染防治工作中的重要症结，见表 16-1。

表 16-1　重污染天气年际对比

重污染过程	2019 年	2020 年	与上年同比变化量	与上年同比变化率/%
细颗粒物重污染天数/d	34	20	14	41.2
细颗粒物重污染对全年 PM$_{2.5}$ 的贡献值/（μg/m^3）	15	8	-7	-46.7
臭氧重污染天数/d	0	1	1	—

第三节　重污染天气因素分析

一、气象条件不利

濮阳市 2020 年全年平均气温 14.9℃，日最高温度达 39.7℃，日最低温度为-12.7℃；全年降水量为 472 mm；主导风向以南风、东南风、北风、东北风为主，全年平均风速为 1.78 m/s；全年平均相对湿度为 66.6%，平均能见度为 10.5 km，见表 16-2。

表 16-2　2020 年濮阳市气象条件

温度/℃	温度最大值/℃	温度最小值/℃	降水/mm	气压/hPa	平均风速/（m/s）	风速最大值/（m/s）	风速最小值/（m/s）	相对湿度/%	能见度/km
14.9	39.7	−12.7	472	1 007.1	1.78	9.8	0	66.6	10.5

重污染期间，以南风、东南风、西南风为主，高值时段相对湿度保持在 70% 以上，风力低于 1.5 m/s，高湿静稳态势显著，边界层高度 550 m 左右，近地面伴随逆温，扩散条件差。在北风、东北风作用下多伴有上风向污染传输，污染程度短时加剧。冷空气过后多出现转风过程，有污染回流，再度导致空气质量污染。

二、外来传输贡献大

濮阳市位于河北、山东、河南三省交界处，且地势低洼，易受到污染传输影响，根据生态环境部环境规划院污染溯源分析，秋冬季濮阳市受外来污染传输影响占比总体超过 55%，同时结合河南省区域大气综合观测分析及管理平台 PM$_{2.5}$ 区域传输分析矩阵图，重污染过程中京津冀及鲁豫交界地区对濮阳市 PM$_{2.5}$ 浓度贡献可达 60%～70%，其中河北、山东分布较多的钢铁、水泥、玻璃、焦化、化工、铸造等高排放企业，出现北风、东北风、东南风时对濮阳市传输影响最为严重。此外，濮阳市海拔较周边地市偏低，污染过程中或静稳条件下，周边污染物有向濮阳市汇聚之势，且濮阳市多次处于重污染带中心，导致濮阳市污染程度较重。

三、移动源影响大

濮阳市区面积小，机动车单车道日通行量超过 3 万辆次，单位面积机动车数量在全省名列前茅，濮阳城市规划区边缘有经开区和工业园区两个大型工业园区，且均以石油化工、精细化工为主导行业，这类行业企业的运输方式主要以柴油货车运输为主，导致濮阳市移动源尤其是重型柴油货车的污染较为突出，濮阳市单颗粒物质谱源解析结果显示，机动车尾气始终是对 PM$_{2.5}$ 贡献最大的污染源。

四、本地管控不到位

濮阳市工业企业废气收集效率和末端治理效率较低，且有机废气的无组织排放也较为严重，家具、石油化工、汽修行业、加油站等 VOCs 超标排放问题普遍，高温时段道路划线、外墙涂刷等涉有机溶剂作业屡禁不止；站点周边流动摊贩、烧烤店面等油烟问题较多，餐饮饭店油烟净化设施未安装或未正常运行，这些问题对臭氧、细颗粒物污染贡献极大。进入秋冬季以后，部分地区散煤复燃，未达到全市区域禁煤的要求，生物质燃烧现象屡屡发生，预警管控期间部分企业、工地、高排放车辆等污染源未能完全落实管控措施。

第四节　典型重污染过程分析

2020 年 12 月 26—28 日，濮阳市出现了一次细颗粒物重污染过程，就此重污染过程进行分析。

一、数据回顾

濮阳市 PM$_{2.5}$ 浓度自 25 日 17 时起不断攀升，26 日 2 时达到重度污染。27 日受污染回流及传输影响，PM$_{2.5}$ 浓度始终位于重度污染级别以上且不断上升，至 28 日 18 时连续经历了 64 h 重度污染，其中严重污染 37 h，28 日午后在持续 3～4 级偏北风的作用下，污染带逐渐离开濮阳市，空气质量好转，见图 16-4。

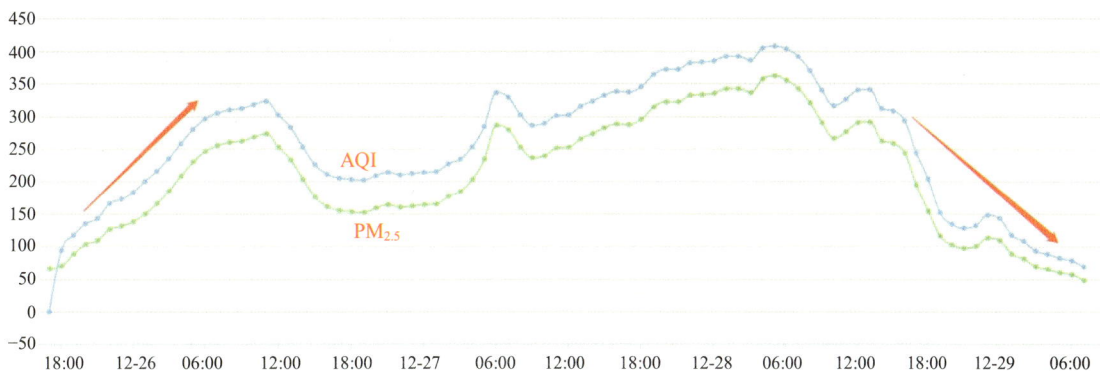

图 16-4　12 月 25—29 日 PM$_{2.5}$ 小时浓度变化趋势

二、原因分析

1．气象分析

从气象条件来看，26 日濮阳市主导偏南风，早晚间近地面风速为 0.5～1.5 m/s，伴有较强逆温，且早间东南气流与偏北气流在濮阳市有辐合，扩散条件持续较差。27—28 日濮阳市主导偏北风，风速持续低于 1.2 m/s，且早晚间相对湿度在 85% 以上，近地面存在逆温，扩散条件持续恶化，导致濮阳市污染物不断堆积转化，28 日上午风速开始增大，扩散条件好转。

2．外来传输影响

此次重污染过程主要受污染传输影响。25 日夜间至 26 日，濮阳市持续受向西偏移东南气流影响，上风向城市 PM$_{2.5}$ 浓度先后达到重度污染，之后不断向濮阳市输送，直接导致 PM$_{2.5}$ 浓度达到重度污染。27 日由西南风转偏北风，有污染回流影响，午间转东风，山东省部分县区高浓度污染物不断向濮阳市迁移，濮阳市空气质量持续达到重度污染级别，部分时段达到严重污染，见图 16-5。

3．本地排放积累

组分网数据显示，26 日濮阳市 PM$_{2.5}$ 浓度快速上升阶段，二次无机组分中的硝酸根离子同步上升，且占比始终维持在 45%～60%，是主导 PM$_{2.5}$ 增长的主要组分，表明工业源及移动源产生的 NO$_x$ 二次转化对濮阳市 PM$_{2.5}$ 贡献较大。27 日严重污染期间，濮阳市硫酸根离子和氯离子浓度也随 PM$_{2.5}$ 浓度的增长有上升趋势，表明燃煤源对濮阳市 PM$_{2.5}$ 浓度有所影响。同时 OCEC 数据显示，从 26 日开始，濮阳市 PM$_{2.5}$ 组分中元素碳（EC）浓度显著上升，尤其是 27 日以后，增幅较大，表明一次颗粒物排放对 PM$_{2.5}$ 贡献突出。

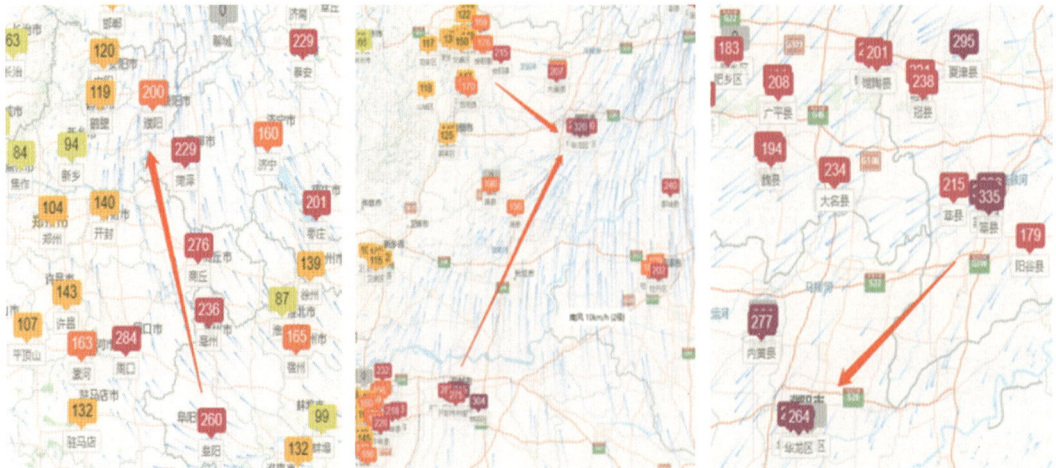

图 16-5　12 月 26—28 日传输影响

　　源解析结果显示，重污染过程中对濮阳市 $PM_{2.5}$ 浓度贡献较为突出的污染源依次为机动车尾气源（27.1%），二次无机源（20.4%），燃煤源（17.7%）（主要来源于企业用煤）。污染源占比变化图显示，27 日 0—7 时，随着 $PM_{2.5}$ 浓度上升 153 $\mu g/m^3$，机动车尾气源占比提高了 14 个百分点，增幅突出。此外，27 日日间燃煤源占比持续维持在 20%左右高值，对 $PM_{2.5}$ 浓度有一定影响，见图 16-6～图 16-8。

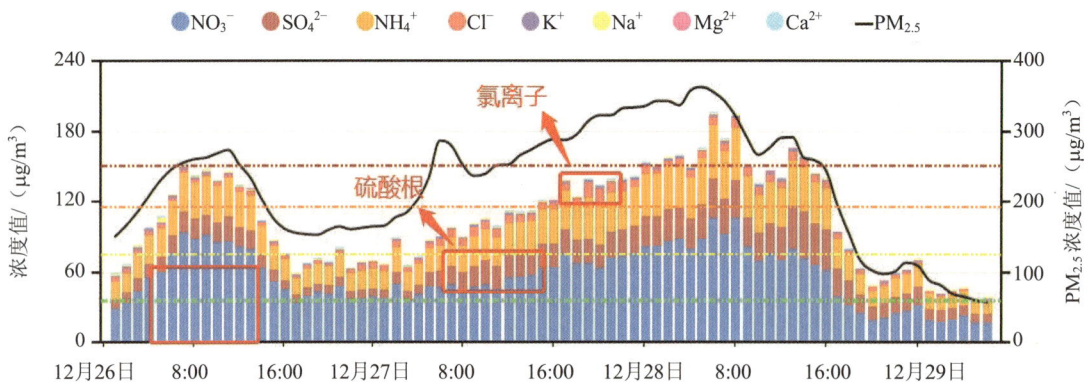

图 16-6　12 月 26—28 日二次无机组分数据

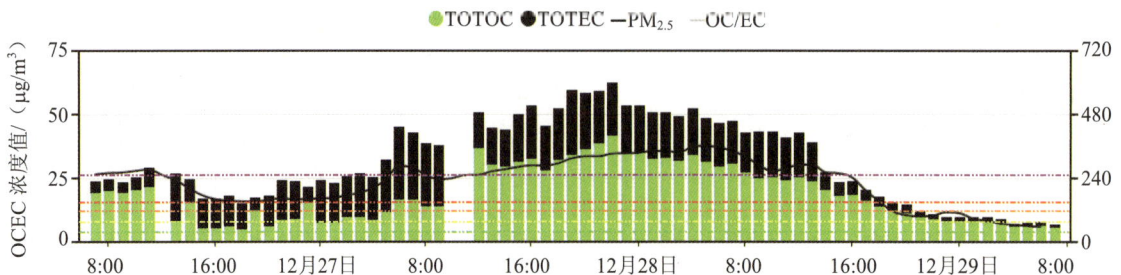

图 16-7　12 月 26—28 日 OCEC 数据

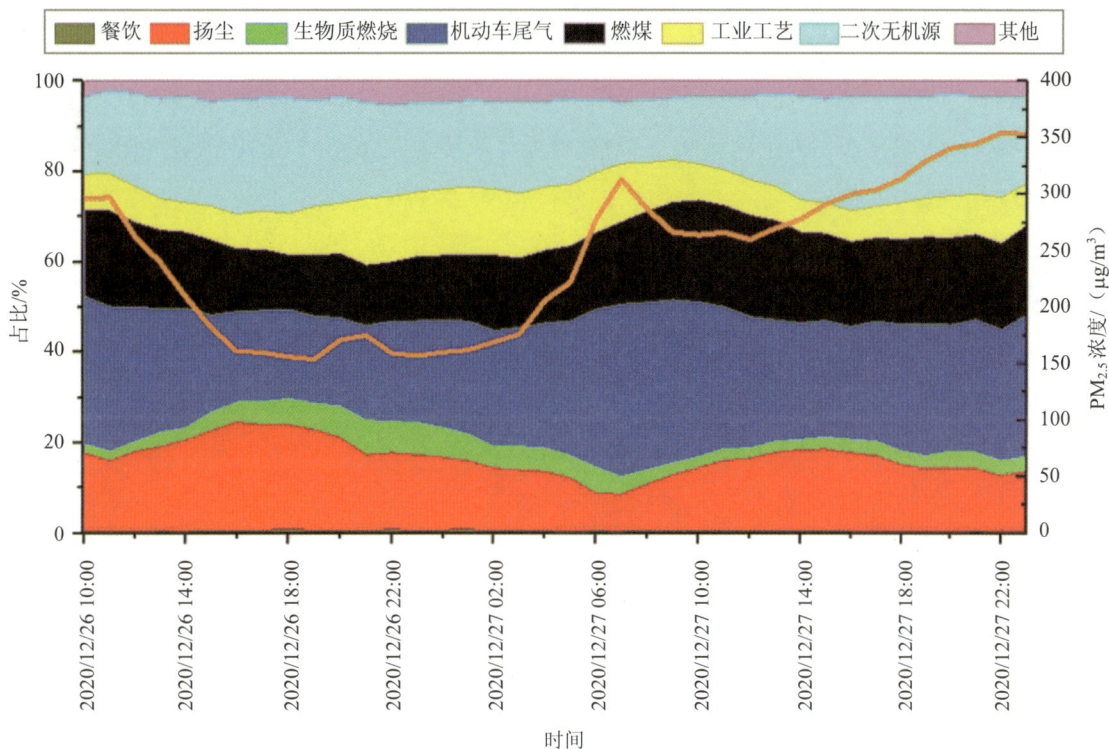

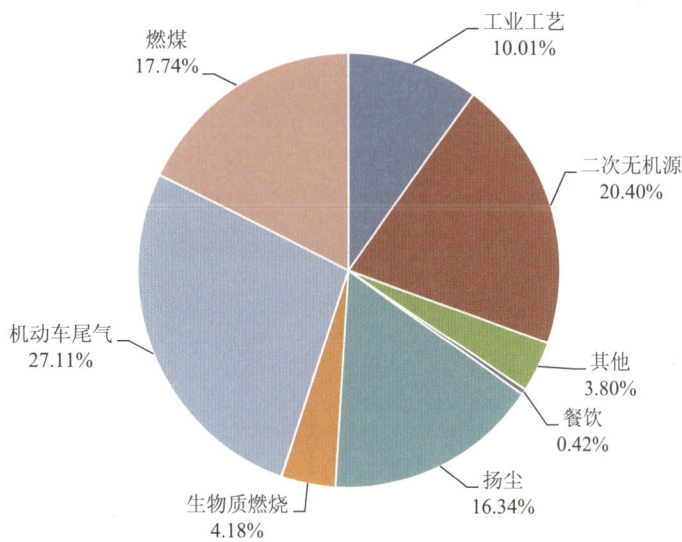

图 16-8　12 月 26—28 日源解析结果

第五节　重污染天限行效果分析

为应对重污染天气，有效降低机动车污染物排放，改善环境空气质量，2020 年 11 月 23 日—12 月 3 日，濮阳市城区实施机动车每日限两号交通管理措施，2020 年 12 月 4—31 日，市城区实施机动车单双号限行措施。

一、空气质量明显改善

通过限行，11 月 23 日—12 月 31 日，濮阳市空气质量综合指数为 7.008，省内位列第 16，同比下降了 1.6%，改善幅度在省内位列第 9；二氧化氮累计浓度为 47 μg/m³，同比改善 6.0%，改善率在省内排第 9。

二、高值时段二氧化氮浓度显著降低

限行以来，濮阳市二氧化氮高值时段浓度（17 时—次日 11 时）明显降低，降幅 15 μg/m³ 左右，其中早、晚高峰期二氧化氮浓度较限行前下降了 8～12 μg/m³，见图 16-9。

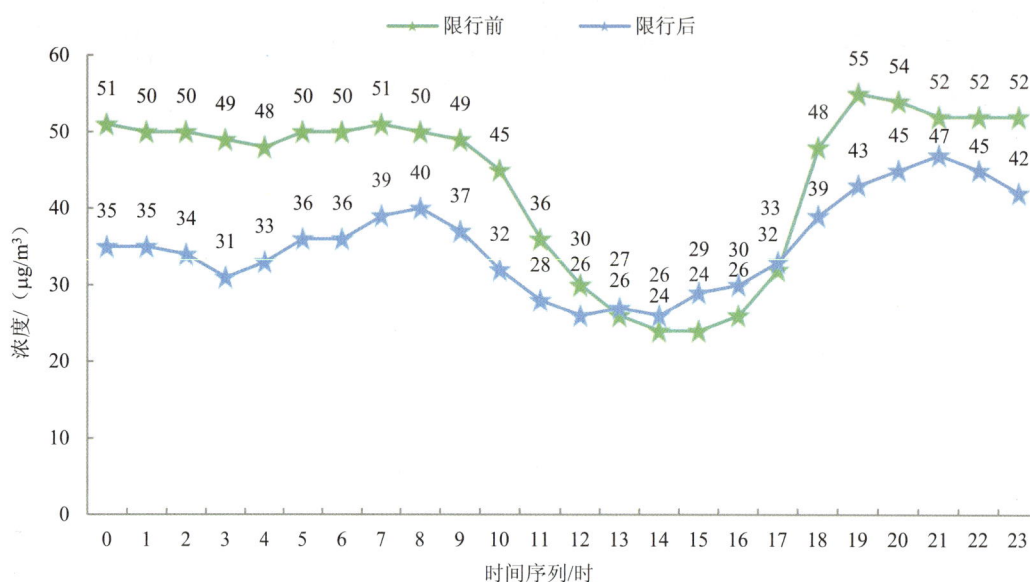

图 16-9 二氧化氮浓度变化对比图

三、污染程度较轻、颗粒物浓度较低

11 月 25—26 日污染期间，濮阳市未经历重度及以上污染过程，空气质量为轻度污染，较河南省区域环境空气质量预报结果降低 1～2 个污染级别。周边安阳、鹤壁均有重污染时段，重污染时长分别为 12 h、5 h，濮阳市 $PM_{2.5}$、PM_{10} 浓度最大值分别为 128 μg/m³、124 μg/m³，在省内七个通道城市中数值为最低，见表 16-3。

表 16-3 11 月 25—26 日污染过程数据对比

城市名称	重污染时长	PM_{10}/（μg/m³）		$PM_{2.5}$/（μg/m³）	
		最大值	浓度均值	最大值	浓度均值
安阳	12	226	135	188	103
鹤壁	5	191	117	165	96
焦作	2	221	135	153	93

城市名称	重污染时长	PM$_{10}$/（μg/m^3）		PM$_{2.5}$/（μg/m^3）	
		最大值	浓度均值	最大值	浓度均值
郑州	0	154	97	140	82
开封	0	142	90	132	78
新乡	0	174	118	140	83
濮阳	0	124	93	128	88

第六节　重污染天气应对

一、科学分析研判环境空气质量

优化完善环境空气质量预测预报中心运行，进一步提升预测预报科技能力。建立完善重污染天气会商机制，每周召开环境空气质量研判分析会议，回顾、对比分析前期空气质量，提出管控存在的问题，预测预报未来一周环境空气质量形势，及时启动相应级别的预警响应，并对短期内的大气污染管控工作提出技术指导意见。

二、完善重污染天气应急联动机制

建立快速有效的运行模式，保障启动应急联动时各县区及时响应、有效应对，根据国家、河南省通报重污染天气预警提示信息，或预测到辖区内将出现大范围重污染天气时，及时发布相应级别预警，组织相关县区开展应急联动，启动重污染天气应急预案，采取各项应急减排措施。

三、开展重点行业企业绩效分级

按照国家和省生态环境厅技术指南，针对 39 个国家、13 个省级、5 个市级重点行业企业，开展涉气企业绩效分级申报评定工作，对不同治理水平和排放强度的工业企业，分类施策，实施科学化、精准化、差异化应急减排措施，提高污染治理措施靶向性。

四、夯实重污染天气应急减排措施

科学编制 2020 年工业源重污染天气应急减排清单，以绩效分级结果为基础，逐一核实完善全市 1 811 家涉气企业管控措施，对企业主要产品产量、能源消耗量、污染物排放量、产排污环节等基础信息进行修改完善，重污染天气应急响应期间，督促工业企业严格落实"一厂一策"停产、限产措施。

五、推进秋冬季大气污染防治攻坚驻厂工作

着手实施市、县、乡三级驻厂监管，全市 253 家驻厂企业以重点涉气排污大户为主，驻厂时间延迟至秋冬季结束，监督重点企业严格落实重污染天气应急减排措施。成立 7 个督导检查组，由县级干部分包县区，对 5 县 4 区工业企业停产、限产措施落实情况进行现场督导检查，发现问题，立

即责令整改并跟踪督办。

六、实施重点行业季节性生产调控

根据省生态环境厅要求，结合实际，起草《关于做好 2020 年重点行业季节性生产调控工作的通知》，确保在污染过程期间，管控措施全时展开，重点行业全域覆盖。在工业源管控方面，对全市范围内 14 个重点行业实施季节性生产调控，有效削减污染物排放。

第十七章

专题三：区域预测预报为重污染天气管控提供技术支持

第一节 濮阳市区域空气质量预测预报技术内容

为向大气污染联防联控和重污染预警预报提供技术支撑，为政府管理部门科学管控提供依据，濮阳市于 2016 年年底推出 3～5 d 区域空气质量预报。濮阳市空气质量多模式预报预警系统采用多模式数值集合预报，包括 NAQPMS、CMAQ 等，预测时长为 7 d。预报产品包括日均值 AQI 及 PM_{10}、$PM_{2.5}$、臭氧等污染物小时及日均值，在多模式数值预报的基础上经过客观订正，AQI 等级预报准确率在 65% 以上，区域重度污染过程预报在 85% 以上。空气质量预测预报及污染综合分析已经成为空气质量改善、重度污染应急预警及管控不可或缺的技术支持，见图 17-1 和图 17-2。

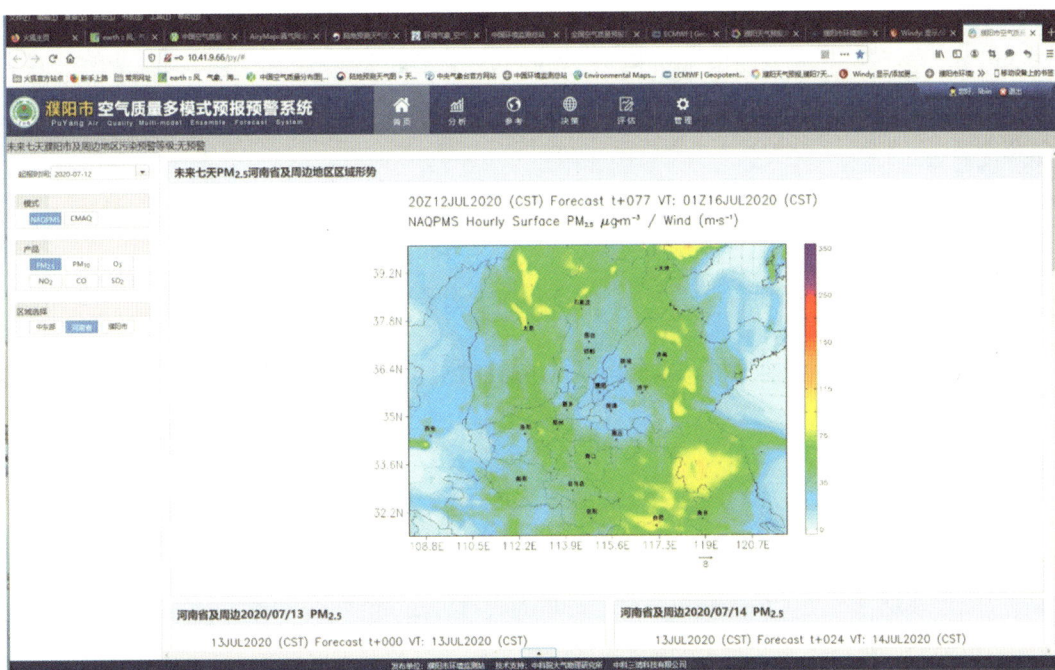

图 17-1 濮阳市空气质量预报预警系统趋势预报

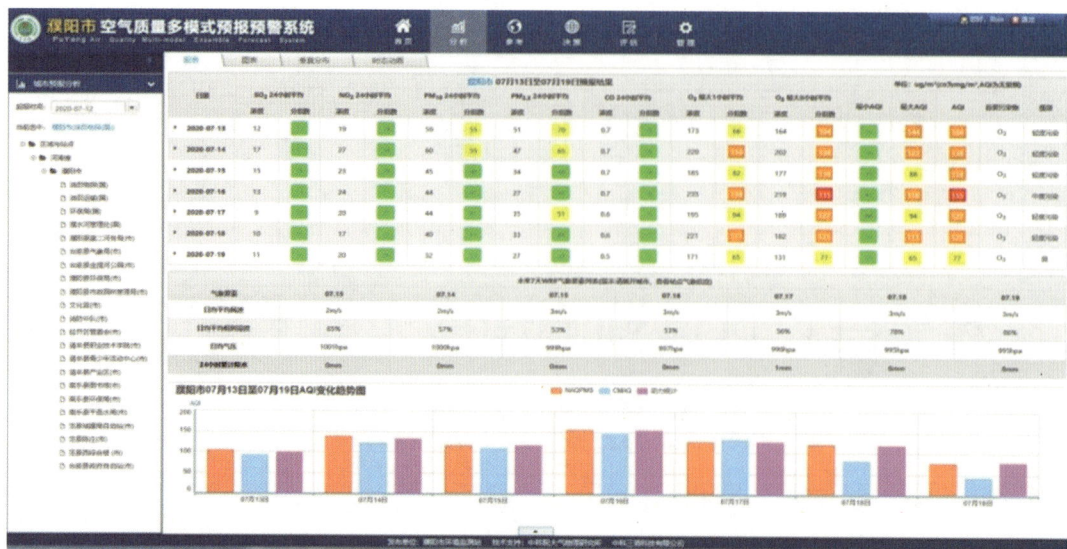

图 17-2　濮阳市空气质量预报预警系统城市预报

2020 年，在河南省生态环境监测中心的大力支持下，省中心预测预报科对各地市开放省预测平台，作为各地市重要的预报参考模式，见图 17-3。

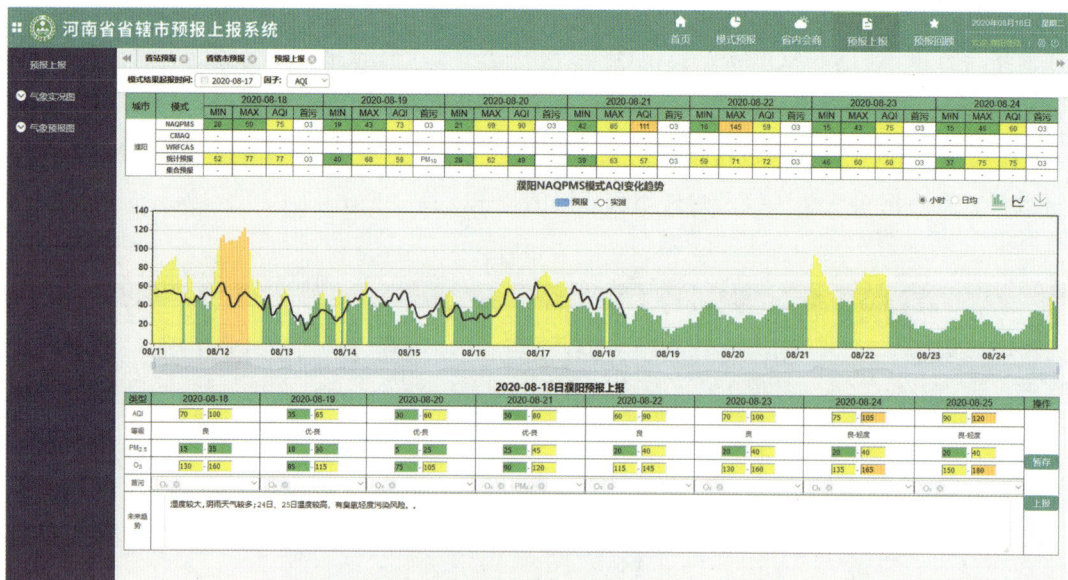

图 17-3　河南省生态环境监测中心预报模式平台

第二节　空气质量变化与气象关系

编制濮阳市环境空气质量预报日报，总结分析天气过程演变、气象要素变化、污染源控制与空气质量变化的相关性。开展未来 5 d 空气质量演变趋势分析，为及早采取污染控制对策提供科学依据。

一、空气质量受季节变化的一般规律

从季节上分析，第一季度和第四季度较为相似，气温较低，气压升高，边界层较低，逆温现象较多，相对湿度较高，静稳态下的垂直扩散空间变差（一定区域污染物容积下降），以12月和1月为最差。第二季度和第三季度较为相似，气温较高，气压降低，大气边界层抬升，降雨较多，静稳态的垂直扩散空间增加（区域污染物容积增加），对流层的空气水平运动也较为活跃，扩散条件好，7月和8月为最好。同时，第一、第四季度大范围取暖带来的污染排放较第二、第三季度有所增加，因此理论和统计结果均表明：第一、第四季度除臭氧外的细颗粒物等主要污染物平均浓度高于第二、第三季度。气压、风速的四季变化可以直接反映一年四季扩散空间和污染物大趋势的变化规律，见图17-4和图17-5。

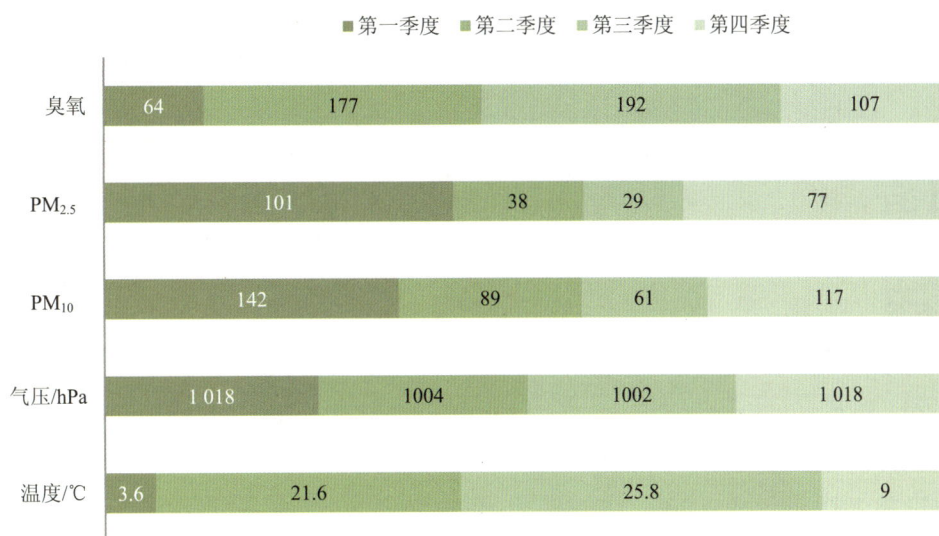

图 17-4 2019 年气象与污染物四季均值变化

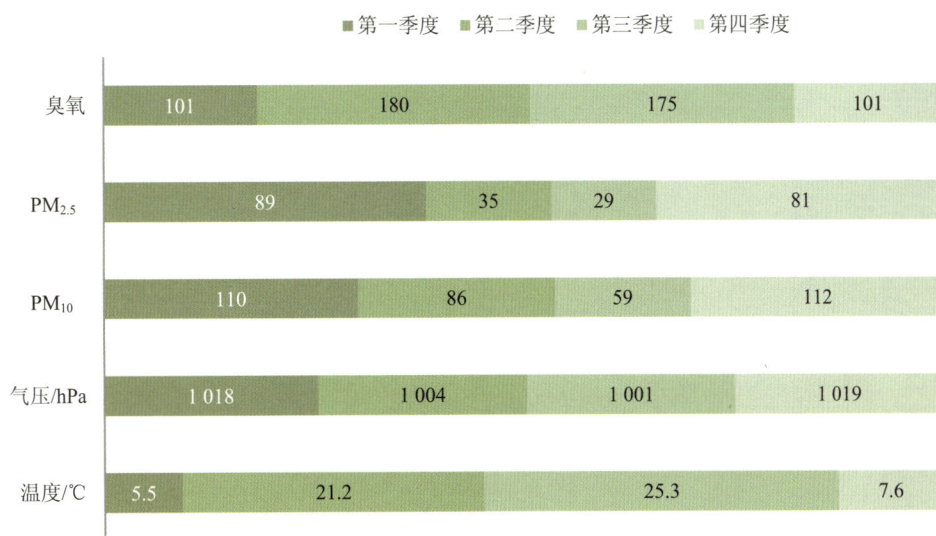

图 17-5 2020 年气象与污染物四季均值变化

但是，气象条件影响污染物扩散的条件非常复杂，大气环流带来的风、雨、雪等各种天气现象都会影响空气质量的变化，不同高度空间气流剧烈的变化会打破一般性季节特征，因此，污染的堆积和消散都可能在一天之内发生。

二、空气质量与气象要素变化

空气质量情况：2020 年，濮阳市优良天数比例为 61.2%，重度污染及以上天数比例为 5.7%，同比分别提高了 8.6 个百分点、下降了 3.6 个百分点。2020 年、2019 年 PM_{10} 和 $PM_{2.5}$ 平均浓度分别为 92 μg/m³、102 μg/m³ 和 59 μg/m³、63 μg/m³。2020 年，濮阳市环境空气质量指数（AQI）监测结果见表 17-1。

表 17-1 濮阳市 2020 年环境空气质量指数（AQI）结果汇总表

日期	1月	2月	3月	4月	5月	6月	7月	8月	9月	10月	11月	12月
1	83	215	78	70	83	102	115	50	100	99	105	156
2	156	104	73	75	88	106	82	61	84	67	80	160
3	233	109	51	79	139	119	79	78	83	62	69	156
4	292	159	42	104	69	204	80	42	111	56	73	166
5	328	57	82	95	74	151	89	41	104	58	72	160
6	152	97	102	75	108	189	132	30	108	54	95	168
7	95	78	143	80	53	118	131	38	167	56	84	138
8	107	92	160	78	43	140	103	54	97	89	72	84
9	140	135	158	67	42	86	64	100	122	77	84	192
10	336	90	68	49	70	116	90	99	96	103	139	196
11	232	75	91	70	69	102	80	89	44	105	124	199
12	147	88	88	75	104	60	60	46	64	65	107	165
13	217	77	53	90	99	50	75	72	80	63	257	75
14	224	85	62	80	86	95	57	74	88	43	182	51
15	198	33	61	75	113	147	81	45	85	51	133	87
16	204	40	79	72	88	59	96	43	73	58	165	156
17	208	43	79	93	114	46	87	70	50	103	102	134
18	234	49	107	107	64	55	91	83	81	103	44	118
19	144	68	98	92	95	69	74	48	102	113	48	78
20	112	198	110	57	118	90	110	25	99	117	55	137
21	180	118	116	63	103	104	100	52	102	125	78	168
22	277	65	73	58	80	67	50	100	121	112	74	138
23	237	82	75	67	95	74	104	61	82	75	73	137
24	203	143	79	79	95	137	113	50	70	80	90	109

日期	1月	2月	3月	4月	5月	6月	7月	8月	9月	10月	11月	12月
25	189	128	67	84	89	99	85	74	93	102	103	135
26	195	85	55	75	79	87	62	97	108	134	132	243
27	135	73	38	77	107	115	74	118	77	89	88	329
28	84	72	57	90	135	77	90	115	72	66	73	305
29	175	64	63	110	97	104	85	124	69	84	186	67
30	210		64	121	80	79	80	171	52	110	250	58
31	153		59		110		50	134		139		56

　　气象要素情况：2020 年，濮阳市降水量为 472 mm，同比减少了 32 mm，全年平均风速为 1.78 m/s，同比减少了 0.16 m/s。整体来看，2020 年气象条件差于 2019 年。

　　"十三五"期间，主要气象要素变化情况见图 17-6 和图 17-7，由图可知，其间降水量变化较大；风速呈明显下降趋势；气温逐步攀高，2020 年气温下降明显。

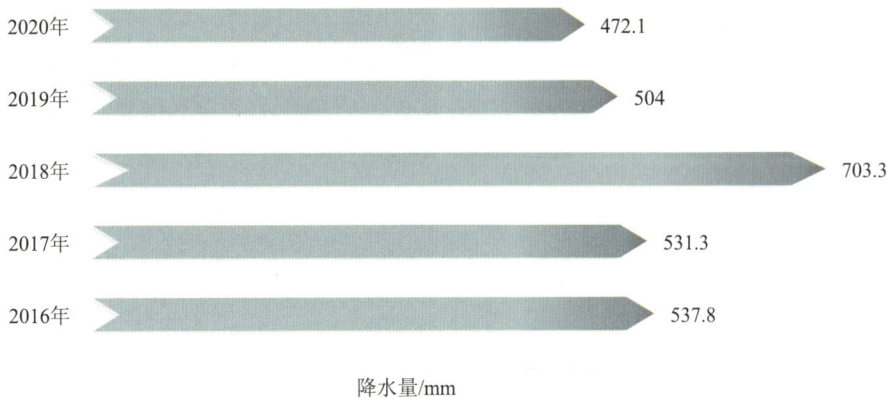

图 17-6　"十三五"期间降水量变化情况

图 17-7　"十三五"期间气温和风速变化情况

第三节　研判会商制度

　　"十三五"期间，每日与市气象局会商编制濮阳市环境空气质量预报日报，并通过网络、电视等媒体向社会发布，为全市大气污染联防联控和重污染预警提供技术支撑，为政府管理部门提供科学管控依据。同时坚持天气会商制度，依据河南省生态环境监测中心区域预测预报结果，与气象局、驻濮专家、大气管控有关单位等参加濮阳市生态环境局组织的周研判会商，预判污染起止时间、污染程度、采取的措施，有力地支持了濮阳市污染天气应急控制工作，减轻了大气污染程度及时间，见图 17-8。

图 17-8　"十三五"期间重污染天气研判会商

第十八章

专题四：濮阳市经济发展与环境质量关联分析

经济发展与环境保护是一种相互依存、相辅相成、相互制约的关系，是客观经济规律和生态平衡的辩证统一。濮阳市在建市 30 余年的发展过程中，同许多地区在经济发展初期一样，也处于经济发展和环境保护的矛盾区间。如何使经济发展与环境保护两者相协调？如何评判经济发展与环境质量之间的关系的协调程度？对这样的问题展开研究，将会对促进整个濮阳市经济和环境的协调发展具有非常重要的意义。

第一节　研究背景

一、库兹涅茨曲线概念

库兹涅茨曲线是 20 世纪 50 年代诺贝尔奖获得者、美国经济学家库兹涅茨用来分析人均收入水平与分配公平程度之间关系的一种学说，即著名的"倒 U 假说"。研究表明，在经济未充分发展的阶段，收入分配将随经济发展而趋于不平等。其后，经历收入分配暂无大变化的时期。到达经济充分发展的阶段，收入分配将趋于平等。收入不平等的长期变动出现"先恶化，后改进"的轨迹，简单表述为收入不均现象随着经济增长先升后降，呈现倒 U 形曲线关系，见图 18-1。

二、环境库兹涅茨曲线概念

20 世纪 90 年代初，美国经济学家格鲁斯曼等将该理论引入环境污染和经济增长关系的研究，通过对 42 个国家横截面数据的分析，发现当一个国家经济发展水平较低的时候，环境污染程度较轻；随着人均收入的增加，环境污染由低趋高，环境恶化程度随经济增长而加剧；当经济发展达到一定水平后，也就是说，到达某个临界点或"拐点"以后，随着人均收入的进一步增加，环境污染又由高趋低，污染程度逐渐减缓，环境质量逐渐得到改善，就像反映经济增长与收入分配之间关系的库兹涅茨曲线那样，用曲线表示即可得到一条呈倒 U 形的环境库兹涅茨曲线（EKC），见图 18-2。

环境库兹涅茨曲线的基本含义为：在经济发展的最初阶段，由于人口的无序增长、工业技术的落后、资源的无序开发，造成了环境污染的加剧。随着经济的发展，以科技进步为标志的产业发展对经济的贡献作用越来越突出，人们控制环境污染的意识、能力和投入逐渐提高，污染物排放逐步趋缓。

　　环境库兹涅茨曲线是通过人均收入与环境污染指标之间的演变模拟，说明经济发展对环境污染程度的影响，即在经济发展过程中，环境状况先是恶化而后得到逐步改善。

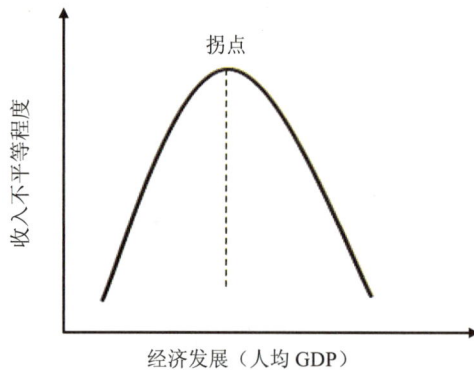

图 18-1　库兹涅茨曲线图

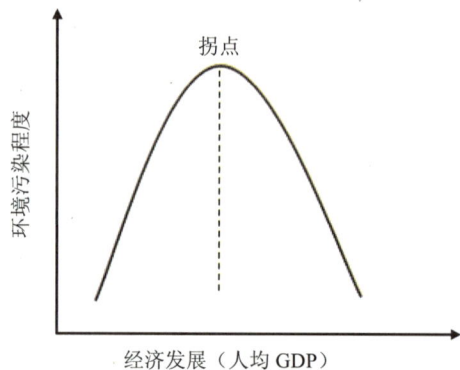

图 18-2　环境库兹涅茨曲线图

第二节　研究模型和方法

一、模型建立

1. 指标选取

　　选取濮阳市生产总值（GDP）、人均生产总值（人均 GDP）作为经济指标来综合反映濮阳市的经济增长状态。选取化学需氧量年均浓度、氨氮年均浓度、二氧化硫年均浓度、二氧化氮年均浓度、PM_{10} 年均浓度作为环境质量指标来综合反映濮阳市环境质量状况。指标数据见表 18-1。

表 18-1　濮阳市经济发展指标与环境质量指标数据

年份	人均 GDP/元	化学需氧量年均浓度/（mg/L）	氨氮年均浓度/（mg/L）	SO_2 年均浓度/（μg/m³）	NO_2 年均浓度/（μg/m³）	PM_{10} 年均浓度/（μg/m³）
2001	6 193	80.7	8.29	12	21	—
2002	6 640	113	9.92	19	26	102
2003	7 388	110	10.1	33	32	96
2004	8 825	93.5	7.53	27	29	88
2005	10 754	86.4	12.1	46	33	90
2006	12 551	53.2	7.44	48	39	102
2007	14 598	85.2	10.48	37	39	94
2008	18 140	40.8	7.73	36	27	91
2009	18 255	49.6	6.67	41	42	85
2010	21 470	46.9	6.10	41	40	103
2011	25 046	85.2	3.73	53	39	90

年份	人均GDP/元	化学需氧量年均浓度/（mg/L）	氨氮年均浓度/（mg/L）	SO$_2$年均浓度/（μg/m^3）	NO$_2$年均浓度/（μg/m^3）	PM$_{10}$年均浓度/（μg/m^3）
2012	27 656	47.8	9.06	59	35	78
2013	31 483	37.7	7.04	48	44	122
2014	34 895	29.6	4.13	39	41	125
2015	37 060	29.8	2.96	30	41	138
2016	39 831	31.0	2.46	29	42	137
2017	43 638	30.4	1.65	20	40	118
2018	45 649	28.3	1.1	16	36	109
2019	43 810	21	0.94	12	34	102
2020	43 742	18	0.86	10	30	92

　　环境库兹涅茨曲线研究选取化学需氧量年均浓度、氨氮年均浓度、二氧化硫年均浓度、二氧化氮年均浓度、PM$_{10}$年均浓度分别与人均GDP结合，进行相关分析。

2. 模型建立

　　以人均GDP为自变量（x），以上述相应环境指标为因变量（y），分别进行二次或三次曲线即$y=a+bx+cx^2$或$y=a+bx+cx^2+dx^3$回归模拟，建立拟合曲线模型。绘制环境库兹涅茨曲线图，研究曲线趋势是否符合环境库兹涅茨曲线倒U形的特征，计算人均GDP转折点。

二、结果与讨论

1. 相关分析

　　对人均GDP与选取的环境指标数据分别进行相关分析，结果显示化学需氧量年均浓度、氨氮年均浓度、二氧化氮年均浓度、PM$_{10}$年均浓度4项环境指标与人均GDP存在显著关系，见表18-2，因此建立人均GDP与上述4项环境指标之间的计量模型具有一定的解释意义。

表18-2　濮阳市人均GDP与环境质量数据的相关分析

名称		化学需氧量年均浓度	氨氮年均浓度	SO$_2$年均浓度	NO$_2$年均浓度	PM$_{10}$年均浓度
人均GDP	Pearson相关性	−0.863**	−0.887**	−0.270	0.470*	0.521**
	显著性（双侧）	0.000	0.000	0.250	0.037	0.022
	N	20	20	20	20	19

注：**表示在0.01水平（双侧）上显著相关；*表示在0.05水平（双侧）上显著相关。

2. 模型特征分析

　　人均GDP与化学需氧量年均浓度之间的拟合曲线模型为

$$y=4\times10^{-8}x^2-0.003\,9x+120.72$$

　　拟合曲线的相关系数R^2为0.778 3，拟合效果较好，从人均GDP与化学需氧量年均浓度之间的二次拟合曲线图18-3可见，该曲线无明显环境库兹涅茨曲线倒U形的特征，经计算得出人均GDP

转折点为 48 750 元左右，从目前的发展状况来看，濮阳市化学需氧量年均浓度呈下降趋势，但可能会出现反弹。

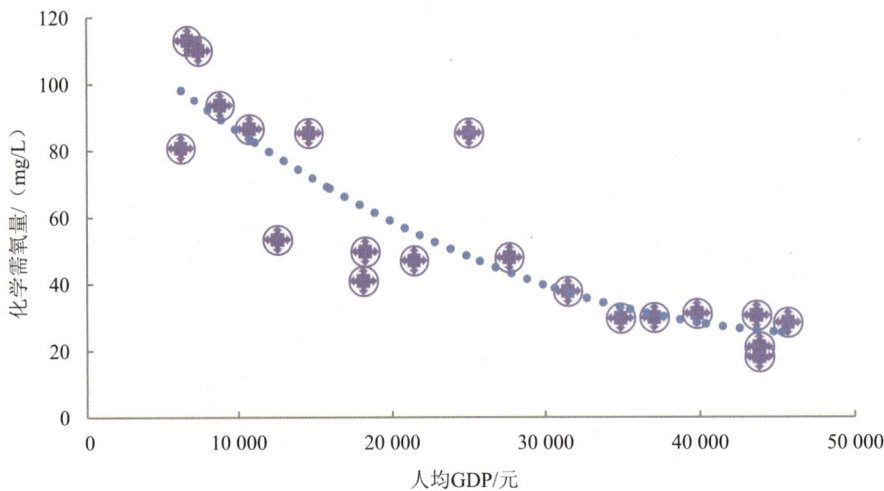

图 18-3　人均 GDP 与化学需氧量年均浓度

人均 GDP 与氨氮年均浓度之间的拟合模型为

$$y=-4\times10^{-9}\,x^2-3\times10^{-5}\,x+9.785\,9$$

拟合曲线的相关系数 R^2 为 0.807 8，拟合效果较好。从人均 GDP 与氨氮年均浓度之间的二次拟合曲线图 18-4 可见，该曲线符合环境库兹涅茨曲线倒 U 形的特征，处于曲线的右侧，即濮阳市氨氮年均浓度已经随人均 GDP 的升高而呈现下降趋势。

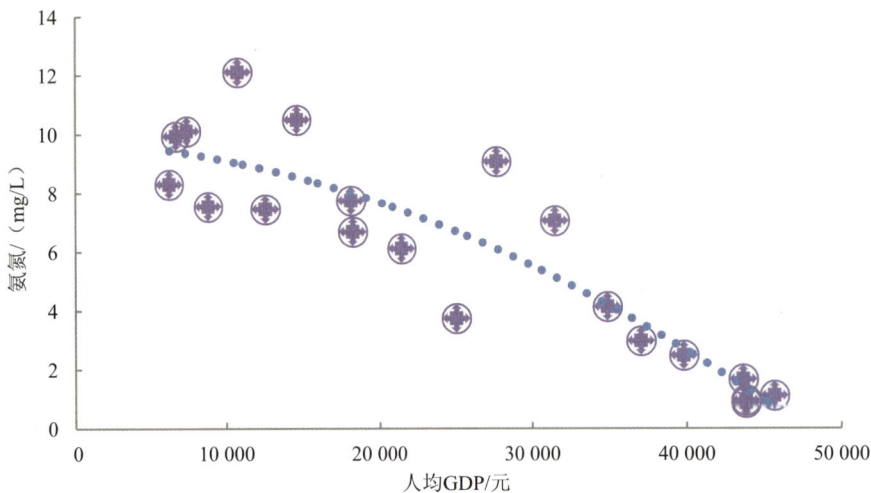

图 18-4　人均 GDP 与氨氮年均浓度

人均 GDP 与二氧化氮年均浓度之间的拟合曲线模型为

$$y=-3\times10^{-8}\,x^2+0.001\,5x+18.176$$

拟合曲线的相关系数 R^2 为 0.543 9，拟合效果较好。从人均 GDP 与二氧化氮年均浓度之间的二次拟合曲线图 18-5 可见，该曲线符合环境库兹涅茨曲线倒 U 形的特征，经计算得出人均 GDP 转折点为 25 000 元左右，即 2011 年前后濮阳市二氧化氮年均浓度随人均 GDP 的升高开始呈现下降趋势。

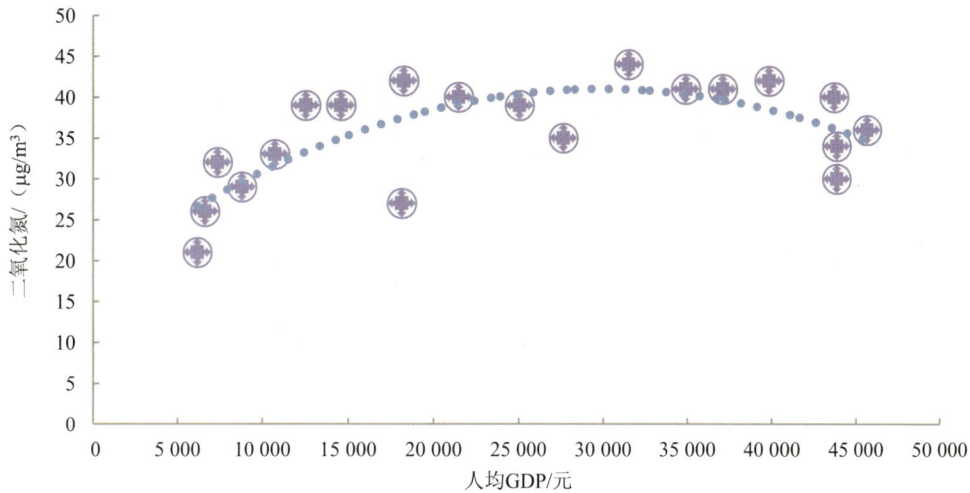

图 18-5 人均 GDP 与 NO_2 年均浓度

由于人均 GDP 与 PM_{10} 年均浓度之间的二次拟合曲线相关系数 R^2 较小，只能表示大致趋势，故对其进行三次曲线模拟。即人均 GDP 与 PM_{10} 年均浓度之间的拟合模型为

$$y=-6\times10^{-12}x^3+5\times10^{-7}x^2-0.010\,6x+153.66$$

拟合曲线的相关系数 R^2 为 0.520 6，拟合效果较好。从人均 GDP 与 PM_{10} 年均浓度之间的三次拟合曲线图 18-6 可见，该曲线呈现倒 N 形环境库兹涅茨曲线特征，说明 PM_{10} 年均浓度存在波动。从拟合曲线图的趋势看，在人均 GDP 41 295 元左右存在转折点，即在以后的数年里，随着人均 GDP 的升高，PM_{10} 年均浓度将继续缓慢减少。

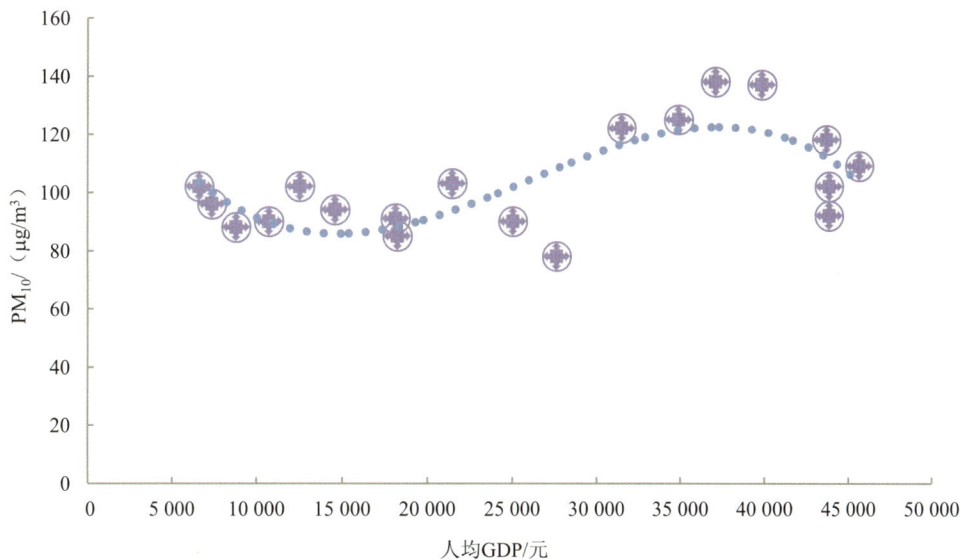

图 18-6 人均 GDP 与 PM_{10} 年均浓度

第三节　研究结论

选取具有代表性的经济指标和环境指标，运用环境库兹涅茨曲线模型对濮阳市的经济发展与环境质量进行关联分析，通过模型特征和相关分析得出以下四点结论：

（1）濮阳市的人均 GDP 与化学需氧量年均浓度、氨氮年均浓度、二氧化氮年均浓度、PM$_{10}$ 年均浓度 4 种环境指标均表现出较好的相关关系。

（2）濮阳市环境库兹涅茨曲线呈现倒 U 形、倒 N 形两种不同的特征。

（3）根据选取的环境指标的不同，濮阳市经济增长与环境质量水平表现出不同的环境库兹涅茨曲线特征，表明在环境库兹涅茨曲线研究过程中，由于环境指标选取的不同，曲线特征表现出一定的差异性。

（4）从整体上看，环境质量正在随着经济的发展而得到逐步改善，但仍有部分指标显示经济发展和环境质量之间的关系存在一定的波动，需要引起重视和做出调整。

第十九章

专题五：濮阳市黄河流域工业源污染与行业结构的关联分析

第一节　研究背景

黄河是中华民族的母亲河，治理黄河，重在保护，要在治理。黄河流域生态保护和经济发展应相互融合，相互促进，以"两山"理念为指引，思考黄河流域生态治理和经济高质量发展的关系。选用废水、废气主要污染物分析濮阳市工业源污染的行业特征与分布特征，引入"单位产值排污量"概念，利用空间核密度分析法，分析非产业集聚区工业源污染排放空间集聚特征，基于分析结果构建与乡镇工业总产值的耦合模型，以期为制定黄河流域生态保护和高质量发展精细化管控提供理论支撑。

第二节　研究区域和方法

一、研究区域概况

濮阳市位于黄河中下游，华北平原典型城市之一，中原经济区重要组成城市，"南水北调"沿线城市之一，"2+26"城市之一；研究区域产业结构典型。黄河流域由于地理与气候条件的优势，其沿岸产业结构偏重，能源基地集中，其中以煤化工企业最多，研究区域本身就是一个因油而兴、因油而建的典型化工型城市，是河南省东北门户，是黄河由河南出境山东的通道，在地理位置上占有重要意义，见图 19-1 和图 19-2。

图 19-1　濮阳市地理区位示意图

图 19-2　濮阳市行政区划分示意图

二、分析方法

核密度分析，指使用核函数根据点或折线要素计算每单位面积的量值以将各个点或折线拟合为光滑锥状表面的分析方法。核密度方法的计算方程如下：

$$f(s) = \sum_{i=1}^{n} \frac{1}{h^2} k\left(\frac{s - c_i}{h}\right) \tag{19-1}$$

式中，$f(s)$ —— 待估计的企业点 s 处的核密度计算函数；

    h —— 搜索半径；

    k —— 空间权重函数；

    n —— 与待估计的企业点 s 的距离小于或等于 h 的要素点数。

该方程的几何意义为密度值在每个核心要素企业 c_i 处最大，并且在远离 c_i 过程中不断降低，直至与 c_i 的距离达到搜索半径 h 时核密度值降为 0。核密度函数中存在两个关键参数，即空间函数 k 与搜索半径 h。在实际运用中，搜索半径 h 的设置主要与分析尺度以及地理现象特点有关。较小的搜索半径可以是密度分布结果中出现较多的高值或低值区域，而较大的搜索半径可以在全局尺度下使热点区域体现得更加明显。将 100 m×100 m 作为基本地理单位输出结果，搜索半径为 2 km，利用 ArcGIS 中的核密度分析工具进行分析。

工业企业单位产值排污量（简称单位产值排污量）：为反映一个企业生产活动中对环境污染贡献的程度，类比单位国内生产总值能耗，计算每产生万元工业总产值所排放污染物的总量。主要表征企业环境污染贡献与经济贡献的比值，数值越大，表明对环境污染的贡献就越大。该指标单位为 kg/（万元·a）。

第三节　结果分析

一、濮阳市工业企业行业结构特征

依据濮阳市第二次全国污染源普查数据库，工业企业共 3 131 家，按照工业行业大类划分，13 个大类行业工业企业数占工业源总数的 82.8%，其中非金属矿物制品业 452 家，居各工业行业首位，占工业源普查对象数的 14.4%；其次为木材加工业 261 家、农副食品加工业 261 家，纺织服装服饰业、金属制品业、橡胶和塑料制品业、家具制造业、化学原料和化学制品制造业、汽车制造业、食品制造业、专用设备制造业、羽绒制造业、电气机械和器材制造业，分别占普查工业源总数的 8.3%、8.3%、7.2%、6.9%、6.8%、5.7%、5.1%、4.7%、4.5%、4.2%、3.5%和 3.2%。

工业企业排污量随着行业的不同也随之变化，研究选取最主要的环境污染因子，化学需氧量和二氧化硫作为环境质量指标，得到研究区域化学需氧量和二氧化硫排放量最高的 5 大行业，见表 19-1。濮阳市石油、煤炭及其他燃料加工业化学需氧量排放最多，占工业源排放总量的 34.0%，其次是造纸和纸制品业，占比 21.4%，化学原料和化学制品制造业占比 16.3%，三个行业化学需氧量排放量占总排量的 71.7%，其次为羽绒制造业、农副食品加工业，占比分别为 11.2%、11.0%，以上 5 个行业是水利部 2019 年新发布的 18 项传统高耗水行业之一。二氧化硫排放量由大到小的行业依次为非金属矿物制品业，石油、煤炭及其他燃料加工业，电力、热力生产和供应业，化学原料和化学制品制造业，木材加工业。对比可知，石油、煤炭及其他燃料加工业，化学原料和化学制品制造业（两个行业简称"石化行业"）化学需氧量和二氧化硫排放量占比均较高。

表 19-1 研究区域化学需氧量和二氧化硫五大行业排放量及占比

工业行业	化学需氧量排放量/t	排放量占比/%	工业行业	二氧化硫排放量/t	排放量占比/%
石油、煤炭及其他燃料加工业	339.41	34.0	非金属矿物制品业	760.12	51.6
造纸和纸制品业	213.14	21.4	石油、煤炭及其他燃料加工业	380.37	25.8
化学原料和化学制品制造业	162.34	16.3	电力、热力生产和供应业	166.51	11.3
羽绒制造业	111.83	11.2	化学原料和化学制品制造业	135.59	9.2
农副食品加工业	109.84	11.0	木材加工业	18.69	1.3

濮阳市石化行业企业数量占全市总量的 6.8%，化学需氧量排放量占全市排放总量的 50.3%，二氧化硫排放量占全市排放总量的 35.0%；非金属矿物制品业二氧化硫排放量占全市排放总量的 51.6%。

二、乡镇尺度下濮阳市化学需氧量和二氧化硫的分布特征研究

黄河流域的基本尺度"乡镇"是黄河流域生态保护和高质量发展精准治污的前线。图 19-3 和图 19-4 是乡镇尺度下濮阳市化学需氧量产排量、二氧化硫产排量的分布情况，每个乡镇对应一个色斑，随着污染物产生量的增大，色斑的颜色越深，每个乡镇对应一个绿色色块，污染物排放量越大，色块越大。经开区濮水办、濮阳县柳屯镇、户部寨镇（合称"濮阳县产业集聚区"）、文留镇、清丰县产业集聚区、范县王楼镇、濮城镇（合称"范县濮王产业集聚区"），南乐县城关镇（南乐县产业集聚区），工业园区、台前县产业集聚区化学需氧量产生量大于其他乡镇，由于大多是产业集聚区，工业企业集中，产生量较大。化学需氧量排放量较大的主要是范县濮城镇、台前县产业集聚区、经开区濮水办，上述区域为石化行业、造纸行业、羽绒制造业等产业园区，见图 19-3。

二氧化硫产排量分布如图 19-4 所示，台前县夹河乡、产业集聚区、清水河乡，范县濮王产业集聚区，工业园区，经开区濮水办、濮阳县产业集聚区、渠村乡，南乐县张果屯镇，清丰县高堡乡二氧化硫产生量大于其他乡镇，经开区濮水办、工业园区、濮阳县柳屯镇、渠村乡、范县濮城镇、南乐县张果屯镇、台前县清水河乡排放量大于其他乡镇，二氧化硫产排量趋势趋于一致。由此可知，黄河北岸二氧化硫产排量较高。

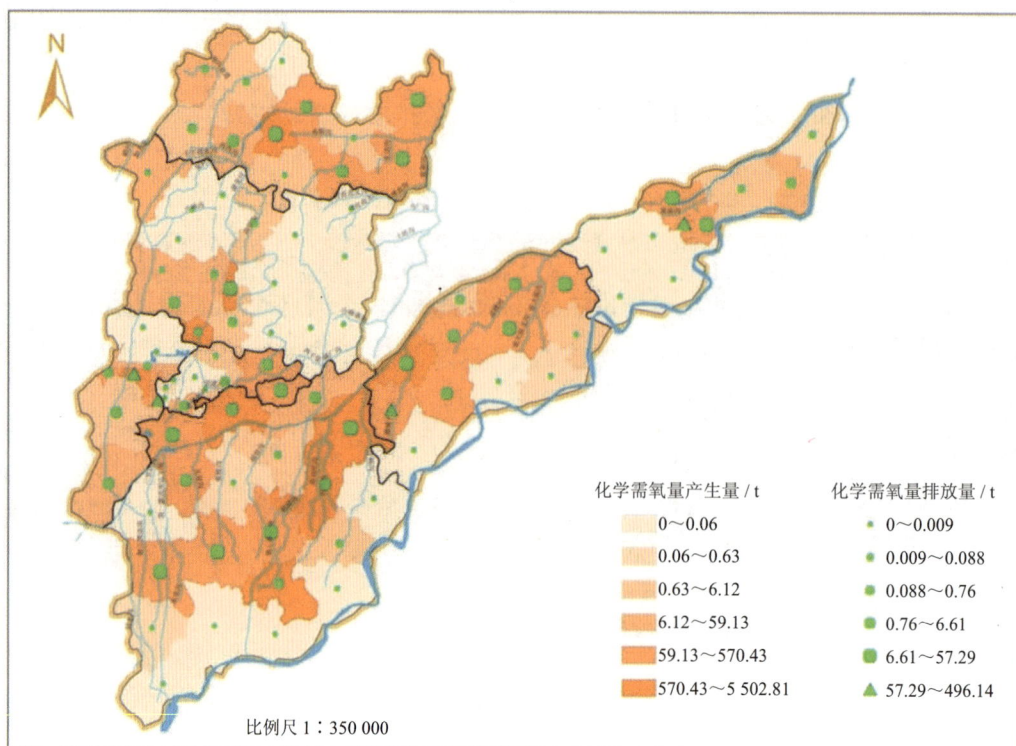

化学需氧量产生量 / t
- 0～0.06
- 0.06～0.63
- 0.63～6.12
- 6.12～59.13
- 59.13～570.43
- 570.43～5 502.81

化学需氧量排放量 / t
- 0～0.009
- 0.009～0.088
- 0.088～0.76
- 0.76～6.61
- 6.61～57.29
- 57.29～496.14

比例尺 1∶350 000

图 19-3　乡镇尺度下化学需氧量产排情况

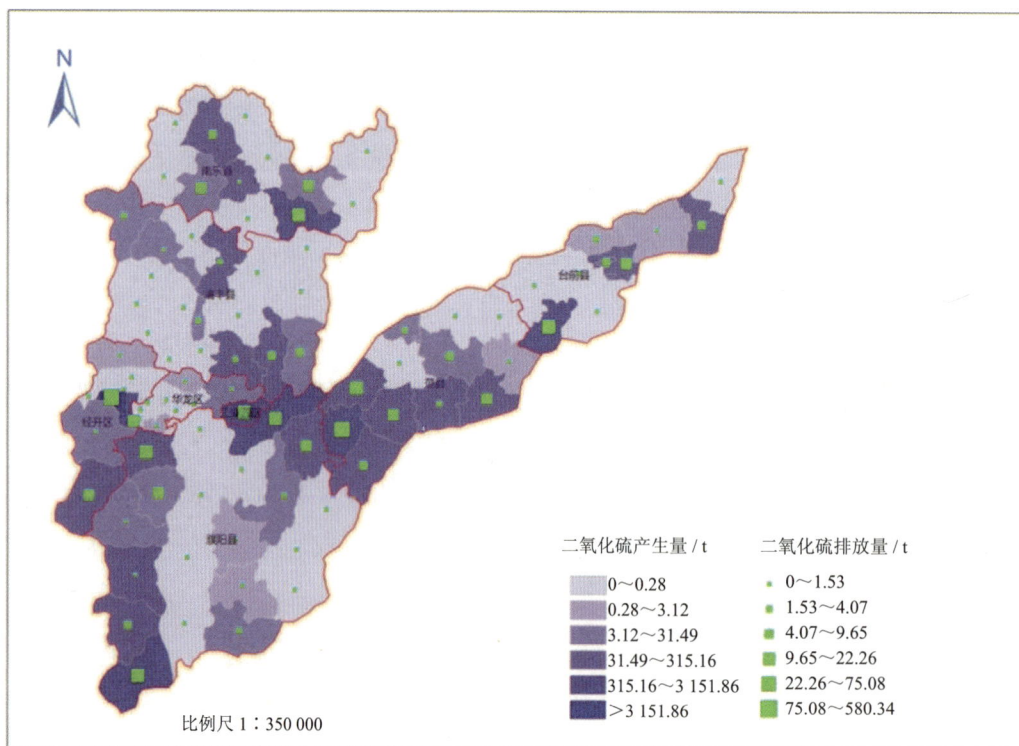

二氧化硫产生量 / t
- 0～0.28
- 0.28～3.12
- 3.12～31.49
- 31.49～315.16
- 315.16～3 151.86
- ＞3 151.86

二氧化硫排放量 / t
- 0～1.53
- 1.53～4.07
- 4.07～9.65
- 9.65～22.26
- 22.26～75.08
- 75.08～580.34

比例尺 1∶350 000

图 19-4　乡镇尺度下二氧化硫产排情况

三、濮阳市行业单位产值排污量分析

为反映行业发展对环境污染的贡献程度，引入"单位产值排污量"，表征每创造一个单位的社会财富需要排放污染物的量，单位产值排污量越大，说明企业创造同样的财富需要排放的污染物越大。按照行业大类汇总得出不同行业单位产值排污量如表 19-2 所示，非金属矿物制品业企业若全年正常生产，创造 1 万元的工业总产值平均需排放 4 388.45 kg 污染物，家具制造业，单位产值排污量 1 082.48 kg/（万元·a），前者是后者的 4.1 倍，是化学原料和化学制品制造业单位产值排污量的 16.3 倍，非金属矿物制品业的首要污染物为颗粒物和氮氧化物，颗粒物排放量占该行业总排放量的 41.4%，氮氧化物占比 29.5%；家具制造业的首要污染物是挥发性有机物占该行业总排放量的 86.8%。化学原料和化学制品制造业以 269.79 kg 位居第 3。单位产值排污量小于 1 kg/（万元·a）的行业大类有：纺织业，水的生产和供应业，仪器仪表制造业，其他制造业，石油和天然气开采业，开采辅助活动，纺织服装、服饰业。

表 19-2 不同行业单位产值排污量

序号	单位产值排污量/ [kg/（万元·a）]	行业名称	序号	单位产值排污量/ [kg/（万元·a）]	行业名称
1	4 388.45	非金属矿物制品业	18	16.22	造纸和纸制品业
2	1 082.48	家具制造业	19	13.20	食品制造业
3	269.79	化学原料和化学制品制造业	20	12.81	计算机、通信和其他电子设备制造业
4	245.63	电力、热力生产和供应业	21	9.95	汽车制造业
5	226.65	废弃资源综合利用业	22	9.56	铁路、船舶、航空航天和其他运输设备制造业
6	125.96	农副食品加工业	23	7.36	电气机械和器材制造业
7	123.79	木材加工业	24	4.72	金属制品、机械和设备修理业
8	109.25	金属制品业	25	4.05	黑色金属冶炼和压延加工业
9	74.77	印刷和记录媒介复制业	26	3.22	医药制造业
10	60.66	通用设备制造业	27	1.91	有色金属冶炼和压延加工业
11	53.05	橡胶和塑料制品业	28	1.64	纺织业
12	41.09	皮革、毛皮、羽毛及其制品和制鞋业	29	0.84	水的生产和供应业
13	39.70	石油加工、炼焦和核燃料加工业	30	0.45	仪器仪表制造业
14	35.04	酒、饮料和精制茶制造业	31	0.29	其他制造业
15	25.74	化学纤维制造业	32	0.13	石油和天然气开采业
16	23.42	文教、工美、体育和娱乐用品制造业	33	0.07	开采辅助活动
17	17.13	专用设备制造业	34	0.03	纺织服装、服饰业

濮阳市石化行业较其他行业数量较少，但污染物排放量较大，单位产值排污量排第 3 位和第 13 位，结合濮阳市资源禀赋和自然本底特点，可得出石化行业是濮阳市传统优势产业，随着濮阳市步入资源枯竭型城市衰退期，近年来濮阳市扩大原油加工能力，提升炼油规模及技术水平，强力实施炼化一体化战略，基于传统产业优势，延伸拓展了产业链条，加大了环境保护设施的建设力度行业工艺、产业链日趋成熟，在创造财富的同时，污染物排放不高。需要指出的是，非金属矿物制品业企业数量多，排污量大、单位产值排污量远高于其他行业，需加大新技术、新工艺的开发与引进力度，实现产品的升级换代，提高产业核心竞争力。

四、乡镇尺度单位产值排污量与工业总产值的耦合分析

研究以乡镇为基础单元，对各县区产业集聚区以外的工业企业单位产值排污量进行密度分析，见图 19-5，没有颜色的区域表示在各县区产业集聚区以外，每平方千米工业企业创造万元财富每年排放污染物 83～206 kg，在没有颜色范围内的企业也是对环境管制不敏感企业，濮阳市大多数乡镇存在的企业为环境管制不敏感企业。相反，当图斑为深褐色是表示每平方千米工业企业创造万元财富每年排放污染物在 10 638～21 042 kg，濮阳县五星乡密度值呈深褐色，说明五星乡有单位产值排污量较高的企业，而且每平方千米年排放量污染物在 10 638 kg 以上。乡镇行政范围填充的是交叉网格，填充网格密度越高，表示乡镇工业总产值越高，反之工业总产值越低，各县区产业集聚区网格

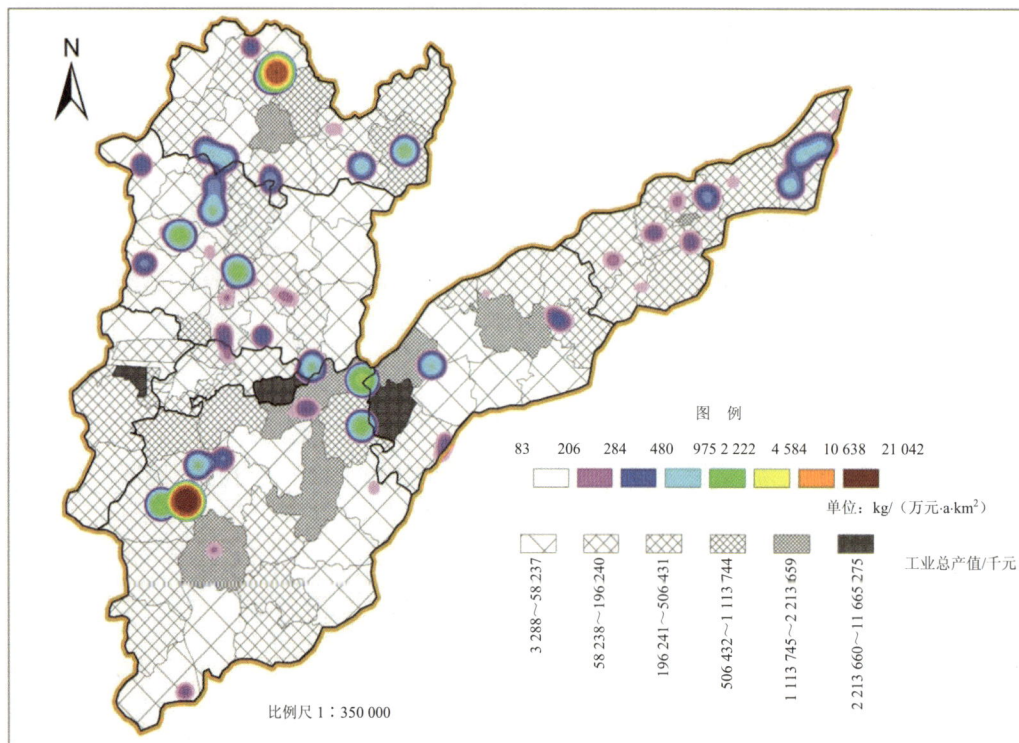

图 19-5　濮阳市工业总产值与企业单位产值排污量密度分析耦合图

密集，说明该区域工业总产值高于其他乡镇，黄河流域濮阳县渠村乡，习城乡，梨园乡、范县杨集乡、陈庄镇、陆集乡等乡镇网格填充稀疏，工业总产值较低，通过构建工业总产值与企业单位产值排污量的密度耦合模型可以看出，黄河流域台前县打渔陈镇、范县高码头乡、颜村铺乡、濮阳县子岸镇、庆祖镇、海通镇、习城乡、八公桥镇、胡庄镇内辖区工业企业单位产值排污量较低，而且乡镇工业总产值相对较高，制定政策时可以在保证生态环境质量的同时，鼓励企业加大生产规模。位于黄河滩区的濮阳县渠村乡工业总产值低于其他乡镇，但工业产值排污量呈黄蓝色，说明乡镇存在环境管制敏感企业，位于黄河滩区的夹河乡和吴坝镇，密度分析呈大片浅蓝带，但网格相对密集，工业总产值较高，说明两个乡镇正在用"绿水青山"换取"金山银山"。

第四节 研究结论与建议

一、结论

（1）濮阳市石化行业化学需氧量、二氧化硫排放量较其他行业占比较高，此外造纸和纸制品业、羽绒制造业、农副食品加工业化学需氧量排放量较高；非金属矿物制品业，电力、热力生产和供应业，木材加工业二氧化硫排放量较高。化学需氧量、二氧化硫排放量主要集聚在各县区产业集聚区内，二氧化硫产排量较高的乡镇还具有离黄河干流较近的特征。

（2）非金属矿物制品业的单位产值排污量为 4 388.45 kg/（万元·a），位居第一，其次是家具制造业，化学原料和化学制品制造业位居第三。通过分析可知，非金属矿物制品业颗粒物排放量占总排放量的 41.4%，氮氧化物排放量占总排放量的 29.5%。家具制造业挥发性有机物是首要污染物，占该行业总排放量的 86.8%。

（3）通过构建濮阳市工业总产值与企业单位产值排污量密度分析耦合模型，可以判断出环境管制敏感企业分布，可以清晰地筛选出非产业集聚区内工业总产值贡献低、单位产值排污量高的乡镇，为黄河流域高质量发展精细化提供依据。

二、建议

（1）构建现代化产业体系，促进转型升级，减少污染物排放。濮阳市应从传统优势产业转型升级着手，充分利用经济下行与节能减排形成的"倒逼"机制，加快产业结构优化升级步伐，进一步摆脱对石油、天然气的依赖，进一步延伸拓展产业链条，加大新技术、新工艺、新产品的开发与引进力度，提高产业核心竞争力。

（2）因地制宜，形成既有规模又布局合理的产业分工体系。濮阳市产业集聚区以外，大多数乡镇的企业为环境管制不敏感企业，单位产值排污量在 80～206 kg/（万元·a），应鼓励清洁低碳型、集约高效型、延伸循环型企业大力发展。

（3）建立黄河流域生态环保大数据，形成生态环境大数据思维。以数据为核心，通过数据相关性分析获取新知识，打破过程因果思维的局限，提升生态环境预测分析能力，让政府的生态环境相关决策更科学、更精细，让社会对生态环境状况的了解更及时。

第四篇

结论与建议

第二十章

环境质量结论

"十三五"期间，濮阳市环境空气质量有所好转，地表水环境质量持续改善，市级饮用水水源地水质保持优良，地下水质量不容乐观，城市声环境质量中除交通干线两侧夜间超标外，其他保持稳定，农村环境质量保持稳定。

一、环境空气质量有所好转

1. 城市环境空气质量

2020 年，濮阳市城市环境空气质量级别为轻污染，首要污染物是 $PM_{2.5}$。优、良天数为 224 d，优、良天数比例为 61.2%，重度污染及以上比例为 5.7%。PM_{10} 浓度年均值为 92 $\mu g/m^3$，同比下降了 9.8%。$PM_{2.5}$ 浓度年均值为 59 $\mu g/m^3$，同比下降了 6.3%。二氧化硫浓度年均值为 10 $\mu g/m^3$，同比下降了 16.7%。二氧化氮浓度年均值为 30 $\mu g/m^3$，同比下降了 11.8%。一氧化碳浓度年均值为 0.8 mg/m^3，同比下降了 20%。臭氧浓度年均值为 104 $\mu g/m^3$，同比下降了 4.6%。

与上年相比，城市环境空气污染程度减轻，优、良天数比例提高了 8.6 个百分点，重度污染及以上比例下降了 3.6 个百分点。$PM_{2.5}$ 污染负荷有所上升，PM_{10} 和一氧化碳基本维持不变，臭氧、二氧化氮、二氧化硫稍有降低。

"十三五"期间，城市环境空气质量级别均为轻污染，环境空气质量变化平稳。优良比例和重度污染及以上比例变化平稳。二氧化氮、一氧化碳和臭氧污染负荷变化平稳，$PM_{2.5}$ 污染负荷变化呈上升趋势，PM_{10}、二氧化硫污染负荷变化呈下降趋势。与 2016 年相比，城市环境空气污染程度减轻，优、良天数比例提高了 5.7 个百分点，重度污染及以上比例下降了 2.7 个百分点。

与"十二五"末期的 2015 年相比，城市环境空气污染程度减轻，优、良比例提高了 6.1 个百分点，重度污染及以上比例下降了 2.0 个百分点。

2. 县区环境空气质量

2020 年，濮阳市 9 个县区华龙区、经开区、工业园区、示范区、濮阳县、清丰县、南乐县、范县、台前县环境空气质量级别均为轻污染，首要污染物是 $PM_{2.5}$。

与上年相比，县区环境空气污染程度减轻。$PM_{2.5}$ 污染负荷有所上升，一氧化碳与上年持平，其他污染物均稍有下降趋势。濮阳县、台前县、工业园区、华龙区、示范区、经开区、南乐县环境空气污染程度减轻，清丰县和范县环境空气污染程度基本不变。

与"十三五"期间的 2018 年相比，县区环境空气污染程度减轻。$PM_{2.5}$、臭氧污染负荷有所上升，其他污染物污染负荷有所下降。经开区、华龙区、示范区、濮阳县、清丰县、南乐县、台前县环境空气污染程度减轻，范县和工业园区环境空气污染程度基本不变。

3．降尘

2020 年，城市降尘量范围为 1.0～24.8 t/（km²·30 d），年均值为 9.2 t/（km²·30 d），同比上升了 24.3%，降尘污染程度上升。与"十三五"期间的 2017 年相比，城市降尘量年均值下降了 4.2%，城市降尘污染程度在波动中呈现下降的趋势。

2020 年，乡镇降尘量范围为 1.2～41.8 t/（km²·30 d），年均值为 7.6 t/（km²·30 d），同比下降了 12.6%，降尘污染程度下降。"十三五"期间乡镇降尘呈现污染程度下降的趋势。

4．降水

2020 年，濮阳市降水 pH 在 6.20～7.88，平均 pH 为 7.20，酸雨发生率为 0。同比上升了 0.25 个单位，酸雨发生率仍为 0。与 2016 年相比，pH 上升了 0.37 个单位。与 2015 年相比，pH 上升了 0.35 个单位。"十二五"到"十三五"期间，酸雨发生率均为 0。

二、地表水环境质量持续改善

2020 年，濮阳市地表水水质状况为轻度污染。Ⅰ～Ⅲ类水质断面占 48.5%，劣Ⅴ类水质断面占 6.1%。主要污染指标为化学需氧量、氨氮、总磷。与上年相比，濮阳市地表水水质状况无明显变化，均为轻度污染。Ⅰ～Ⅲ类水质断面比例提高了 15.2 个百分点，劣Ⅴ类水质断面比例下降了 7.2 个百分点，水质类别比例明显好转，全市地表水环境质量持续改善。

"十三五"期间，濮阳市地表水河流由重度污染逐步转变为轻度污染，水质变化呈现好转趋势。与"十三五"初期的 2016 年相比，Ⅰ～Ⅲ类水质断面比例提高了 32.7 个百分点，劣Ⅴ类水质断面比例下降了 51.8 个百分点，河流主要污染物化学需氧量、氨氮、总磷年均浓度值明显下降，分别下降了 41.9%、65.0%、55.6%。

与"十二五"期间相比，濮阳市地表水污染程度呈明显下降趋势。Ⅰ～Ⅲ类水质断面比例提高了 42.6 个百分点，劣Ⅴ类水质断面比例下降了 64.5 个百分点，河流主要污染物化学需氧量、氨氮、总磷年均浓度值分别下降了 40.0%、70.9%、65.2%。

三、饮用水水源地水质市级较好

2020 年，濮阳市集中式饮用水水源地西水坡和中原油田彭楼水质级别为优；李子园地下水井群和中原油田基地地下水井群水质级别为良好。与上年相比，水质级别保持一致。"十三五"期间，饮用水水源地水质基本保持稳定。

四、城市地下水质量不容乐观

2020 年，濮阳市地下水水质级别为较差。14.3% 的监测点位水质级别为良好，85.7% 的监测点位水质级别为较差。与上年相比，濮阳市地下水水质级别无变化。"十三五"期间，濮阳市地下水质量总体稳定，均为较差级别。与"十二五"末期的 2015 年相比，濮阳市地下水水质级别无变化。

五、城市声环境质量基本稳定

2020 年，濮阳市城市区域环境噪声昼间平均等效声级为 52.1 dB（A），级别为较好。城市功能区噪声总达标率为 81.3%。城市道路交通噪声平均等效声级为昼间 65.0 dB（A），级别为好。与上年相比，濮阳市城市区域声环境质量保持稳定，均为较好级别；道路交通声环境质量未发生级别变化，保持好级别；城市功能区噪声总达标率下降了 12.5 个百分点。与"十三五"初期的 2016 年相比，城市区域昼间环境噪声均为较好级别。城市功能区夜间噪声达标率和城市功能区总达标率分别下降了 31.3 个百分点和 15.6 个百分点。道路交通噪声强度等级由较好变为好。与"十二五"末期的 2015 年相比，城市区域昼间噪声总体水平均为较好；全市功能区昼间达标率均保持在 100%，夜间达标率和总达标率均呈现下降趋势，分别下降了 37.5 个百分点和 18.7 个百分点；道路交通噪声强度等级均为好。

六、生态环境质量基本稳定

2019 年，濮阳市生态环境状况为一般。清丰县、范县、台前县和濮阳县生态环境状况均为良，市辖区和南乐县均为一般。与上年相比，濮阳市生态环境质量略微变差。市辖区生态环境质量较上年略微变差，南乐县生态环境质量较上年略微变好，清丰县、范县、台前县和濮阳县生态环境质量较上年无明显变化。与"十三五"初期的 2016 年相比，生态环境状况向好变化。与"十二五"末期的 2015 年相比，生态环境状况向好变化。

七、农村环境质量基本稳定

2020 年，濮阳市农村生态环境质量综合状况级别为一般。与上年相比，农村生态环境质量综合状况无明显变化。与"十三五"初期的 2016 年相比，农村生态环境质量综合状况明显变好。与"十二五"末期的 2015 年相比，农村生态环境质量综合状况明显变好。

八、辐射环境质量总体良好

"十三五"期间，濮阳市电离辐射环境质量仍然保持在天然本底水平；濮阳市电磁辐射环境仍低于国家标准规定的公众环境限值。

第二十一章

主要环境问题

一、总体情况

"十三五"期间，濮阳市生态环境保护工作取得了积极成效，环境质量得到持续改善，但整体环境形势依然严峻，环境问题依然突出，环保工作压力依然巨大。

二、空气目标考核压力巨大，协同污染防控势在必行

1. 优良天数完成目标压力大

2020 年全年城市优、良天数为 224 d，距离省下达 238 d 的目标差距 14 d。"十三五"期间，每年的优、良天数目标均未完成，已成为濮阳市完成国家和省环境空气质量目标考核任务的主要制约指标。制约优、良天数的两大因素为秋冬季 $PM_{2.5}$ 污染问题和夏季臭氧污染问题。"十四五"期间，优、良天数仍是重点考核指标，必须付出巨大努力，优、良天数才会有所突破。

2. 颗粒物污染仍处于高位

受秋冬季不利气象条件、本地污染排放、区域输送等因素影响，颗粒物污染水平仍处于较高水平。"十三五"期间，濮阳市环境空气首要污染物均为 $PM_{2.5}$。2020 年 $PM_{2.5}$ 浓度年均值为 59 $\mu g/m^3$，超过国家二级标准的 0.7 倍，在河南省 18 个地市中排名倒数第 5 位，在"2+26"城市中排名倒数第 2 位，在全国 337 个地级及以上城市中排名倒数第 5 位。颗粒物时段性大气环境污染问题表现突出，关注秋冬季和采暖期的大气污染问题的同时，更需紧盯重污染过程可能出现的高污染风险。

3. 臭氧污染问题日益突出

臭氧污染目前已经成为继颗粒物之后的区域性主要污染。2020 年，臭氧超标天数为 46 d，占全年的 12.6%，全年以臭氧为首要污染物的污染天数仅次于以 $PM_{2.5}$ 为首要污染物的污染天数。"十三五"期间，臭氧超标天数以 2019 年最多，为 71 d，臭氧污染问题已经日益突出，但解决臭氧污染问题不能依靠单一管控措施，要加强 $PM_{2.5}$ 和臭氧协同控制。

4. 氮氧化物污染问题仍需关注

随着机动车保有量的逐年增加和城市路网的不断完善，机动车尾气等大气移动源污染控制的重要性随之显现，另外，氮氧化物和挥发性有机物的排放也是控制臭氧污染的前提，协同污染防控势在必行。

5．挥发性有机物污染治理与协同管控

挥发性有机物排放与空气污染密切相关，一方面经光化学反应产生臭氧污染，另一方面二次生成也是 PM$_{2.5}$ 的重要组成部分。深入开展挥发性有机物综合治理，减少排放总量刻不容缓。濮阳市经济发展的支柱产业是石化行业，石油化工行业是挥发性有机物排放的重点行业，本地挥发性有机物排放量较大。同时挥发性有机物污染治理的难度较大，应依据濮阳市的发展水平、产业结构、企业发展状况等多重因素制订本地化挥发性有机物污染治理方案。

三、水环境污染依然存在，水环境形势依然紧迫

"十三五"期间，尽管濮阳市地表水水质状况改善明显，由重度污染逐渐变为轻度污染，但地表水环境质量形势依然紧迫，问题重重。

1．流域性时段性环境问题突出

一方面，金堤河范县段污染常年处于流域高位，以总磷污染为主，第二濮清南干渠濮阳县段长期污染严重。另一方面，冬季河流频发水污染问题。金堤河、马颊河、徒骇河等河流在冬季频繁发生污染物监测数据超标等问题。这与冬季枯水期降雨少、自然降水补给少等原因有关，也可能与部分县区开采地下温泉热水，水量大且含无机盐不易处理，进入污水管网后污水处理负荷难以达到，排入环境水体极易造成水污染问题。

2．全面消除劣 V 类断面难度大

2020 年，全市地表水 33 个监测断面中，劣 V 类断面占 2 个，分别为潴泷河东北庄和幸福渠马寨联合站东。若要完成全面消除劣 V 类断面的任务，首先需要对潴泷河、幸福渠开展河流重点整治，其次谨防已完成目标考核任务断面次年污染反弹，涉及老马颊河绿城路桥、贾庄沟胜利路桥、顺河沟濮瑞路桥等断面。从整体上看，开展监测的断面在全市河流支流中仍占少数，全面消除劣 V 类水体，任务异常艰巨。

3．城区河流断面超标主要受到生活污染源影响较大

2020 年，马颊河、潴泷河、老马颊河、幸福渠等河流超标污染物仍以化学需氧量、氨氮和总磷为主。近年来，虽然濮阳市城区污水管网不断完善，但是一些次干道和支路、老旧小区、城中村、农贸市场普遍存在污雨不分现象，沿街商户、门店、餐饮企业将污水（泔水）通过雨水箅子倒入雨水管道，社会洗车点将清洗污水直接漫流进入雨水管道。因此，逢雨城区河水必黑必臭，已成为濮阳市河道污染的顽疾。亟须解决城区污水处理能力不足的问题，确保污水能够进入管网，进入管网的污水全部处理，处理后的排水全部达标，减轻入河污染负荷。

4．部分河流断面超标仍受工业污染源等影响

2020 年，顺河沟濮瑞路桥断面氟化物一年中超过 IV 类目标值次数达到 6 次之多，该断面接纳经开区第二污水处理厂排水，经开区工业企业较为集中，涉及化工等企业，各类污染物排放量大，如问题持续存在，将影响经开区地表水环境质量责任目标断面考核。分析氟化物超标可能受第二污水处理厂出水水质、经开区工业企业含氟废水排放有关，需要进行针对性地解决。

5．地下水质量问题不可忽视

受天然地质原因或地下水污染等原因影响，濮阳市地下水水质级别仍为较差。

四、城市夜间噪声超标问题凸显，影响声环境达标率

城市功能区夜间噪声超标问题凸显。与上年相比，全市城市功能区噪声总达标率下降了 12.5 个百分点，夜间达标率下降了 25.0 个百分点。其中，交通干线两侧即 4a 类功能区夜间噪声一年四个季度中有三个季度超过声环境功能区噪声限值，达标率仅为 25%，居民文教区即 1 类功能区、工业区即 3 类功能区夜间噪声达标率为 50%。达标率较历年普遍下降。随着城市化进程的加快，建成区面积、城市路网不断扩大，噪声影响的程度和范围逐渐扩大，分析各功能区夜间超标主要原因由生活噪声、工业生产噪声、交通噪声等导致。

五、生态环境质量相对稳定，加强生态体系建设

濮阳市的清丰县、南乐县、范县和台前县的生态环境状况均较上年有所变好，但市辖区以及全市生态环境状况却较上年略微变差，这与市辖区污染指数明显偏高有一定关系。生态环境状况与环境质量状况紧密联系，需要注意加强生态体系建设，坚持系统治理，使得生态环境质量逐步向好变化。

六、补齐其他环境要素短板，协同改善生态环境质量

濮阳市本地遥感卫星、水生生物等生态监测能力仍有所欠缺，依赖省级监测部门开展工作。"十四五"期间，濮阳市应加快补齐其他环境要素监测短板，多要素大数据协同为改善生态环境质量提供技术支撑。

第二十二章

对策与建议

一、制定总体目标和工作思路

坚定不移推动生态环境质量持续改善，让绿色成为濮阳高质量发展的鲜明底色。综合考虑国内外环境与濮阳市发展基础，到"十四五"时期要努力实现生态环境质量与经济效益质量同步改善、生态文明建设取得新成效、主要污染物排放量持续减少、生态环境突出问题基本消除、黄河流域生态保护和高质量发展取得重大阶段性成效。

"十四五"时期，必须从濮阳发展全局着眼，牢牢抓住黄河流域生态保护和高质量发展这一历史机遇，以"生态文明建设实现新进步"的宏伟目标为根本方向，坚定生态立市根本方针、全力巩固污染防治成效、着力构建现代化生态环境治理体系，为濮阳市社会主义现代化建设贡献生态力量。

二、持续提升大气污染防治成效

（1）狠抓秋冬季污染防治。把重污染天气应急管控作为重中之重，紧盯重点污染物、重点时段和重点领域，第一时间采取有力措施，精准有效地应对重污染天气。加强面源污染防控，有效减少机动车污染物排放。持续推进餐饮油烟整治，确保城区露天烧烤清零。严格落实施工工地"6个100%"及应急预警期间管控要求，加严扬尘污染治理。强化工业企业治理，加快工业窑炉淘汰和工业源无组织排放治理，推进重点行业VOCs综合治理，推动工业园区综合整治。

（2）推进氮氧化物和挥发性有机物协同治理。大力推进挥发性有机物源头替代，继续在包装印刷、家具、工业涂装等领域实施含挥发性有机物原料替代，减少臭氧和$PM_{2.5}$前体物产生。实施市城区内汽修店钣喷、打磨等工序统一在集中喷涂中心进行，并实施汽修店星级评比，逐步淘汰退出市中心城区。以绩效分级和专项资金申报为抓手，持续推动工业企业升级改造，提升工业企业治理水平。

（3）巩固"三散"污染治理成效。继续实行烟花爆竹全区域、全时段禁燃禁放禁售。压减煤炭消费总量，严格散煤监管，严防散煤复烧、外煤流入。持续开展"散乱污"企业排查整治，确保动态清零。严厉打击黑油站、流动加油车等，严格油品监管，规范成品油市场。实行施工工地、道路交通扬尘污染全方位治理，严厉打击违规违法行为。不断完善餐饮油烟规范化治理体系，打通餐饮油烟治理堵点。

（4）深化结构调整步伐。打好工业企业绿色升级攻坚战，优化城市产业布局，有序推进重污染企业退城搬迁，重点推动濮阳市经济技术产业集聚区现有化工产业逐步向主城区东部的化工产业功能区转移。持续抓好国电、豫能两大统调燃煤机组和中原大化等非电行业企业煤炭消费减量。优化交通结构，提高晋豫鲁铁路等现有铁路资源利用效率。针对重点国、省道货车通行集中路段，科学实施车辆绕城行驶，确定绕城通道路线，完善通行条件。

三、全力推进水污染防治攻坚

（1）全面推进河流水质改善。持续推进城市黑臭水体治理，发现一处、整治一处；对已完成整治任务的黑臭水体，建立长效监管机制，巩固提升整治成果，达到长治久清。加快城镇污水处理厂建设，不断提升污水处理能力。建立健全监测监控全覆盖体系，逐步提升濮阳市地表水监督管理能力。

（2）全面开展水生态保护修复。加强河湖生态缓冲带建设，实施河湖缓冲带生态修复，恢复河滨带水源涵养、生态净化体系，构建沿河绿色屏障。以金堤河为重点，实施退耕还河、退耕还湿，恢复和建设河湖生态缓冲带。开展湿地保护与建设，进一步提升金堤河、马颊河湿地公园功能，积极推进湿地公园工程建设。

（3）全面推进水污染防治重点项目建设。对进度缓慢的水污染防治重点工程项目，加密督导频次，加大技术帮扶，继续严格实行台账管理，完成一个销号一个。进一步做好水污染治理项目谋划工作，总量审批、生态补偿奖惩双向发力督促各地加大项目谋划力度。

四、着力推进土壤污染防治

（1）全面摸清污染底数。以重点行业企业用地调查、濮范台黄河滩区地下水调查、中原油田采油区地下水调查等项目为抓手，全面掌握污染地块分布及其环境风险和濮阳市重点区域地下水污染状况。

（2）确保污染地块安全利用。监督中原油田等单位采取土壤风险管控措施，并根据实际需要实施治理修复。补充完善疑似污染地块名单，坚决把好建设用地污染地块准入关。对纳入疑似污染地块名单的地块，坚决按照规定开展调查评估等活动，严防不符合用地质量要求的地块流入市场。

（3）严防新增土壤污染。不断完善更新土壤污染重点监管单位名单，加强监督管理，压实企业治污主体责任。

（4）大力推进农村生态环境保护。将农村生活污水治理与改厕工作相结合、农村环境综合整治与农村人居环境整治相结合，并纳入乡村振兴重要内容，高位推动以农村生活污水治理为主的农村生态环境保护工作。

五、严格控制噪声环境污染

进一步推进城市精细化管理，在全市范围内开展噪声污染集中整治行动，采取针对性整治措施。重点整治工业生产、建筑施工、生活、交通等产生的噪声污染。对各种社会生活噪声污染，该警告的警告、该处罚的处罚、能立即整改的必须立即整改。深入企业、建筑工地、经营场所、出租车公司、交通运输企业等开展宣传教育，加强对酒吧、迪厅、KTV 等歌舞娱乐场所的宣教，自觉维护周边环境；同时积极开展对沿街门店的走访管理，教育业主积极配合噪声防治，不使用高音喇叭、不店外经营扰民，降低噪声污染。科学建设城市道路，加大交通管理力度，加强机动车监管，在交通路口设置明显限速及禁止鸣笛警示牌，控制机动车数量和流量。

六、强力实施黄河流域生态环境保护

深入研究《黄河流域生态保护和高质量发展规划纲要》，积极精准对接国家、省各项政策，紧扣中央、省关于黄河流域生态保护和高质量发展重大战略部署，吃透内涵要义，把握方向重点。突出转型为纲、项目为王，围绕产业转型升级、基础设施建设、生态环境保护等，统筹做好前期工作，精心包装、精准对接，立足当前打基础，着眼长远创优势，储备一批、建设一批、建成一批项目，加快转型步伐，推进生态文明建设，擦亮濮阳绿色发展底色，努力让黄河成为造福人民的幸福河。

第二十三章

"十三五"生态环境质量变化原因分析

一、环境空气质量变化原因分析

"十三五"期间，濮阳市大力调整产业结构，加强各方面的污染源控制，细颗粒呈现逐年下降趋势。濮阳市过高的人口密度、经济活动产生巨大的能源消耗，由此产生的废气是大气污染的主要来源；同时受风向、地形、气候因素的影响，周边外来输送污染物带来一定的影响。濮阳市的大气雾霾污染属于煤烟尘、机动车尾气、二次气溶胶、扬尘、氨、挥发性有机物为主的多源复合型污染。分析原因主要为本地污染、外来输送加剧污染、气象条件显著影响等方面。改善环境质量的关键是减少污染物的排放。

二、降尘变化原因分析

"十三五"期间，针对降尘扬尘污染问题，濮阳市做了大量管控工作，深化施工工地扬尘污染防治。尽管通过采取严厉措施，2020年城市降尘量仍同比上升24.3%，年均值超过评价标准，这与气候条件等客观原因和部分管控措施不到位等原因有一定关系，但降尘污染已呈现下降趋势，加之濮阳市降尘量有较大下降管控空间，故需进一步细化降尘抑尘措施、持续加强扬尘综合治理。

三、降水变化原因分析

"十三五"期间，濮阳市降水酸雨发生率均为0。降水中氯离子含量逐年升高，硫酸盐和硝酸盐占比逐年下降。随着大气污染防治攻坚战的持续进行，不断加强对工业企业以及工业锅炉、采暖锅炉燃煤二氧化硫、氮氧化物的排放控制，持续开展散煤整治，各项整治措施的有效推进使得降水中硫酸盐、硝酸盐的比重逐年降低，得到了有效控制。氯离子占比的增加与工业生产排放的废气对氯离子的浓度贡献有一定关系。

四、地表水环境质量变化原因分析

"十三五"期间，濮阳市地表水水质状况呈持续好转趋势，地表水环境质量的根本改善需要一定的过程，目前污染问题的主要原因分析：一是濮阳市属严重缺水地区，河流没有天然径流补给，承纳的是工业废水、生活污水，缺乏生态自净能力。二是黑臭水体整治存在短板。市城区老马颓河黑臭水体虽已完成整治任务，但由于无源水及纳污量大，水体自净能力差，有返黑返臭风险，特别是其部分支流污染严重。三是城镇基础设施建设仍待完善。一些区域雨污不分，污水直接进入雨水管道，雨期管网内污水直接入河造成水体污染，逢雨城区河水必黑必臭，已成为河道污染的顽疾。个别县区污水处理及收集能力薄弱，水污染不能从根本上得到解决。四是农村面源污染，大量农村生活和农业生产活动中产生的污染物在降水和农田径流冲刷作用下，不断进入受纳水体，也是造成河流污染的原因之一。

五、饮用水水源地水质变化原因分析

"十三五"期间，濮阳市市级集中式饮用水水源地水质基本保持稳定。

县级地下饮用水水源地由于清丰县和南乐县位处黄河冲积平原，下淤上壤土，且是地下水漏斗区，地下水位较深，加之地质原因，导致部分指标较高。范县和台前县地处黄河下游冲击平原腹地，位于东濮凹陷之上，由于天然地质原因，造成部分指标高于标准。

六、地下水质量变化原因分析

"十三五"期间，濮阳市地下水质量保持稳定，均为较差。城区地下水监测点位的锰、总硬度、溶解性总固体、氯化物等监测指标背景值较高，主要受天然地质等原因影响。另外，濮阳市是以石油化工行业为主导的城市，地下水也会受到来自工业和生活等污染的影响，污染途径主要是通过地表水和降水的下渗，主要污染因子是氨氮等。

七、声环境质量变化原因分析

"十三五"期间，随着城市建设的发展，城市框架不断拉大，濮阳市城区面积从"十二五"末的 34.4 km² 扩大到 93.12 km²，城区人口从 58.12 万人增加到 72.40 万人，城市交通路段从 43.586 km 增加到 209.2 km。市城区生活噪声影响范围逐步增加，这与城区已基本建成、城市基础设施改造完工、城区工业企业"退城入园"有很大关系；全市功能区声环境和城市道路交通噪声呈上升趋势，这与城区面积扩大，人口和机动车分流有很大关系，整体上濮阳市声环境质量有所变化；城市不同功能区夜间噪声达标率下降明显，夜间噪声超标问题已逐渐凸显。

八、生态环境质量变化原因分析

濮阳市的清丰县、南乐县、范县和台前县的生态环境状况均较上年有所变好，但市辖区以及全市生态环境状况却较上年略微变差，这与市辖区污染指数明显偏高有一定关系。2020 年，清丰县城区绿化覆盖率达 41.6%，也是"十三五"以来清丰县生态环境状况向好变化的成果体现。"十三五"期间，濮阳市创建森林城市，使全市森林覆盖率达 30% 以上。坚持系统治理，加强生态体系建设。启动引黄入冀、第一濮清南、黄河、金堤河四大生态廊道建设，科学实施水系贯通工程，生态环境质量逐年变好。

九、农村环境质量变化原因分析

"十三五"期间，濮阳市农村环境空气整体表现优良，这与农村环境空气污染水平整体低于城市环境污染水平有一定关系，部分监测村庄远离污染企业等区域。农村地下饮用水水源地水质状况不

理想，涉及的主要超标污染物为氟化物、锰、碘化物、总硬度、硫酸盐、氯化物等，这些指标超标主要受濮阳市当地的天然地质背景高等原因影响。农村县域地表水水质改善明显，得益于全市水污染防治工作持续发力持续推进。濮阳市土壤污染防治稳步实施：农用地分类管理，优先保护类耕地划为永久基本农田，严格未污染耕地保护；加快推动城镇污水管网和服务向村庄延伸覆盖，使得农村生活污水处理率达到 30%及以上。农村村庄饮用水水源地周边、耕地、居民区周边土壤均未受到污染，濮阳市农村土壤环境质量保持稳定。

附 录

监测概况

附录一　监测点位布设情况

一、环境空气

2020 年，濮阳市城区环境空气共设置 4 个国控自动监测点位。监测的项目为二氧化硫、二氧化氮、PM_{10}、$PM_{2.5}$、一氧化碳、臭氧。各县区设置有省、市控自动监测点位。"十三五"期间，4 个国控点位无变化，新增经开区、工业园区和示范区自动监测点位，清丰县、南乐县、范县、台前县和濮阳县城区由原单站点加密建设成为三站点。

二、降尘

2020 年，濮阳市城市降尘设置 9 个监测点位、乡镇降尘设置 75 个监测点位。"十三五"期间，降尘监测自 2017 年开展，在市城区设置 6 个监测点位，2018—2020 年，城市降尘分别在华龙区、清丰县、南乐县、范县、台前县和濮阳县各设置 1 个监测点位，2019—2020 年，在经开区、示范区和工业园区各设置 1 个监测点位。乡镇降尘自 2019 年开展，2019—2020 年，乡镇降尘均为 75 个监测点位。

三、降水

2020 年，濮阳市大气降水设置 2 个监测点位。"十三五"期间，濮阳市大气降水监测点位无变化。

四、地表水

2020 年，濮阳市 15 条主要河流共设置 33 个监测断面。其中，海河流域监测 11 条河流 23 个断面，黄河流域监测 4 条河流 10 个断面；33 个断面中有 22 个断面设有自动监测站。2016—2020 年，每年全市地表水监测断面数量分别为 20 个、23 个、29 个、31 个、33 个，"十三五"期间，地表水监测断面数量、河流数量逐年增多，全市地表水监测覆盖更全面。

五、饮用水水源地

2020 年，濮阳市城区集中式饮用水水源地有 4 个，即西水坡、李子园地下水井群、中原油田基地地下水井群和中原油田彭楼。

六、城市地下水

2020 年，濮阳市城市地下水共设置 9 个监测点位，其中氯碱厂、油田污水处理厂暂停使用，实际监测点位有 7 个，即皇甫、南堤村、许村、中原酿造厂、赵村、戚城、濮阳水厂。"十三五"期间，濮阳市城市地下水监测点位无变化。

七、城市声环境

2020 年，濮阳市城市建成区环境噪声普查覆盖全城区面积约 34.4 km²，以 400 m×400 m 方格布点方式共设置监测点位 215 个；城市道路交通声环境监测路段总长度约为 43.58 km，有效监测点位 55 个；城市功能区声环境监测，设置居民文教区、混合区、工业区、交通干线两侧 4 个点位。"十三五"期间，濮阳市城市声环境监测点位无变化。

八、农村

2020 年，濮阳市农村环境监测县域为南乐县、濮阳县、范县。具体村庄为南乐县寺庄乡豆村，濮阳县城关镇南堤村和范县杨集乡杨楼村。"十三五"期间，濮阳市农村环境监测均为 3 个村庄，其中南乐县寺庄乡豆村为必测村庄开展连续监测，其余 2 个选测村庄每年动态更新。

九、辐射环境

2020 年，濮阳市辐射环境质量监测 1 个点位。电离辐射自动监控系统、电磁辐射自动监测系统均设在市环保局。"十三五"期间，2016—2017 年电离辐射自动监控系统设濮上园自动监测点，电磁辐射自动监测系统设市环保局自动监测点，自 2018 年均设在市环保局。

附录二　环境监测分析方法

　　地表水、地下水和环境空气质量监测采用现行国家标准分析测定；无标准分析方法的监测项目，采用《水和废水监测分析方法》（第四版增补版）和《空气和废气监测分析方法》（第四版增补版）中的统一分析方法；国家地表水采测分离采用《国家地表水环境质量监测网监测任务作业指导书》（试行）中的统一分析方法；降水酸度的监测方法按《全国统一降水化学成分监测方法》（试行）进行。"十三五"期间，环境空气自动与降水监测分析方法无变化，地表水与地下水监测分析方法根据国家颁布的新标准或技术规范进行调整。

附录三　监测项目与频率

"十三五"期间，环境空气、降尘、降水、城市地下水、城市声环境、生态环境状况、土壤环境质量和辐射环境监测项目与频率均无变化。

地表水河流监测项目 2016 年按照《地表水环境质量标准》（GB 3838—2002）表 1 规定的基本项目 24 项，另加测电导率、流量、水位，共 27 项。2017—2020 年，另加测水量，共计 28 项。"十三五"期间，地表水监测方式不断变化更新，跨界水体水质联合监测自 2016 年开始，实施约一年周期，2017 年 10 月至 2020 年启用采测分离方式，开展"十三五"国家网地表水环境质量监测。地表水监测频率无变化。

因地下水质量新标准于 2018 年 5 月 1 日实施，地下饮用水水源地监测项目由 2016—2017 年的每月 23 项及取水量，7 月按照《地下水质量标准》（GB/T 14848—93）中规定的项目 39 项及每月取水量，自 2018 年变为按照《地下水质量标准》（GB/T 14848—2017）表 1 中 39 项及每月取水量，7 月按照《地下水质量标准》（GB/T 14848—2017）中规定的项目监测全分析 93 项及取水量。饮用水水源地其他监测项目与频率在"十三五"期间无变化。

农村环境质量自 2019 年新增农村万人千吨饮用水水源地水质、农田灌溉水质监测，其他监测项目与频率无变化。

一、环境空气

按《环境空气质量标准》（GB 3095—2012）和环境空气质量自动监测相关技术规范执行。

二、降尘

（1）监测因子：环境空气降尘量。

（2）监测频率：每月监测 1 次，每次采样周期（30±2）d。采样周期开始日期为每月 30 日（2 月为 28 日）至次月 1 日的一天，结束日期为下月 30 日（2 月为 28 日）至次月 1 日的一天。

三、降水

（1）监测因子：降水量、pH、电导率、硫酸根离子、硝酸根离子、氯离子、氟离子、钾离子、钠离子、钙离子、镁离子、铵离子。

（2）监测频率：逢雨雪必测，每天上午 9：00 到第二天上午 9：00 为一个采样监测周期。

四、地表水

（1）手工监测因子

国控、省控、市控及考核断面按照《地表水环境质量标准》（GB 3838—2002）表 1 规定的基本项目 24 项，另加测水量、电导率、流量、水位，共 28 项。

（2）自动监测因子

TOC（换算化学需氧量）、高锰酸盐指数、氨氮、总磷、总氮、溶解氧、水温、电导率、pH、浊度。

（3）监测时间及频率

手工监测每月一次，于1—5日采样。自动监测双周核查、单周比对，水质自动监测站执行《国家地表水自动监测站运行管理办法》，监测周期为4 h 1次，根据需要可增加至2 h一次。

五、饮用水水源地

（1）监测因子

市级地表饮用水水源地按照《地表水环境质量标准》（GB 3838—2002）表1基本项目（化学需氧量除外）、表2补充项目共28项和表3的优选特定项目33项，共61项及每月取水量，7月按照《地表水环境质量标准》（GB 3838—2002）表1、表2和表3中规定的项目共109项；市级地下饮用水水源地按照《地下水质量标准》（GB/T 14848—2017）表1常规指标的39项，7月按照《地下水质量标准》（GB/T 14848—2017）表1、表2规定的项目共计93项。

（2）监测时间、频率

每月监测优选项目1次，7月开展全分析监测1次，于1—5日采样。

六、城市地下水

（1）监测因子：pH、总硬度（以$CaCO_3$计）、氨氮、亚硝酸盐（以N计）、硝酸盐（以N计）、氯化物、挥发酚、氰化物、氟化物、砷、汞、铬（六价）、铁、锰、铅、镉、溶解性总固体、耗氧量（高锰酸盐指数）、硫酸盐、总大肠菌群共20项及水位、井深的调查。

（2）监测时间及频率：1月、7月各一次。

七、城市声环境

（1）监测项目：区域环境噪声、交通干线噪声、功能区噪声。

（2）监测时间及频率：区域环境噪声、交通干线噪声于9月监测1次。功能区噪声每季度监测1次，全年共4次，分别于每季度的第二个月1—20日进行。

八、生态

（1）监测内容：影像解译数据、环境统计数据、水资源数据、社会统计数据。

（2）监测频次：每年监测1次。

九、农村

（1）监测内容：村庄环境空气、村庄饮用水水源地水质、村庄周边土壤、县域地表水水质。农村万人千吨饮用水水源地水质、农田灌溉水质监测、农村生活污水处理设施出水水质监测。

（2）监测频次：村庄环境空气、饮用水水源地水质、县域地表水水质、农村万人千吨饮用水水源地水质监测均为每季度1次，村庄周边土壤监测每年1次，农田灌溉水质监测、农村生活污水处理设施出水水质监测每半年监测1次、全年2次。

十、辐射环境

（1）电离辐射监测项目：γ辐射水平；电磁辐射监测项目：等效平面波功率密度。

（2）监测频次：连续 24 h。